LOVE

·················· & ··················

PHILOSOPHY

爱与哲学

□ 郝长墀 / 著　林伟毅 / 编

中国社会科学出版社

图书在版编目（CIP）数据

爱与哲学／郝长墀著．林伟毅编．—北京：中国社会科学出版社，
2019.11

ISBN 978－7－5203－4743－3

Ⅰ.①爱… Ⅱ.①郝…②林… Ⅲ.①伦理学—文集 Ⅳ.①B82－53

中国版本图书馆 CIP 数据核字（2019）第 149287 号

出 版 人　赵剑英
责任编辑　陈　彪
特约编辑　蒋海军
责任校对　杨　林
责任印制　张雪娇

出　　　版　中国社会科学出版社
社　　　址　北京鼓楼西大街甲 158 号
邮　　　编　100720
网　　　址　http：//www.csspw.cn
发 行 部　010－84083685
门 市 部　010－84029450
经　　　销　新华书店及其他书店

印刷装订　环球东方（北京）印务有限公司
版　　　次　2019 年 11 月第 1 版
印　　　次　2019 年 11 月第 1 次印刷

开　　　本　710×1000　1/16
印　　　张　20
插　　　页　2
字　　　数　328 千字
定　　　价　118.00 元

献给柏舟和美臻

——作者

目　录

科学与宗教

现象学前沿

前　言

林伟毅

在《爱与哲学》中，我主要选编了郝长墀教授过去发表的部分中文论文（其中"爱作为溢满性现象"一文是会议论文），其中有数篇文章是近期经作者（郝长墀教授）加以修改、整合而定稿的。所选编的学术论文虽然分布在不同的篇章里面，但在它们当中一直贯穿着一个核心主题——爱。在不同的文章中，作者从不同的角度来谈论这个主题，根据文章所关涉的角度不同，我把这些论文分成了五组。

一

第一组汇集了作者直接谈论"爱"的论文。在这组文章中，作者论述了中国哲学和西方哲学与爱之间的不同关系，从而揭示中西哲学的差异。作者指出，当代西方哲学危机的出现原因在于对爱的遗忘，哲学有必要使自身回到自身与源头之中，即回到爱之中。作者通过探讨人的灵魂的疾病的表现方式与根源，论述了灵魂与爱之间的关系，并阐释了源初性的爱的要义。作者还通过对保罗·利科思想的分析阐述了爱与正义之间的关系，指出利科对爱的理解可以用马里翁的现象学思想来表达，即爱是溢满性现象；并指出正义根植于爱，利科所做的工作事实上是旨在让正义回到爱的怀抱。

第二组汇集了作者的神权政治思想研究论文。在这组文章中，作者通过论述墨子和苏格拉底对民主政体的怀疑态度、孟子的"民贵"思想与《尚书》中以"天"为核心的政治思想，揭示并阐发了一种以天意为基础的神权政治思想；并论证了《尚书》事实上并不是儒家的经典，而是墨家的经典，它是墨家思想的先驱。作者指出，神权政治的核心概念是正义与爱，正义与爱来自天（或神），政治的真正基础是天意（天的意志），而不是人的意志。

第三组汇集了作者的伦理思想研究论文。在这组文章中，作者论述了墨子的伦理思想与功利主义、儒家伦理思想的实质性区分，指出在墨子那里，爱是无私的与无条件的，我对他人负有责任，我有责任去满足他人的物质利益。作者指出，墨子的伦理思想与西方思想家列维纳斯是相近的，而与功利主义是对立的。作者对伦理关系的理解与对价值的理解具有某种意义上的内在关联性与一致性，在对于价值的理解中，作者指出并论证了这一观点：我与他者的单一的伦理关系（我对他者负有无限的责任）是价值的真正形而上学根源。

第四组汇集了作者的科学与宗教关系问题研究论文。在这组文章中，作者叙述与评价了西方学者在科学与宗教关系问题上的最新研究成果与学术观点，指出科学事实上是无法证明或证伪宗教信念的，不同的科学家基于不同的信念会对科学与宗教之间的关系做出不同的解释。作者还指出，宗教信仰并不是人类理论活动的结果，科学知识关心的是普遍性，它要求科学家对个人利益的悬置；宗教知识关心的是个体的生活与生命，它要求宗教信仰者投身于自身的信仰。

第五组汇集了作者近年来的现象学思想研究论文。在这组文章中，作者讨论了逆意向性问题，指出逆意向性所遵从的是让事物在其自身之中显现自身，这与现象学的根本原则是一致的。作者分析与探讨了法国学者多明尼哥·杨尼考（Dominique Janicaud）对于现象学的"神学转向"的批评观点，指出杨尼考的指责与批评是没有根据的，马里翁与列维纳斯事实上都继承了现象学的核心精神与基本原则，杨尼考的批评源于他对现象学基本精神的误解。作者还探讨了黑格尔和阿伦特的政治现象学思想，指出"认可"是黑格尔政治现象学的核心概念，而阿伦特政治现象学的核心问题则是人作为人是如何显现的。

二

对于爱，我们一般会把它理解为人自身的一种情感，在这样的语境下，爱所指向的是某个主体主动地爱某人或某物。但在本论文集中，对于爱的理解被拓宽了，根源性的爱并不是以作为人的情感、情绪的方式而呈现出来的，作者承接基督教与墨子、列维纳斯、布伯等思想家对爱的理解，指出源初性的爱是责任与行动，它的根源不在人身上，也不在这个世界上，而是在世界之外。

在拓宽对于爱的理解上，作者围绕着"关系"这一关键词而展开。在论文集里面，作者指出，自爱是建立在作为自然情感流露之爱的基础上的，在自爱之中，人与他者之间的关系是以我或者我们（自我）为中心的，这样的爱并不具有道德内涵，它会随着情感冷热、利益轻重而被改变；真正的爱是无私的、无我的，它是责任与行动，在这里，他者才是中心，在他者面前，我是被动的，我对他者负有不可推卸的责任，而且我不能空着手迎接他者。作者指出，真正的爱根基于责任与永恒，在我与他者的关系上，我必须无条件地对他者负责，他者支配着我，这是墨子与列维纳斯对源初的伦理关系的相同理解，它也是价值的真正的形而上学根源。

在虚无主义盛行的今天，责任、价值与智慧是如何可能的？在本论文集里面，作者通过汲取、融汇中西方思想资源，对此给出了自己的回答。对于如何理解人自身，理解科学、伦理与宗教之间的关系问题，理解哲学思想上与当代社会生活中我们所面临的一些困境并探索如何走出这些困境来讲，作者的回答或许能给我们不少有意义的启发。

作者在本论文集里所呈现出的观点也有需要商榷与进一步探讨的地方。就作者的神权政治思想观点而言，在祛魅了的当代政治与社会生活中，神权政治的可能性是值得我们做出更多讨论的。在价值多元化的当代社会中，自由主义之所以成为多数人的共同选择，重要原因在于其内在的兼容性，神权政治思想对自由主义的前提与预设提出了重要的批评，兼容这一批评声音并对自身做出反思，在此过程中拓宽自身的思想视域，是自由主义的某种自我证成。神权政治如果是可能的，其可能性应当在人们相互的讨论、说服与接受的过程中实现（脱离这个过程，它的实现就可能潜藏着某种危险，从而陷入某种困境与悖论之中），而人们相互讨论与说服的过程事实上就是一个民主化与自由化的过程，因此，神权政治与自由民主制之间的关系问题是值得我们思考的，作者在文章里对这个问题并没有做更详细的论述，因此它是有待我们做出进一步探讨的。也就是说，本文集里的内容与观点是具有开放性的，而它们所能带来的更多思考与探讨事实上也是文集自身的内在意义之一。

本论文集最重要的意义或许并不在于作者表达了某个或某些具体的观点，而在于作者在这里所呈现出的视域，这种视域是对于我们的自然主义倾向与日常生活中的一般视域的转变，它对于我们反思与悬置自身的偏见与前见、打破思维里面的坚冰而言，具有重要的意义。因此，对于文集里的观点，不同的读者会有不同的判断，但无论同意与否，作者思想的声音值得在本论文集里呈现，值得我们倾听。

爱与哲学

第一章　爱与哲学的基本问题①

一　引　论

（一）哲学的危机

学习和研究哲学的人都注意到，哲学与自然科学之间有着根本的区分：科学的知识有一种从简单到复杂的过程，从低级到高级的阶梯，历史上的科学在当今时代的科学家看来，犹如成人观察儿童的成长一样，觉得过去的人显得非常幼稚，庆幸自己超越了历史，历史上的科学的问题不再是今天的科学所关心的中心。而哲学与之不同，与科学上的进步的明显区分，在哲学上，似乎没有什么进展，古代哲学家的问题仍然是当今哲学家思考的重要部分。学习和研究哲学似乎是一项注定要失败的事业。在19世纪，当心理学作为从哲学中最后一个学科独立出来之后，哲学面临着一个严峻的挑战：哲学究竟还有没有存在的必要？这个问题有着非常深刻的意蕴。首先，在西方历史上，哲学与科学研究的对象很长时间被认为是一致的，探索的是宇宙的根基问题，而以伽利略为起点的近代科学的诞生，把实验、数学化、实验的可重复性作为科学的标志，使得哲学的思辨成为可疑的东西。近代自然科学使得古代哲学家们的梦想有了正确的方法和坚实的基础。依据科学理论而发展起来的科学技术的突飞猛进，给人类社会带来了天翻地覆的变化，这更加使得人们相信，自然科学完全可以取代哲学，成为人类唯一正确的知识。20世纪以来，哲学一直面临着自身存在

---

① 本章是根据发表在《比较哲学与比较文化论丛》（第一辑，2009年出版）上的《先秦哲学的基本问题：爱作为本源性概念》和收录在《中西文化精神与未来走向》（李灵、刘杰、王新春主编，上海人民出版社2010年版）中的《爱与智慧》两篇文章改写而成的。

的合法性的问题，面临着自己是谁的问题。哲学究竟应该被取消呢，还是使得自己成为一门如自然科学一样的学科？其次，哲学在自然科学面前所显示的自卑情结和长江后浪推前浪的悲壮感，还揭示了西方哲学研究的重点和中心，即自然宇宙。在研究自然界方面，哲学显然是粗糙的，更多的是思辨和想象。社会科学对于自然科学的模仿，把研究社会现象等同于研究自然现象，这种态度，是一种哲学的态度，是把自然界的存在方式作为唯一的存在方式，其他的现象只不过是自然现象的一种延伸或延续。再次，哲学自身存在的合法性问题还告诉我们，哲学所研究的存在是不是与自然科学所关注的存在是同一的，我们是不是应该在存在与存在者之间做出区分？哲学作为一个学科的存在的问题，可以被理解为暗示了哲学是关于存在的问题。把自然界作为唯一的研究对象，把自然科学作为唯一的研究学科，这实际上已经超越了自然科学本身所关心的范围，是一个哲学的问题。最后，即使把自然科学作为研究某些存在者的学科，哲学是关于存在与存在者之间的关系问题，我们仍然可以追问，哲学真的是围绕着存在而存在吗？对于这一个问题的回答，不仅使得我们突破西方主流哲学的视野，而且，对于哲学与自然科学之间的关系问题有清楚明白的区分。这是本书要回答的问题之一。

哲学的"进步"不是如河水一般，永不回头，而是体现在不断追问源头，不断突破现有的局限和视野。即使对于古代文本的解读和评论，也不是机械地简单重复，而是在新的视野下让文本显示新的意义。哲学有其自身的研究对象、领域和方法，是独立于自然科学的。西方哲学在自然科学面前的不自信，恰恰说明，西方哲学的思维方式出现了问题，或者说，西方哲学的问题出现了问题。这也是本书所希望揭示的方面。

本书的研究特征之一是中西哲学比较。在比较中，笔者不是要强调中国古代哲学是优于西方哲学的。笔者只是想说明，基于对于中国古代哲学文本的解读以及与西方哲学的比较，哲学的基本问题所关注的是人的三个层次的含义。

（二）中西哲学比较的问题与方法

中西比较哲学方法论上的基本问题是什么？有人问，比较哲学究竟比较什么？无论是不同文化传统之间还是同一文化传统内部的对话，都是围绕着哲学基本问题展开的。比如，古希腊哲学中，就可以比较柏拉图和亚里士多德在什么是实体的问题上所给予的不同的回答。比较哲学首先要界定问题，或者说，首先要发现问题。以问题为指导，就能够建立起不同哲学家之间的对话。在比较哲学研究中，另外一个基本方法论问题就是，在讨论具体细节性哲学问题的时候，同时也必须意识到，所讨论的具体哲学问题背后隐含着基本的哲学精神实质。否则，比较哲学就会迷失在具体的细节性问题中，而把握不到小中见大的比较哲学方法。

在哲学的基本问题上，古希腊哲学和先秦哲学是互相独立的。中国哲学的独立性问题是由中国哲学自己的基本问题所决定的。而中西比较哲学的一个很大的误区是把西方哲学特别是古希腊哲学的思维框架拿来套中国哲学。这是产生中国哲学合法性问题的根源。关于中国哲学合法性的问题，不仅仅把自己局限在为中国是否有哲学进行论证，而且更应该看到，这个存在的"合法性"问题，实际上也是对于这个问题本身所假设的"哲学"内涵的局限性的问题的挑战。不是仅仅对中国哲学本身进行反思，而是对于我们所接受下来的合法的"哲学"是否具有合法性，即衡量中国哲学合法与不合法的标准本身是不是应该为考量。这一深层次的问题，就如在西方19世纪以来哲学本身的危机的问题是一样的性质。

冯友兰在20世纪早期出版的两卷本《中国哲学史》以及20世纪中期在美国出版的英文版《中国哲学简史》对于理解中国哲学史有着不可磨灭的贡献。冯友兰的主要模式是按照西方哲学中宇宙论、认识论、伦理学等分支来梳理中国古代文献中所包含的类似的思想素材。以西方哲学问题和体系为参照来研究中国哲学几乎占据了中国哲学研究的所有角落。后来以马克思主义哲学为指导，把哲学史中唯物主义和唯心主义的斗争引入到中国哲学史研究，也渗透到冯友兰20世纪80年代出版的《中国哲学史新编》的多卷本之中。冯友兰对于中国古代哲学的研究体现了一个很典型的比较哲学假设：中国古代哲学家和西方哲学家所探讨的是共同的问题。而这个共同的问题在西方哲学家中有着系统性的表述，只不过在中国古人那里，思想是系统的，表述是零散的。无论在中国还是西方，这种研究假设直到目前还主导着中国哲学研究者的思维方式。这也就是为什么当法国哲学家德里达在北京发表中国文化中没有哲学的言论时，引起了轩然大波。由此也引发了人们对于中国哲学的合法性问题的激烈争论。

　　对于那些受过西方哲学（特别是以希腊为起源的西方哲学主流）训练的学者们来说，当他们阅读中国古代文献的时候，一个很自然的问题就会出现在脑海中：中国有哲学吗？对于这个问题，可以有两种看法：一种就是对于中国是否有哲学持怀疑态度，因为很难在中国文化中发现类似于西方文化传统中的问题和思维方式。这是件令人惋惜的事情。另一种就是如德里达所表达的，在中国文化传统中没有哲学，这是好事情，因为在中国人的思维中没有形而上学思想。对于德里达而言，"哲学"这个词主要是指典型的西方形而上学思维方式。因此，从超越形而上学的观点看，中国文化中没有哲学也许是件好事情。

　　无论人们如何回答上面的问题，对于是否存在中国哲学的思考表明，中国古代哲学和西方哲学主流有着很大的差异。那么这个差异是什么呢？我认为，简要地说，就是"爱智慧"和"关于爱的智慧"的区分。在本章，我将论述为什么我们可以用"爱智慧"和"关于爱的智慧"来形容古希腊哲学和先秦哲学。

　　需要说明的是，我这里所说的古希腊哲学基本问题是指西方哲学传统的核心问题。这个核心问题在不同的哲学体系中有不同的表述。但是，绝大多数西方哲学家都受这种思维影响。就当代西方哲学来说，英美的分析哲学在基本思维方式上仍然以古希腊哲学为模板，而欧洲大陆哲学则倾向于走出这种抽象的思维方式。必须承认，西方哲学的另外一个根本性来源是希伯来文化。但是，西方哲学发展的主流是如何用古希腊哲学传统来理解希伯来文化的智慧，而不是如何以希伯来文化的智慧来改造古希腊哲学传统。就连列维纳斯（Levinas）（对于古希腊哲学进行强烈挑战的思想战士）也未能免于西方哲学主流的影响。①

二　爱智慧与三种形式的智慧

（一）西方哲学的基本问题

　　为了更好地理解中国先秦哲学的基本问题，我们有必要对于古希腊哲

---

　　①　列维纳斯曾说，我们不能脱离古希腊哲学的语言来表述新的哲学。这一点，他和德里达有相似性。但是，对于德里达来说，形而上学文本中已经隐含了差异性。

学的中心问题进行简要说明。

在古希腊哲学传统中，哲学被定义为爱智慧（philosophia 在古希腊文中是"爱智慧"的意思）。亚里士多德在《形而上学》开篇即说，"人类就其本性而言爱知"（All man by nature desire to know）。① 绝大多数哲学导论的书籍仍然这么介绍哲学的含义。古希腊哲学是西方思想和科学的基础。爱智慧的意思是：哲学试图理解世界，并对于世界以及人在世界中的地位给出一个理性的解释。人与世界的关系问题，即人如何理解世界和人在世界中的地位问题，成为哲学的中心问题。一般而言，哲学被认为具有下面几个重要分支，形而上学、知识论（认识论）、伦理学、美学等，而形而上学被看作最根本的，伦理学和美学等是一种衍生性的学科，是建立在形而上学和认识论基础之上的。对于哲学的这种理解也可以在当代哲学家的著作中看到。美国圣母大学著名的形而上学家万·尹外根（Peter van Inwagan）持有相同的观点：他"认同于形而上学是研究最终实在的传统定义"，把他的"具有非常独创性的（有关形而上学）的教科书建立在三个关键问题上：这个世界的最普遍的特性是什么？为什么这个世界存在？这个世界上的理性存在者的本质和地位是什么？"② 他的这本著名的《形而上学》教科书因而也分为三个相应的部分："世界所是的方式"，"为什么世界存在"，"世界上的居住者"。从尹外根所问的问题，我们可以看出，形而上学的中心问题是这个世界以及世界上的存在者，而且，更为重要的是，世界被理解为最终实在。

尹外根说，形而上学"试图透过现象告诉人们有关事物的最终真理。赋予'事物'——所有的事物——一个集体的名字将是很有用的。让我们把'所有的事物'集体成为'世界'。由于'世界'是所有事物的名字，世界甚至包括上帝（如果有上帝的话）"。③

对于古希腊哲学而言，"世界"是指什么呢？尽管有特例，但是，一般来说，在古希腊哲学中，"世界"是指自然或者自然世界。前苏格拉底哲学家追问如下问题：世界是如何构成的？或者说，构成世界的最基本的

---

① Aristotle, *The Basic Works of Aristotle*, Richard McKeon ed., New York：The Modern Library, 200, p. 689.

② 参看 Peter van Inwagan, *Metaphysics*, Oxford：Oxford University Press, 1993, p. 217.

③ Ibid., p. 4.

东西是什么？他们所给予的答案包括：对于泰勒斯而言，构成世界的元素是水；对于哈拉克利特来说，基本元素是火（逻格斯）；对于阿那克西美尼（Anaximenes）而言，它是空气；对于毕达哥拉斯学派而言，它是数字（他们宣称，所有的事物都是数字）。有的哲学家说是土，或者原子。后苏格拉底哲学家中，柏拉图认为，共相或者理念是最基本的；亚里士多德则认为，个别实体是最基本的。他们的思维方式都可以被认为是"化约主义"，即把事物归结为一个或者几个基本要素。

我们可以看出，西方哲学传统从一开始，就把自然或者自然世界作为最基本的东西来研究。人和自然的关系问题被认为是最基本的关系。人只不过是自然物中的一个。我们把对于自然世界的认知所获得的知识看作实实在在的知识，并把我们对于世界（自然）的要素和结构的知识看作研究与社会现象有关问题的基础。社会总是被看作类似于自然的东西。因此，自然科学成了社会科学的典范：定量分析和模型被看作衡量一个学科是否科学的最重要的标志。社会科学必须模仿自然科学。自然科学的学生总是对于社会科学和人文学科的学生有种怜悯的态度，因为对于他们来说，后者是把生命浪费在永远成不了实实在在的知识的东西上了。这种现象是一种具有世界普遍性的现象，"科学"或者"科学的"已经成为某种绝对的和真理的化身，成为神圣的东西，没有人敢说自己的东西不是科学的。科学的东西总是被认为是首先适用于自然学科，然后才能引申应用到社会学科和人文学科。这种对于科学的态度实际上反映的是把一种关系——人和自然世界的关系——绝对化的哲学观，它把某种抽象的东西看成绝对的。那么，这种把人和自然世界关系绝对化的观念在哲学上是如何体现的呢？

在西方哲学中，最基本的问题是：什么是物？这个问题包含有如下的问题：事物的本质是什么？事物的特性是什么？事物是由什么质料组成的？事物的本质属性和偶然属性是什么？哲学试图对于世界和人在世界中的地位给予理性的说明。这一观点表明：人属于世界中的一部分，而我们对于人的理解是基于我们对于世界（往往是物质世界）的知识。在近代西方哲学中，这种观点被称为自然主义。那么，人的特性或本质属性是什么呢？

亚里士多德说，人是理性的动物；理性就是种差。人的本质属性是理性。因而，我们可以说，哲学研究在其本质上是由人的本质属性决定的，即人是理性的动物，动物没有哲学是因为它们没有理性。把哲学定义为爱智慧是与把人理解为理性动物的观点联系在一起的。因此，哲学作为爱智慧的学问是人对于自身的理解的一种反思。

把（自然）世界作为绝对的存在，把人看作万事万物中的一员，把理解世界和人在世界中的地位作为哲学的任务，这就是爱智慧的核心内容。这也是追求真理的实质内涵：真理就是在人的意识中准确地反映客观实在；人的意义，作为认知主体，就体现于在对于客观对象的认知中取消自身的主观性。

因而，爱智慧有两个假设：一是自然世界的绝对性（自然世界包含了一切存在者）；二是人与世界的认知关系是唯一的本质性关系。一个很自然的问题是：人为什么要把对于智慧的爱绝对化呢？没有爱，会有爱智慧吗？首先有了爱，人才有可能爱智慧或者其他东西。

（二）三种形式的智慧

简单地说，古希腊哲学的核心东西是"爱智慧"，把重点放在智慧上。在古希腊哲学中，我们可以看出，关于什么是智慧有三种不同的理解。让人感到饶有兴味的是，在学统上，这三种智慧却分别被苏格拉底、柏拉图、亚里士多德师生三代所代表。

1. 苏格拉底的智慧

在西方哲学史上，苏格拉底之死没有引起足够的重视。可以这么说，苏格拉底的哲学是围绕着苏格拉底之死而展开的。尽管苏格拉底没有留下文字，从他的学生柏拉图的对话录《申辩篇》（"Apology"）和《克里托》（"Crito"）① 中可以看出，苏格拉底哲学的中心问题和柏拉图哲学的中心问题有着本质上的区分：在苏格拉底看来，哲学的中心问题是认识到神和人在智慧上的鸿沟和区分，而在柏拉图哲学中，这种区分成了人本身的区分，即理念世界与这个世界的区分、灵魂与肉体的区分、知识与意见的

---

① 如果我们仔细阅读这两篇对话，我们会发现，柏拉图在这里是忠实地记录了他老师的观点。我们将看到，这两篇对话和柏拉图哲学的核心问题有着巨大的区别。

区分。①

在《申辩篇》中，70 岁的苏格拉底说，针对他有两个指控：一个是比较具体的起诉，即指责他腐蚀青年和不信雅典城邦所信的神；另一个是人们长期以来对于他的各种诽谤。他认为，前一个指控比较好反驳，但后一个指控比较难以在短时间内澄清，因为人们从小耳濡目染，对那些谣言信以为真。他首先解释和反驳人们为什么诽谤他，只有回答了这个问题，才能反驳那个具体的指控。苏格拉底为什么有很糟糕的名声呢？这一切都源于他所具有的智慧。他的朋友得到一个神谕说，没有人比苏格拉底更有智慧的了。这一点，让苏格拉底感到很疑惑，因为他明白自己没有什么智慧。所以，他想验证神谕是错的。如果有人比他更有智慧，那么，神谕就是错的。于是，他开始了他的验证过程，这个过程也是他招致诽谤和谣言的开始。他首先考验著名的政治家们，然后是诗人，再接着是工匠阶层。他发现，他和这些人的区分是："我比这个人有智慧，很可能是这样的，我们俩所知道的都没有什么价值，但是，他觉得自己知道一些，而实际是他不知道。而我呢，当我不知道的时候，我不认为我知道。所以，仅仅是在这一点上我比他有智慧，即我不认为我知道我不知道的东西。"（《申辩篇》，26）② "先生们，事实很可能是这样的，神是有智慧的，神谕所要说的是，人的智慧几乎没有价值。当他说，这个人，苏格拉底，他是用我的名字作为一个例子，试图表明：他是你们这些会死的人中的一员，如苏格拉底一样的人是最有智慧，因为他明白他的智慧是没有价值的。"（《申辩篇》，27）

苏格拉底为什么在人类中最有智慧呢？因为他知道，与神的智慧相比，他的智慧等于零。人和神之间在智慧上有着本质性的区分。这也许是因为人属于会死的范畴（这一形而上学的本质）所决定的。认识到自己的有限性，就是最有智慧的。具有讽刺意味的是，对于苏格拉底的审判和苏格拉底之死，揭示了人另外一个根本的特性：傲慢。傲慢就是否认自己

---

① 把神人之分解释为人在知识上认识的区分，这也反映在后来从康德到黑格尔思想发展的道路。

② Plato, *Plato's Five Dialogues*, 2nd edition, trans. G. M. A. Grube, revised by John M. Cooper, Indianapolis and Cambridge: Hackett Publishing Company, Inc. , 2002. 在文中凡是引自该文集的，在引文后如下标识：篇名，页码。

的无知。

苏格拉底说，他之所以不放弃验证神谕，是因为这对他来说是最重要的。这是服务于神的职责（《申辩篇》，26）。正是因为他不断对人们进行考问，使得他得罪的人越来越多，因为他揭示了人不想看到的面纱：人们不愿意承认自己的无知。苏格拉底说，"即使现在，我也将继续从事神命令我做的调查任务。我将询问任何人，无论是公民还是陌生人，只要我觉得他是有智慧的。如果我不觉得他有智慧，我将求助于神的帮助，向他表明他不是有智慧的。正是因为这种职业，我没有任何空闲时间从事公共服务，我也没有为我自己挣钱。正是因为服务于神，我的生活极其贫穷"（《申辩篇》，27）。苏格拉底所从事的是神的使命：神想通过他来昭示人类，人的智慧是极其有限的。

因此，对苏格拉底的审判是人类的傲慢对神的审判，是对神的反叛；苏格拉底之死是人和神之间的区分的消失。控告苏格拉底的人说他不信神，而经过苏格拉底的诘问，恰恰表明，那些口头上说相信神的人事实上是不相信神的。他们利用神的名义来处死完成神的任务的使者。正是人的有限性和傲慢性，特别是傲慢性，使得人和神之间有着本质性的区分。

苏格拉底之死是符合社会多数人的意愿的。它反映的是人类不愿意看到真理、不愿意看到事实的现实，人类宁可生活在自己虚构的世界之中。很显然，真理不可能源于人的理性。建立在人的理性和意志上的社会组织制度不是正义的体制。在《克里托》对话中，苏格拉底作了两个区分：多数人的意见与真理的区分；法律、城邦与多数人的意志的区分。法律和国家（城邦）应该以正义和真理为基础，而不是以多数人的意志和理性为基础。

2. 柏拉图的智慧

在《克里托》中，苏格拉底所作的真理与意见的区分和后来的柏拉图所作的知识和意见的区分是很不同的。那么，柏拉图是如何理解智慧的呢？大家都知道，在柏拉图的形而上学思想中，存在着两个不同的世界，一个是永恒的理念世界，另一个是变动不居的尘世。人的灵魂在这个世界上，在这个人的肉体中，就如人在监狱之中。在《斐多篇》（"Phaedo"）中，尽管对话也是从死亡的问题开始，这里的苏格拉底的口气对待死亡与《申辩篇》中大不一样。《斐多篇》中的苏格拉底认为，死亡不是坏事情，而是好事情，是灵魂脱离人的肉体的机会，是灵魂获得解放的渠道。灵魂只有离开这个世界，才能和理念面对面，对于理念的知识就是智慧。人在这个世界上，由于灵魂必须通过人的肉体感官认知事物，而被认知的事物又是理念的摹本，因此，灵魂所获得的仅仅是意见而已，不是知识或者真理。在《申辩篇》中分属于两种不同存在体的智慧，神的智慧和人的智慧，在《斐多篇》中却成了灵魂的两种不同状态中所具有的不同的认知，真理和意见。

　　在《斐多篇》中，苏格拉底（柏拉图）指出，"一般来说，人所关心不是肉体，而是尽可能地远离肉体，走向灵魂"。"哲学家比一般人更可能让灵魂从与肉体的关联中解放出来。""真实把握真理是怎么回事？在追寻知识中，当与肉体关联在一起时，肉体不是障碍吗？""因为只要当［灵魂］与肉体一起试图审视任何事情的时候，它就很显然地被欺骗。""事实上，无论是听觉还是视力，痛苦还是快乐，当灵魂不被任何这些感官困扰时，当它最大限度地成为自身，脱离肉体，尽最大可能远离肉体时，灵魂就能在追寻实在中做出最好的思考。""因而，哲学家的灵魂最应该蔑视肉体，逃离它，追求自身独立。"（《斐多篇》，102）他还说，只有当哲学家对诸如"大""健康""力量"等本身沉思，才能"把握事物本身"。哲学家这样做时才是最完美的："当他仅仅用思想接近对象时，不让任何视觉干扰他的思想，不在任何意义上让知觉拖他的思考的后腿，而是仅仅用纯粹的思想，试图仅仅依赖自身探寻每一个实在；尽最大限度从眼睛和耳朵［的束缚］中解放出来，即是说，从整个肉体中解放出来，因为肉体使得灵魂混乱，只要与肉体关联一起，［肉体］就不允许它获得真理和智慧。"（《斐多篇》，103）所以，对于柏拉图来说，爱智慧就是要净化自己的灵魂，不受人的肉体感官的影响，为回到理念世界做准备。正是在这个意义上，柏拉图认为，哲学是为死亡而准备的，即哲学就是训练如何等待死亡。所以，柏拉图（借苏格拉底之口）说，"如果我们要获得纯粹的知识的话，我们必须逃离肉体，用灵魂自身观察事物本身。似乎是，只有当我们死亡时，我们才获得我们所欲望的东西。对此，我们认为是爱它的人，即智慧"（《斐多篇》，103）。"如果我们不可能与肉体一起获得任何纯粹的知识，那么，下面两种情况是真的：要么我们永远无法获得知识，要么我们在死亡之后获得它。"（《斐多篇》，104）纯粹的知识或真理只能在另外一个世界获得。"任何对于死亡厌恶的人都不是爱智慧的人，而是爱肉体的人，也是爱财富或者荣誉的人，或者两者都是。"（《斐多篇》，105）对于这个世界的留恋，对于死亡的恐惧和厌恶，都说明人是爱那些变动不居的东西。害怕死亡，就是对于智慧的逃避，就是不爱智慧或者纯粹的知识。

因此，对于柏拉图来说，死亡是件值得肯定的好事情。这与《申辩篇》中苏格拉底对于死亡采取无知的态度是非常不一样的。那么，我们在这个世界上应该如何做呢？柏拉图认为，由于"死亡就是自由，就是灵魂与肉体分离，"哲学家就是要"用正确的方式从事哲学，从而为死亡作准备"（《斐多篇》，104）。真正爱智慧的人，就会觉得"当死亡来临时，他们将有希望获得他们一生都在为之而奋斗的东西，也就是，智慧"（《斐多篇》，105）。真正爱智慧的人是"最不惧怕死亡的人"（《斐多篇》，104）。一个真正的哲学家是爱好纯粹的知识的人。对于这些哲学家而言，"当我们活着的时候，如果我们尽可能地脱离与肉体的关联，把我们与肉体的关联减弱到最低限度；如果我们不受肉体特性的感染，而是净化我们自己，直到神解放我们［即死亡时刻的到来］，那么，我们就会最可能地接近知识。以这种方式，我们将逃避肉体的愚昧的污染"（《斐多篇》，104）。

对于苏格拉底而言，人最高的智慧就是认识到自己的无知。或者说，人的真正的无知是认为自己具有神一般的智慧。

对于他的学生柏拉图来说，追求真理和纯粹的知识，是人的最高的目标。人的无知在于把这个世界上的东西作为最终的实在。

那么，他们的学生，亚里士多德又是如何看待智慧呢？

3. 亚里士多德的智慧

对于亚里士多德来说，这个世界是最真实的实在。与他的老师柏拉图不同，亚里士多德认为，我们人的肉体的感官给我们提供认知事物的经验和素材。对于个体事物或者最终实体的认识，是依赖于人的感官和理性的，缺少任何一个都不行。在《形而上学》中，亚里士多德有一段很著名的话："所有的人，在其本性上，都有求知的欲望。对此，从下面一点可以看出：我们对于我们的感官的喜悦。甚至撇开它们的有用性，我们也喜爱感官本身。在所有感官之中，我们最喜爱的是视觉。因为，除了与行动有关外，甚至当我们不做任何事情的时候，可以说我们也喜爱视觉甚过其他的东西。其原因是这样的：在所有感官之中，视觉是最能使得我们认知事物，并看到事物之间的差异性。"① 因此，在亚里士多德看来，感觉经验，特别是视觉，是我们知识的开端。这一点对于西方形而上学和认识论的影响是巨大的。感觉经验虽然是认识的开端，但是，"我们不认为任何感觉是智慧；但是，可以肯定的是，它们提供了有关个体事物的最权威的知识"（*The Basic Works of Aristotle*, 690）。什么是智慧呢？"很明显，智慧是关于一定原则和原因的知识。"（*The Basic Works of Aristotle*, 691）"对于所有的事物具有知识的人必须是属于这样的人，他在最高的程度上拥有普遍的知识，因为他在一定意义上对于普遍特性下的所有的特例具有知识。那些最普遍的东西，在整体上，是人类最难以认知的，因为它们与感官最远。"（*The Basic Works of Aristotle*, 691）有智慧的人不停留在感官经验上，而是对于感官经验进行抽象获得普遍的东西。只有认识了普遍的原则和原因，才能把握所有的事物。因而，对于个别事物的认知和经验不是智慧，因为，这些经验和知识不是普遍的知识。

那么，什么是有智慧的人呢？"我们认为，首先，有智慧的人在最大程度上知道所有的事物，尽管他在细节上不知道个体事物；其次，能够知道困难的事物，不易被人知道的东西，是有智慧的人（感性知觉对于所有的人都是一样的普遍的，因此，是容易的，不是智慧的标记）；最后，在任何知识的分支上，能够更加精确和有能力讲授原因的人，更有智慧。"（*The Basic Works of Aristotle*, 691）

亚里士多德也提到了纯粹的知识："理性和知识本身成为追求的目标最能够在关于那些最可知的东西的知识之中发现（因为，那些选择为知识而追求知识的人将最乐意选择那些最真的知识，而这就是关于最可知的东西的知识）；第一原则和原因是最可知的，其原因是，基于它们［第一原则和原因］，其他事物都会被认知。"（*The Basic Works of Aristotle*, 692）在亚里士多德的哲学中，他强调，个体事物本身尽管在形而上学上是第一位的，即是最真实的实体，但是，在认识论上，纯粹的个体事物是无法认

---

① Aristotle, *The Basic Works of Aristotle*, Richard McKeon ed., New York: The Modern Library, 200, p. 689.

识的。人的理性只能认识普遍的东西。所有事物都依赖的东西就是第一原则和原因。关于第一原则的知识是最抽象的，是最难以认知的，也是最远离人的日常生活。正因为如此，这种知识才是最纯粹的。

我们可以看出，对于柏拉图而言，真理（智慧）和意见是对两个世界、两种对象的不同的认知，在亚里士多德这里，却成了对于同一个世界上的事物的不同阶段的认知。在苏格拉底那里，是否定人的理性认知能力的。在柏拉图那里，是否定人的肉体和感官的，对于灵魂的理性或人的理性不是否定的。而在亚里士多德这里，却是肯定人的肉体感官和理性。如果说，苏格拉底是反对人类中心主义的话，那么，柏拉图在一定意义上也是反对人类中心主义的，因为他不认为灵魂等同于人的灵魂。灵魂在这个世界上是寄居在人这个形体中的。而在亚里士多德这里，却是地地道道的人类中心主义。在知识或者智慧的内容的理解上，亚里士多德也倾向于把自然世界理解为世界本身，把人和自然的关系看作最基本的关系。这从他对于人的视觉经验的推崇上也可以看出。至少在《形而上学》中是如此。正是因为这种思维方式，人成了"自然之镜"（罗蒂）。关于这一点，在《形而上学》中亚里士多德也有提示：他明确提到前苏格拉底自然哲学家与他这里所说的智慧的关系。

当怀特海说，整个西方哲学是对于柏拉图的哲学的注脚的时候，他的意思应该被理解为柏拉图和亚里士多德对于西方主流哲学的影响远远超越了苏格拉底。人们对于苏格拉底的理解被局限在柏拉图的哲学的框架之中。①

正是在这个意义上，我们可以说，西方哲学传统从一开始，就把自然或者自然世界作为最基本的东西来研究，人和自然的关系问题被认为是最基本的关系。爱智慧在后来的形而上学中就逐渐演变为如下的含义。西方形而上学的精神实质就在于，把（自然）世界作为是绝对的存在，把人看作万事万物中的一员，把理解世界和人在世界中的地位作为哲学的任务，这就是爱智慧的核心内容。

---

① 对于苏格拉底哲学的独特意义，我们将在"神权政治与民主政体——论苏格拉底和墨子的神权思想"等章节中讨论。

三　关于爱的智慧

（一）先秦历史演变与人的存在的层次

如果说，西方哲学对于人的理解是基于人对于自然事物的知识的话，那么，在古代中国哲学中，人的主体性问题（如果我们可以用西方哲学的术语这么表达的话）是在社会和历史的语境中探讨的。人与自然的关系是在人的社会关系中思考的。中国先秦哲学的基本问题与中国早期历史的发展是分不开的。

我们可以这么理解古代的中国历史。从尧、舜、禹、汤、文、武，一直到周公，可以被看作理想的社会。在这样的社会中，宗教和道德在人的生活中是核心的部分。到了东周时期（公元前722—前211），也就是，春秋时期（公元前722—前481）和战国时期（公元前403—前221），中国社会逐步从一个和谐的群体分裂为无数的小团体的社会。与之相应的是人的宗教存在和道德伦理的关怀被人的政治上的尔虞我诈的争斗所替代。这种混乱状况直到嬴政在公元前221年统一中国才结束。从古代圣王时期到秦朝，中国历史同时经历了两种相反的过程：

（1）解体过程：从宗教和道德的观点看，中国社会逐步脱离了代表宗教和道德权威的政治权力，人们越来越关心的是自己的国家、自己的家族、自己的父母兄弟、个人的利益，政治和政权成了人谋求利益的工具。宗教和道德对于人的生活的约束力逐渐减弱。

（2）统一的过程：春秋战国是解体的过程，也是统一的过程。当中央政府对于诸侯国的影响越来越弱的同时，每个诸侯国都试图取代中央政府，成就自己的霸主地位，王道逐渐演变为霸道。生存和扩张要求人们抛弃宗教和道德，用武力来达到自己的目的。适者生存的原则是适用于这个历史时期的：秦国以自己的军事力量和政治权力，统一了其他的诸侯王国，成为中国历史上第一个帝国王朝。

春秋战国时期反映了这一个观念上的变化：人们越来越把关注力集中在人类世界，越来越关心自身的利益。这种"人文主义"的觉醒，首先是宗教的消亡，其次是道德的消亡，最后，人成了纯粹的政治性的自我。在先秦，被称为显学的是儒家和墨家。但是，如果我们注意到战国时期诸侯国之间的争斗，我们就会觉得韩非子哲学更是体现在人的具体生活中。实际上，韩非子的著作与战国后期社会状况所揭示的恰恰是人在抽象的状态下是什么，一个自私自利的存在者。"纯存在"（a bare being）在战国后期和韩非子的著作中被赤裸裸地展示出来了，或者说，纯存在的意义在那里完全地显现出来了。

春秋战国时期是中国战乱的时代，也是百家争鸣的时代。如果我们把先秦哲学主要代表的生活年代作如下的排序，那将是很有意义的：老子（生年不详，据说先于孔子）；孔子（公元前551—前479）；墨子（活动于公元前479—前438之间）；庄子（生活于公元前399—前295之间）；孟子（公元前371—前289）；荀子（活动于公元前298—前238之间）；韩非子（死于公元前233年）。概括起来，我们可以说，先秦哲学是源于道家，兴于儒家，终于法家：宗教—道德—政治。从孔子开始，人们把注意力集中在这个"人的世界"，老子的宗教性的道被儒家的伦理生活中的道所替代，进而，被韩非子的"权术"或"法"所替代。在哲学上和现实生活中，人从具体的存在（宗教—道德—政治三个层面）演变为抽象的存在（纯粹的政治性存在）。这是什么意思呢？为了理论上论证的方便，我将从先秦哲学的最后一个说起，即韩非子哲学。

（二）韩非子与自爱

首先，我们看看韩非子的极端个人主义哲学和它的时代意义。韩非子和李斯（后来成了秦国的宰相）都是荀子的学生。韩非子自己的亲身经历（韩国王室成员）和从他的老师荀子所学到的告诉他，人都是自私的，为了自己的利益不择手段。作为韩国王室成员，他看到，人与人之间的关系充满了欺诈、欺骗和恶意。在对自我利益的关心上，每个人都是一样的。臣事君并不是因为他爱他的一国之主，而是因为当时的情景迫使他服侍当时的统治者，也就是说，只有服侍当时的统治者，他才能获得自己的利益。如果他可以获得自己的利益而不必服侍他的统治者，或者杀了他的统治者可以获得自己的利益的话，他会毫不犹豫地那样做的。同样，统治者或者国王明白，每个臣民都是为了获得自己的利益服从于他的领导的，每个臣民都时时刻刻试图推翻他或者利用他来服务于他们对自身利益的追求。国王为了谋求自己的权力和利益，他也依赖于他的臣民，没有臣民的国王不是真正的国王。如何才能获得自己的利益、巩固自己的统治呢？国王必须把自己的爱恶等隐藏起来，从而使得臣民表现出自己真正的本色。如果国王泄露自己的爱好，臣民就会为了讨好国王而扮演虚假的自我。如果国王把自己掩藏起来，他的臣民就会觉得自己时时刻刻被国王的一双眼睛盯着，因为他们无法看到国王。最好的办法就是在自己的岗位上尽职尽责。整个国家就如一个圆形的监狱：监狱中的犯人（臣民）居住的牢房围成一个圆形的建筑中，监狱的中央是岗哨的位置（国王）。国王可以看到任何一个牢房的动静，而牢房中的人却看不到岗哨中士兵的动作。这是一个最有效的统治方式：任何人都能占据那个岗哨的位置对于整个监狱（国家）进行统治。实际上，韩非子的"道"在西方功利主义伦理思想的主要创始人边沁（J. Bentham，1748—1832）的一本关于监狱建筑的书中得到了充分的体现。如果韩非子生活在现代的西方，他就会成为一位功利主义哲学家或者自由主义思想家。

在夫妻关系上，韩非子认为，国王的妻子想如何如何谋杀国王，这样她自己的孩子就可以及早地继位，她也不用担心自己有一天因为人老色衰而被抛弃。韩非子说，男人在50岁性欲还很旺盛，而女人在30岁就开始色衰。男人总是喜欢年轻的女人。如果国王的妻子杀了国王，她自己的孩子继位后，她可以通过她的孩子发号施令，也可以安安稳稳地享受奢华的生活，甚至可以尽情满足自己的性欲。在家庭关系上，个人利益也是至上的。

我们可以看出，韩非子在对社会的基本关系、君臣关系和家庭关系的理解上，与儒家的观点是完全不一样的。对于韩非子而言，儒家道德（他不谈宗教是因为在他那个时代，宗教很可能已经被遗忘）是服务于个人利益的工具。韩非子哲学的中心问题是人如何爱自己。

具有讽刺意味的是，当韩非子被他的国家作为特使派到秦国谈判的时候，嬴政非常喜欢韩非子的思想（嬴政也是韩非子的思想的贯彻者）。但是，韩非子还是被自己的同学李斯所害。李斯和韩非子都是法家思想的代表人物。

尽管韩非子的哲学与他的时代有着很紧密的关系，或者说，韩非子的哲学是他生活的时代在其思想上的体现，他的哲学对于人的自爱论述还是具有普遍性的：儒家、墨家、道家都承认韩非子哲学的合理性，都包含了韩非子哲学中关于人的自爱的思想，但是，他们都扬弃了韩非子哲学。

从哲学上看，与韩非子的自爱概念对应的是这么一个人的概念：人都是生活在权力结构上的一个点，而这个点和其他点的关系是监视和被监视的关系。人都在伺机利用他人来为自己的利益服务，而不被他人所利用。这样的人或者"自我"是政治—算计性的自我。所谓"自爱"就是一种关系：以自我为出发点，以自我利益为目的，以他人为手段，即自我—他人—自我。爱，在其根本上，是一种关系，一种行为。

（三）儒家的亲亲之爱

从儒家的观点看，韩非子对于人的理解是抽象的：韩非子没有认识到人从一开始就是生活在家庭之中的：父子关系和君臣关系不是外在的关系（当然孔子、孟子都承认，在严格意义上，只有父子关系不是外在关系）。如果一个社会建立在政治—算计性的基础上，那肯定是不稳定的。秦朝作为韩非子哲学的体现，很快就分崩离析了。

孟子的性善论和荀子的性恶论是对孔子的"性相近，习相远"的思想所做出的不同的理解。儒家的基本观点是，人是一个过程，是在道德修养中逐步形成的过程。孔子强调学习，即学会如何做人。如何做人的问题，这与西方哲学所探讨人的本性问题是很不同的：人不是一个实体，而是在生活实践中形成的。对于孔子而言，人就如工匠手中的原材料，需要经过一番雕琢和磨炼才能成为一件工艺品。对于这个原材料，孔子没有给予详细的说明。这就产生了孟子和荀子的不同理解。对于孟子而言，这个原材料就是人之初所具有的亲情之爱，需要通过礼仪的规范，在生活中对于父母兄长尽孝道而完成做人的义务和责任。由于外在的影响即社会上的坏风气，有的人失去了这个"赤子之心"。荀子生活的年代见证了社会上赤裸裸的人和人之间尔虞我诈的关系。这对于荀子来说，意味着人的原初本能是自私的，如果任由自我本能发展，必然是恶。儒家的礼仪就是用来规范人的行为，转化人的自私本能，从而把人转换为道德的人、孝顺父母兄长的人。对于荀子来说，如果爱自己的父母兄长是自然而然的话，我们就没有必要进行道德教育了，之所以提倡儒家道德，就是因为在现实生活中，人不是自然而然地爱自己的父母。爱自己的父母是一种责任，一种义务。换句话说，只有在爱父母中，在把原初本能进行社会转化后，人才成为人。

尽管孟子和荀子在如何转化人的问题上有不同的理解，他们都认为：亲情之爱是人的基本关系；尽孝道是人成为人的唯一之路。我们这里以孟子为例来简要说明什么是儒家的亲亲之爱。

"孟子曰：人之所不学而能者，其良能也；所不虑而知者，其良知也。孩提之童，无不知爱其亲也，及其长也，无不知敬其兄也。亲亲，仁也；敬长，义也。无他，达之天下也。"（7A：15；13：15）①对于孟子而言，建立在血缘关系上的亲亲之情是割不断的：孝顺父母，这就是仁爱的内容；尊敬兄长，这就是义的内涵。这是人人共知的道理。这种"赤子之心"（4B：12；8：12），② 这种生物学意义上的血缘关系，是儒家道德哲学的基础。杜维明对于这一点看得很清楚：他说，父子之间的关系是抹杀，否认不了的，而夫妻之间则是一种合约性的关系，从而可以在任何时候解除婚约。他进而认为，基于这种生物学意义上的关系是一种永恒的关系。所以，我们可以说，对于儒家来说，父子之间的关系是一切社会关系的基础。这种关系定义了人是什么，并决定了人应该做什么。

人的社会关系包含着两个层面，一个是现世的横向关系，另一个是过去未来的纵向关系。在现世，我对于我的父母兄长以及家族都有不可推卸的责任；同时，我也应该意识到，我对于祖先和未来的后代也有着巨大的义务。这两种责任和关系决定了我是谁的问题：光宗耀祖的背后显示的是一个"大我"的集体主义的概念，也是一种永恒的概念。

儒家强调亲亲之爱是一种责任和义务就是因为人有一种爱自己的自然倾向。礼仪是用来转化人的自私情感的，即把人从爱我自己转向爱我们。爱我们被认为是神圣的东西。不仅在儒家这里如此，这还是一个世界普遍性的信念：在基督教占统治地位的美国，他们强调的是对于国家的无限忠诚，而不是对于上帝的忠诚。美国民众首先强调的是谁是我们的朋友，谁是我们的敌人。这是与上帝的"爱你的邻居"和耶稣的"爱你的敌人"不相容的，因为在普通美国民众的脑海里，他们首先想的"我们"，而不是上帝。在他们这里，上帝永远是站在我们这一边的，换句话说，我们就

---

　　① 7A：15 是 James Legge 的 *The Works of Mencius* 的中英文对照本（New York：Dover Publications, Inc. , 1970）的标识，在杨伯峻《孟子译注》（中华书局 1988 年版）那里是 13：15，即《尽心章句上》第十五章。

　　② 《离娄章句下》第十二章。

是上帝，或者上帝是为我们服务的。

前面我们提到，荀子是韩非子的老师，这不是偶然性的。"我"和"我们"之间并没有不可逾越的鸿沟：我爱我的父母，我爱我的兄长，我爱我的朋友，我爱我的国家等，都是围绕着"我"而思考的。

在韩非子和儒家的哲学里，他人始终是一种威胁，而不是他者。他人能够作为一种爱的对象出现，即在他者的意义上，这是与宗教有关的。特别需要注意的是：在儒家哲学中，人和社会被看作绝对的。在《论语》和《孟子》中，我们可以感觉到，孔子和孟子对于"天"的态度是模糊的①，尽管他们认为圣王所制的礼仪对于培养道德的人具有决定性的作用，有时候他们和一般普通人一样，认为天是一个有惩罚和奖赏人的意志的东西。这至少说明，在春秋和战国初期，天在人的心目中并没有完全丧失影响。但是，到了战国后期的荀子，天就成了自然之天，失去了宗教性的意思，成了可以被人类改造利用的东西。这也许就是为什么韩非子不讨论天的原因。

但是，天和鬼神在墨子的哲学中是关键性的概念。

（四）墨子的兼爱

墨子哲学的"兼爱"思想在很大程度上被误解了，这种误解主要来源于对墨子哲学的中心思想的误解。墨子哲学体系的中心问题是"尊天，事鬼，爱人"，爱人是兼爱的内容，爱人是指爱他人。这里的爱人和儒家的爱我们就有根本性的区分，但是，这还不是墨子和儒家的最根本的区分。最根本的区分在于如下的关系：对于墨子而言，爱（他）人是尊天事鬼的内容。如果没有天或者鬼神的概念，就没有爱人的道德法则。

基督教里讲，爱你的敌人，爱你的邻居。这种爱如何可能呢？一个人如何才能爱自己的敌人呢？显然是不可能的，这是与人的常情相违背的，这也是韩非子和儒家哲学所证明了的。如果在这个世界上只有我和你，在这个世界上只有人类，那么，就不可能有爱敌人的可能性，对付敌人的办法永远是武器。爱你的敌人背后有一个根本的含义。如果我仅仅作为一个

————————————

① 关于这一点，我在《孔子：无神论者抑有神论者?》（发表于《儒林》第五辑，上海古籍出版社2016年版）一文中有过讨论。

人，是不可能爱自己的敌人的，我的敌人作为人，永远是我的利益的竞争者。我之所以能爱自己的敌人，不是出于我自己的自然本能；我爱我的敌人是上帝命令我爱我的敌人，准确地说，是上帝通过我来爱我的敌人的。我的敌人在我眼里是敌人，但是，在上帝眼中，就是和我一样的人。基督教中所讲的爱，在其根本意义上，是上帝之爱，是上帝本身。

墨子哲学有着与之非常类似的观念。尽管墨子是在道德的语境下讨论天的概念，他对于天的理解已经超出了道德范围，"天"在墨子哲学中具有超越性。"天"在墨子哲学中是中心概念，而在孔子和孟子哲学中则是可有可无的概念。在爱的问题上，儒墨之间的根本区分在于：墨子主张，兼爱是平等地爱所有的人，包括自己的父母兄弟，而儒家认为，爱应该有差等，也就是说，爱自己的父母要甚于爱其他的人。对于儒家来说，父子关系定义了我们是谁的问题。但是，对于墨子而言，天命令我爱他人或者服务于他人，兼爱的根源在于天，不是我自己。为什么这么说呢？为什么我们要提兼爱，而不是儒家的仁爱呢？

墨子和韩非子一样，敏锐地观察到，在这个世界上，如果没有政府和法律的建立，人和人之间的关系就如狼和狼之间的关系，都是谋求自己的利益。霍布斯所说的"自然状态"完全可以用来形容墨子所想象的无政府状态。墨子说，在那种状态下，人会用各种手段，包括火、水、毒药等，来伤害他人。在那里，很可能出现这样的场景：大国欺负小国，大家族欺负小家族，强者欺负弱者，多数欺负少数，精明的欺负笨拙的。墨子所描述的无政府状态实际上是他所看到的历史发展的趋势，墨子所担心的，在韩非子时代完全成为现实。在这个人人为自己的世界里，如何才能达到和平共处呢？

墨子作了如下推理：我们目前所处的社会，尽管有混乱，但具有某种程度的稳定性，其稳定性是依赖于政府和法律的建立的。那么，在原初状态下，如何才能建立政府和法律呢？墨子认为，很显然，由于每个人、每个集团都是为了自己的利益而奋斗，不可能依靠人自己来建立法律制度。我们之所以有"天子"这个概念，是因为正是"天"作为最高权威，设立了从上而下的政治制度，"天子"必须代表"天"的意志和法律，以此类推，每个等级的官员都必须遵循上一级的权威的意志，天下百姓必须服从天的意志。各级政府官员在这种权威等级制度中，仅仅是传递天的信息。任何人不得令从己出，因为每个人都是从自己的角度来思考问题，都有利己的动机。这种以"权威"或者"天的意志"为核心的政治哲学，与霍布斯的契约论是完全不同的思路。对于霍布斯的契约论，墨子会认为，它是不彻底的，具有理论上的痼疾。

墨子的神权政治思想是与现代西方契约论民主思想根本不同的，同时，他的神权思想也与韩非子等的独裁思想不一样。人类社会，无论是独裁还是民主，都不可能达到真正的和谐社会，不可能体现真正的正义。无论是个人的意志还是集体的意志（少数人的意志与多数人的意志），都是人的意志。墨子是反对民主政体的。如果我们观察一下美国的民主选举，我们就可以看到，候选人都是为了争取选票而投合投票人的趣味；投票人在投票时，心中所想的是，这个候选人是否和我所想的一样，是否代表了我的利益。在其理想的状态下，民主选举的结果是选出了代表多数人利益的候选人；在其正常状态下，选出的是这样的候选人，他使得多数人觉得他代表了他们的利益。墨子的神权政治思想是彻底的、是反民主的。

那么，什么是天的意志呢？兼爱。天爱天下人。我必须服从天的意志，因而，我必须爱天下人。我如何爱天下人呢？我必须服务于天下人，即谋求天下人的利益。在我和他人之间，有一个第三项，即天。或者更准确地说，天通过我而和他人发生关系：天之爱是通过我爱他人而体现出来的。正是在这个意义上，兼爱的根源不在我，而在于天的意志。这也充分地论证了为什么宗教是道德的基础。

在墨子的兼爱概念中，已经具有了如下的思想：爱之所以可能，必须首先无我。墨子说：杀一人而利天下者，非利天下也；杀己而利天下者，利天下矣。① 这种在人的理性看来是疯狂的思想，其疯狂性不是其本身是疯狂的，是因为它超越了人可以理解的范围。

但是，我们也应该看到，墨子的爱还是局限在人的世界。在老庄的思想中，我们可以发现真正的无我之爱。

（五）老庄的无我之爱与泛爱万物

陈荣捷说，孔子的时代和他的哲学代表了一种人文主义的觉醒。如果

① 孙诒让：《墨子闲诂》，中华书局 1986 年版，第 368 页。

我们把老子假设是生活在孔子之前，我们可以这么理解陈荣捷的观点：从孔子开始，宗教在中国社会逐步失去了影响；人越来越自信，越来越以自我为中心。庄子和孟子生活在同一个时代，但是庄子的影响远远没有孟子大。如果说，在墨子哲学中，道德还是建立在宗教的基础上的话，那么在儒家哲学中，道德完全被理解为一种人和人之间的关系，而到了韩非子，个人就成了一个孤独的奋战者。这是一个从具体的人到抽象的人的发展过程。同时，也是逐步失去根基的过程。

前面，我们看到，韩非子眼中的人是抽象的政治世界中的人，而儒家关注的是家庭和国家，祖先和未来的后代仅仅是这个世界的延伸。"天"在孔子和孟子那里已经是可有可无的东西；到了荀子那里，"天"已经演变为自然的东西，可以被人类利用，失去了神秘性和权威性。在墨子哲学中，"天"的意义是和人类世界紧密联系在一起的：天的意义就在于兼爱。我与我的关系，我与我们的关系，我与他人的关系，这是这些哲学家所讨论的问题。在老庄那里，我们看到，把这个世界绝对化或者过分关注这个世界是人类苦难的根源。

庄子针对人之痼疾，即把人世间作为是觉得的东西，从两个方面来帮助人解放出来。首先，我们人类倾向于把我们自己看作宇宙的中心，觉得我们所知道的都是绝对确定的。其次，在生死问题上，我们本能地认为，这个生命和我们生活的世界是唯一的实在。这两个问题归结就是一个问题：在《大宗师》中，庄子说，一旦成为人，我们就想对造物主说，我只想是"人"，只想是"人"。①

对于庄子来说，我们的知识和智慧是受时间与空间性限制的，是局限于我们的生活世界和人类历史的，也就是说，我们的知识是不确定的与不完全的。我们既不能寻找一个基点也不能获得整体的认识，我们的知识和智慧的不确定性所反映的是我们生活的世界的有限性和常变性。庄子在"知识论"上（如果可以这么说的话）的怀疑主义是为了破除人类的自我迷信和自大狂妄：人不是这个世界或者任何世界的中心。人的世界和人的生活不是封闭的或者是唯一的。这种自大狂是人类自己产生的疾病，其原

---

① "今一犯人之形，而曰人耳人耳，夫造化者必以为不祥之人"，见（清）郭庆藩《庄子集释》第一册，中华书局 1985 年版，第 262 页。

因是自恋，即把这个世界和人类作为绝对的存在，换言之，这种疾病就是和这个世界发生绝对的关系。和相对的东西发生绝对的关系，这就是疾病产生的根源。

这种疾病的另外一个表现就是"贪生怕死"，在生死问题上，最能看出人是如何理解自我的。把人形或者人的自我作为唯一的我的形式，这是人类痛苦的根源。在《齐物论》中，庄子说了这么个故事："予恶乎知说生之非惑邪！予恶乎知恶死之非弱丧而不知归邪！丽之姬，艾封人之子也。晋国之始得之也，涕泣沾襟；及其至于王所，与王同筐床，食刍豢，而后悔其泣也。予恶乎知夫死者不悔其始之蕲生乎！"① 爱生恨死，我们把这个生命作为是绝对的。当我们把自己死死地附着在这个生命上的时候，我们是不是陷入一种虚幻之中？我们怎么能够知道这个生命的结束就意味着一切都结束了呢？当我们把变化不定的东西作为绝对的东西来对待的时候，我们是不是已经是非理性的？非理性就是不敢面对事物本身，就是抓住不可能停留的东西不放。正是这种非理性使得我们给自己建筑了精神和心理上的监狱。这就是"致死的疾病"。

那么，什么是真正的自我呢？庄周梦蝶的故事告诉我们，庄周和蝴蝶是两种不同的东西，两者是分开的。但是，无论是庄周还是蝴蝶都不是绝对的，我们不应该在庄周和蝴蝶两种自我之间作价值的取舍。物化的概念告诉我们，万事万物变化无穷。我们有无限中形式的自我，也就是说，我们没有自我，真正的自我是非我，是忘我。在《大宗师》中，庄子说，"特犯人之形而犹喜之。若人之形者，万化而未始有极也，其为乐可胜计邪！"（同上，243—244）"古之真人，不知说生，不知恶死；其出不訢，其入不距；忽然而往，忽然而来而已矣。不忘其所始，不求其所终；受而喜之，忘而复之，是之谓不以心捐道，不以人助天。是之谓真人。"（同上，229）真人就是在生死之间没有任何自私的念头，不留恋生，不期望死。只有无我，才与道合而为一。只有无我，才能够"登高不栗，入水不溺，入火不热"。"是知之能登假于道者也若此。"（同上，226）真人不是说达到一种人的真正状态，而是，真人是心中无人，真人是道的显现。

人如何才能达到无我呢？通过无为。无为不是什么都不做；有意不做

---

① （清）郭庆藩：《庄子集释》第一册，中华书局 1985 年版，第 103 页。

某事也是一种为，就如不选择也是一种选择一样。无为就是与道为一，让道在自身中显现。实际上，无为也是道的行为，是道之爱的体现。

在《道德经》中，老子说到天地圣人之无为："天长地久；天地所以能长且久者，以其不自生，故能长生。是以圣人，后其身而身先，外其身而身存。非以其无私也，故能成其私。"（第7章）天地之久是因为根源于道。圣人区分人之身和道之身，不死死地以此身（生命）为绝对，因此能成就真正的自我。天地圣人都泛爱万物，他们之所以能泛爱万物是因为他们无我，一旦有我，必然有私。正因为无我，才能够爱万物而不衰。究其根源，不是天地圣人能爱万物，是道通过他们爱万物，虚己也因此是爱的前提。虚己就是"后其身"，就是不把自己看成中心。正是在这种无我与虚己之中，人和道建立了关系；人的自我是在与道的关系中形成的。

无我，泛爱万物，这是一种彻底的解放。道家的无我之爱是对于墨子的兼爱的彻底化：人只有在无我的前提下，才能做到真爱，才能牺牲此时此刻此地的我，为他人服务，从而，也才能做到真正地超越自我，超越任何形式的自我。这也就是为什么说宗教是道德的基础的原因。① 从道家的观点看，韩非子和儒家都把自己束缚在人造的精神监狱之中。走出"个我"和"我们"，就如人走出洞穴看到太阳，小溪融入大海一样。

---

① 这里有必要对比一下墨家、道家与克尔凯郭尔和列维纳斯的区分。对于基督教哲学家克尔凯郭尔来说，在我和他人之间是上帝：我首先爱上帝，其次爱我的邻居。上帝是爱，是爱的根源。对于犹太教传统的列维纳斯而言，在我和上帝之间是我的邻居：上帝之所以有意义是因为我爱我的邻居。他强调我和上帝的关系的伦理含义。但是，列维纳斯没有明确提出爱的根源，他没有解释我为什么对于我的邻居有着不可推卸的责任和义务。对于墨子和道家而言，爱的根源是天或者道。墨家强调天人关系的伦理含义，道家则强调人和万事万物的关系，强调人具有无限形式的可能性，强调人的无我。在爱的根源问题上，墨子和克尔凯郭尔有着很大相似性；在人的道德含义上，墨子和列维纳斯很相似。而道家则把人从这个世界中解放出来，提出无我的概念，这一点，在克尔凯郭尔和列维纳斯哲学中都没有。后期德里达对于列维纳斯伦理学的泛化，有点道家的味道，但是，他也没有庄子中所包含那种无我精神。细心的读者会注意到，先秦哲学和以上帝为中心的西方文化传统有着非常相似的地方。这不是偶然的。西方主流哲学历来是贬低宗教，认为宗教是为那些智能一般的普通人准备的，而哲学家具有更高的理性。这就是人类中心主义的集中体现：在人和人之间作一种区分，把一部分人提到最高的地位，从而贬低另外的人；把上帝和人之间的区分看作人和人之间的区分。

四 本章小结

根据上面的论述，我们看到了中西哲学源头上有着根本性的分歧：古希腊哲学把智慧问题看作第一的问题。从苏格拉底对于两种智慧的区分，到柏拉图把两种智慧理解为一种实体即灵魂所具有的两种状态（知识和意见），再到亚里士多德人的理性和感性能力作为两种智慧的新含意，这是一种世俗化的过程。而中国先秦哲学从老庄到墨家，再到儒家，再到韩非子，都是以爱为中心：泛爱万物，兼爱他人，亲亲之爱，到自私之爱。这个过程是从具体的人到抽象的人的过程。先秦哲学与古希腊哲学核心概念不一样，但是其发展趋势也有某种相似性。

对于中西哲学源头所作的比较，不是简单地把两者并列起来，看看两者之间的区分是什么，而是要对哲学的危机做出回答。中国先秦哲学把爱作为中心问题，指出了哲学自身的独立性和合法性问题。西方哲学把"爱智慧"这一词语中的"智慧"放到中心，实际上没有看到，在"智慧"被突出以前，首先是"爱"，有了"爱"，才有"爱智慧"的可能。如果把人与自然的关系作为哲学的中心问题，"智慧"也会逐步蜕变为认知或知识，从而把爱作为人的自然存在状态下的一种表现，一种自然的心理现象，一种难以进行客观描述和测量的主观意识状态，因而，也就成了无关紧要的现象。

正是在这个意义上，在西方，哲学的危机是西方哲学发展的逻辑结果。严格来说，哲学的危机不是哲学本身的危机，而是对于哲学的一种理解的危机。这种危机不是坏事情，而是好事情，它促使哲学回到自身，回到源头。

第二章　爱的次序与灵魂的疾病[①]

一　爱的次序

（一）爱的次序

在前一章，我们讨论了四种爱的形式，其中，法家的自爱与儒家的亲亲之爱是以自我为中心的爱，而墨家的兼爱与道家的泛爱万物是无我之爱。这是两种不同次序的爱。自我、亲人、他人、万物，都是爱的对象，而在爱的关系中，哪个是中心的问题，决定了对于爱的对象地位的不同理解，也决定了对于人、对于自我的理解。正确的爱的次序是人的精神和灵魂健康的体现，而倒置的爱的关系（disordered love）使得灵魂处于疾病状态。什么样的爱是病态的，什么样的爱才是健康的，这个问题关系到人如何理解爱。

在《忏悔录》中，奥古斯丁谈道，爱是人与对象之间的关系：健康的爱体现在因对象的完美性程度的差异而在爱的程度上有区分，病态的爱是爱低层次的对象胜过爱高层次的对象。在《忏悔录》第二卷第五章中，奥古斯丁把爱的对象分为不同的层次。首先是物质对象，属于最低层次，其次是社会对象，再次是生命，最后是人类友谊。这些都是人世间的爱的对象。上帝，作为爱的对象是超越于所有这些不完美的对象的。奥古斯丁说，"在可爱的物质对象中，比如金、银，以及其他这样的东西中，有一种美。当身体触及这些东西时，通过触摸，使得与这些对象的融洽的关系

---

① 本章是发表在《比较哲学与比较文化论丛》（第四辑，2012 年出版）上的《绝望与爱：灵魂的疾病及其治疗》一文的改写版本。

变得很重要。其他每个感官都有其相应的对于物质对象的反应模式"。①
这里我们需要指出的是，对于奥古斯丁而言，我们的感官与物质对象的关
系首先是一种价值关系，是喜爱和愉悦的关系，而不是认知关系。在后来
经验主义意义上的感官经验，即所谓的颜色、形状、软硬度、温度、纯粹
的物质声音等经验材料，都是在极端抽象的意义上才显示出来的。声音首
先是汽车或马车等的声音；太阳是温暖或炎热的；对于金子的感受，首先
不是其物理学意义上的成分和色泽以及硬度，而是一种在审美和经济关系
意义中所显示出来的价值。

在物质关系之上是社会地位、社会关系。"暂时的荣誉、发布命令和
处于领导地位的权力都有其自身的尊严，尽管这也是造成自以为是的原
因"（同上）。在人和人之间所体现出来的荣誉和权力也有其自身之美，
是比物质性的东西更高的"存在"，它们有其自身独特的存在方式和价
值。对于这种社会性的价值存在人们更加迷恋，因为在这种关系中，人更
会感到自我肯定，正因为如此，对于社会性的对象的爱容易发展为一种自
我膨胀。奥古斯丁没有因为存在这种危险而贬低社会性对象，而是认为人
们应该以恰当的方式和适度的行为追求这些东西。"在获得所有这些社会
地位东西的时候，人们一定不能离开你，上帝，也不能偏离你的法则。"
（同上）对爱的社会对象的获得，必须是在人与上帝的关系中实现，这样
才能体现出其自身的意义和价值。

"在这个世界上，我们的生命有其迷人的地方，这是因为它具有一定
尺度的美以及与所有这些低层次对象的美具有一种和谐关系。人类友谊也
是爱和温馨之家，因为它给很多灵魂带来了统一性。"（同上，29—30）

奥古斯丁强调，爱以上那些对象没有任何错，错就错在以不恰当的方
式爱它们。罪的产生，奥古斯丁说，就是因为我们以过度的方式爱那些低
级的对象，从而抛弃了更高和最高的善（同上，30）。所有这些爱的对象
都有令人愉悦的地方，都有其一定的价值和美，但是，与上帝相比（上
帝创造了所有这些东西），它们都是相对的。作为真理和法则的源泉，作
为一切美的存在的创造者，上帝是人的唯一的爱的绝对的对象，和永恒快

---

① 参看 Saint Augustine, *Confessions*, trans. Henry Chadwick, Oxford: Oxford University Press, 1998, p. 29。

乐的源泉（同上，30）。

奥古斯丁认为所有的存在者都是人的爱的对象。爱是人与这些对象的最根本的关系。每个对象都因其自身的美和价值而值得我们去爱，但是，因对象的价值地位不同，我们的爱的关系也应该不同：与相对者发生相对的关系，与绝对者发生绝对的关系。但是，我们经常看到的却是，人与相对的东西发生绝对的关系，与绝对的东西发生相对的关系，从而产生了灵魂的疾病。

（二）灵魂的迷失[①]

人人都知道健康很重要。一提到健康，我们就自然想到身体的健康，身体有了疾病就去看医生。但是，我们在生活中，却往往忘记了健康还包括人的精神和灵魂的健康，我们很少关心自己的灵魂是否健康。即使灵魂有了疾病，也不知道如何去关照和治疗。

那么，人的灵魂是什么呢？古希腊哲学家柏拉图也许能给我们一些启发。柏拉图认为，人的肉体是灵魂的监狱。灵魂的自由和解放就是要摆脱肉体的欲望的影响，在肉体死亡之后，回到永恒的世界之中，哲学的训练就是如何为肉体的死亡而准备。人在这个世界上犯的最大的错误就是忘记了自己的家园，把精神和灵魂囚禁在这个物质世界监狱之中。柏拉图的哲学给了我们两点启示：（一）我们倾向于把我们生活的世界以及这个现实世界的自我作为最实在的东西；（二）灵魂或者精神的根源不在这个世界之中。

对于柏拉图而言，肉体囚禁灵魂是一种精神的疾病。他的思想与20世纪德国哲学家海德格尔非常相似：对于海德格尔来说，人的精神沉迷于存在者之中，把存在者作为唯一的存在，从而忘记了使得存在者成为存在

---

① 在本章中，"灵魂"与"精神"是同等含义的。灵魂就其本质而言，不是实体，而是关系性的，是行为。用"精神"这个词表达更准确些。与之对应的就是，就哲学的意义上来看，"精神的疾病"这个词是最恰当和适合的，但是，精神疾病在当前的汉语语境中更多的是心理学上的含义，为了避免不必要的误解，我就用"灵魂的疾病"来代替精神的疾病。当然，文中也提到精神上的疾病。文中的"精神疾病"有两个含义，一是灵魂疾病，二是心理学上的精神疾病。就根源性而言，后者是根源于前者的：都是生活在一种虚幻的实在之中，是把某种存在作为最终的存在。

者的存在。这种对于存在的遗忘，是我们时代的疾病。这种疾病的表现就是人们认为自然科学和技术给我们揭示的东西是最终的实在。

如果柏拉图和海德格尔谈论的精神疾病比较抽象的话，看看在我们日常生活中精神上的疾病是如何表现的。我们精神疾病最明显的特征就是，讨论人与永恒的关系成了一个不合时宜的话题。讨论永恒问题的人成了不切实际的人，是不务实的人，忙碌的人是无暇考虑永恒问题的。我们的时代是一个浮躁的时代，是一个无根基的时代，其突出特征之一就是忙碌。从学生时代就忙着完成各种作业，应付考试，获得文凭；毕业后，忙着找工作，忙着挣钱，忙着升迁，忙着买房子，忙着结婚，忙着还贷款，忙着养育后代；人们甚至忙着旅游，忙着计划旅游，忙着赶飞机和火车，忙着从一个景点到另外一个景点；工作之余，忙着打麻将，忙着聊天，忙着打发时间。人们怕闲下来，因为那样会感到空虚和无聊。人们知道自己为什么忙碌，但是不知道忙碌的目的是什么。人们为各种事情奔波忙碌，似乎显得很充实，但是，在这些活动背后是四分五裂的人格。我们的灵魂和精神处于四分五裂的状态之中。当我们看着自己的后代和我们一样忙碌，一样在重复我们所生活过的东西时（尽管内容不一样），当我们在年老时，在病榻上回忆自己的一生时，我们是不是感觉自己的人生就如秋天的落叶，海上过往的船只，沙漠上的风一样，是毫无意义的空虚与无聊呢？①

本章讨论的话题是人的灵魂疾病的根源以及如何根治精神上或灵魂的疾病。如何治疗精神上的疾病呢？西方中世纪哲学家和神学家奥古斯丁在他的《忏悔录》中开头就把我们灵魂的疾病和治疗用一句话来概括：我们的心永无安宁，直到它在你之中安息。②

（三）维特根斯坦对于灵魂疾病的疗法的启示

我这里举一个哲学上的例子来说明一下我下面的思路。20 世纪有

---

① 参看 Kierkegaard, *Fear and Trembling/Repetition*, trans. Howard Hong and Edna Hong, NJ: Princeton University Press, p. 15.“如果一代接着一代的更替类似于树林中树叶生长和飘落，如果一代接替另外一代就如树林中的鸟叫，如果一代人在世界上的生存和消逝就如海上国王的船只，如沙漠中的风”，那么，“生命是多么的空虚和缺少慰藉”。

② 参看 Saint Augustine, *Confessions*, trans. Henry Chadwick, Oxford：Oxford University Press, 1998, p. 3。

一位著名的哲学家——维特根斯坦，在他的后期哲学里，维特根斯坦把哲学问题的存在比拟为哲学家患了一种疾病，病根在于人们对语言用法的误解。用他的话说，人们混淆了不同的语言游戏，把一种游戏规则用于另外一种游戏，或者把某一个游戏规则作为万能的规则。比如当文学家用数学自然科学的思维方式思考文学问题时，用研究电子的方法来研究文学诗歌的时候，就是犯了游戏规则误用的错误；反之亦然。维特根斯坦认为，哲学问题的产生是由于把自然科学提出问题解决问题的方式作为是人类思维方式的普遍规则或者唯一正确的规则造成的。因此，要消除哲学问题，不是解决哲学史上哲学家提出的问题，而是指出他们混淆游戏规则的思维方式，指出他们对于语言用法的误解，而不是判断某个哲学家的对或者错。只有消除了误解，才可能消除病根，或者说，哲学的任务就在于给着了魔的哲学家解除精神的困惑和疾病，使他们在哲学思想中获得安宁。从某种意义上可以说，哲学家在精神上的疾病是执着于某一个语言游戏，或者是一种思维方式，并把它绝对化，这种执着性，即把某种东西绝对化的倾向，是哲学家精神上产生疾病的根源。

如何才能帮助哲学家解脱精神上的苦恼？维特根斯坦曾经比喻说，一个搞哲学的人，仿佛被困在房子里走不出去。他想从窗户爬出去，可窗户太高；他想从烟囱钻出去，可烟囱太窄，可只要他一回头，就可以看见：原来大门是一直敞开着的！维特根斯坦的观点非常类似这么一句话：苦海无边，回头是岸。

维特根斯坦对于哲学家和哲学问题之间的关系，不仅仅对于解决哲学家的问题有帮助，对于我们讨论有关精神的问题也有启发。在我们的生活中，在我们的人生中，我们为什么有那么多苦恼、困扰、焦虑、悲伤、悲痛，甚至绝望呢？这些精神上的疾病不仅仅是心理学上的征兆，更是精神上的问题。如果我们以维特根斯坦的方式提问，我们可以说，这些精神问题或者绝望是不是因为我们执着于某种追求，从而自己在精神上为自己构建了监狱把自己监禁起来呢？换言之，我们灵魂的困扰是不是因为灵魂与灵魂本身发生了错位的关系呢？精神的解放和自由是不是意味着从这种执着中解脱出来呢？

二　灵魂的疾病:自我中心主义是焦虑和绝望的根源

当我们背对阳光的时候，看到的是自己的影子，我们把自己的影子作为我们自己理想中或梦中的自我，真正的自我，我们追逐自己的影子，而其结果是永远追不上的。我们对于自己追不上自己的影子感到绝望，更准确地说，对于当前的自我感到绝望。我们想除掉当前的自我，而没有意识到：只要我们一转身，我们本来就站在阳光之下。我们之所以能看到自己的影子，之所以感到绝望，那也是因为阳光。绝望来自我们自己和自己的错位关系，我们把自己的影子作为真正的自我，把自己对自己的理解作为真正的自我。影子的灰色和黑暗使得我们忘记了自己本来是站在阳光之下的现实。

阳光、自我和自我的影子三者的关系有助于我们理解我们灵魂的困惑和疾病的根源。当我们只意识到自我与自我的影子的时候，就忘记了阳光的存在。精神的疾病来源于与相对的东西发生绝对的关系：把这个世界看作唯一真实的东西；把自己看作最重要的。精神上的绝望是对我们和这个世界关系的误解，或者说，绝望是一种错位的关系。绝望首先不是人的心理和情感，人的心理和情感是绝望的一种表现，当你感觉幸福时，它隐藏起来；你不幸福时，它显现出来。

(一)　焦虑和绝望的四种表现方式

第一种是追求自身能力和条件达不到的东西，并且把这种追求作为绝对的东西。比如，在"文化大革命"时期，贫农代表上讲台。社会条件许可，但是自身无法成为教师，如果贫农代表把成为教师作为自己的理想，而且把这种追求绝对话的话，他就会绝望。再如，一个没有音乐才能的人希望成为音乐家：他对音乐的热爱和追求没有什么不正常的，不正常的是在自己达不到自己的理想的时候，自己痛恨现实中自己的无能，从而感到焦虑和绝望。又如，对绝大多数人来说，尽管刘翔受伤，要想和刘翔跑得一样快，也几乎是不可能的。没有刘翔跑得快，不能造成你的绝望，造成你绝望的是你对目前的自我，对跑得慢的自我感到绝望，想根除这种自我。还有这么一个报道：一个女孩子希望有张美丽的面孔、苗条的身材，而天生的面孔和身材让她觉得很不满意，她对自己不能成为自己梦想的自我，不能拥有和别人一样漂亮的脸蛋感到失望和绝望，更准确地说，她对目前自己的长相感到绝望。她把梦中的美丽的自我当作绝对和永恒的东西，把当前的自我当作厌恶的东西。她的绝望导致她选择了自杀。她的自杀行为是绝望的典型表现。

这种绝望会演变为造假。在这个社会中，人总是想出人头地，人不仅追求物质上的东西，还追求名誉和权力。为了能够在幻想的自我中满足自己的虚荣心，人不惜一切代价进行造假，在科学研究中造假，在论文写作中造假，在文凭中造假，在考试中造假。人之所以造假，是因为人如果造假成功，就能生活在自己梦想的自我之中。这种梦想的自我是一种半理想半现实的存在：我的假我代表理想的我，别人对我的肯定是基于假我，因此，我通过假我在别人的眼中获得了价值和赞扬以及艳羡。人梦中的自我，不是仅仅存在于自己的头脑中作为观念存在，更重要的是通过别人的眼睛看到自己。那么，别人是如何肯定自己的呢？是通过所制造的假论文、假研究、假文凭等。但是，这也使得造假的人生活在不安之中，这并不是说，他自己怕被揭破，怕泡沫长久不了，更重要的是，他很清楚，自己在别人眼中的自我是一个虚假的自我，而现实中的自我并非如别人所认为的那样。他处于一种现实的自我与半理想、半现实的假我的紧张关系之中。

我们的社会甚至在制造药品时造假，在奶粉中造假，在食品中造假。制造假奶粉、假药、假食品，和绑架人质、抢银行性质是一样的，其不同点是一个杀人不见血，另一个见血。现在这个世界，人们天不怕、地不怕地造假，其范围之大渗透到了每个角落，其程度之严重，等于时时刻刻谋财害命。这种造假运动背后的动机是追求金钱、追求荣誉和追求权力。这些都是绝望的表现。

第二种是追求自己能力可能达到，但是因社会原因导致自己无法做到的东西。比如，"文化大革命"时期，因政治原因不能上讲台的知识分子，对于自己才能无用武之地，对于把自己和其他没文化的人归为一类，感到绝望。社会的等级观念也使得某些追求成为不可能的东西。在"文化大大革命"时期，农村小伙子找一个城市姑娘几乎是不可能的，即使现在，我想也是希望很渺茫的。一个泥瓦工想找一个大学毕业有稳定工作的女孩子结婚，这在中国几乎是不可能的（而在美国是可能的）。更有力的例证是，女人在过去是不能和男人一样享受同等的受教育和参政机会的。一个女人，从能力上看，不会比男人差，但是由于当时的条件限制不能进大学，如果把进大学学习看作绝对的追求，那么，有多少女人要绝望呢？由于肤色的原因，黑人在美国不能享有与白人同等的权利，不能和白人一起坐公共汽车，不能同在学校受教育。在这种歧视的政策下，如果把黑人能和白人一起坐公共汽车作为绝对的追求，其结果就是绝望。这种社会和历史条件下的不公平表现是多方面的，是无法数完的。

第三种是在能力和社会条件都许可的范围之内，追求自己梦想的目标，并且把这种追求绝对化。这种情况是绝大多数人陷入绝望的表现。我们上面提到那个自杀女孩子的例子。其实，不仅仅是这个女孩子一个人可能感到绝望。天下的女人有多少人不化妆？莎士比亚说，上帝给了女人一个张面孔，女子自己再造一张（God has given you one face, and you make yourself another）。一个非常美丽的女孩子，每天因为别人的赞美和羡慕感到自己非常幸福，但是，她和前面的那个女孩子一样，时时刻刻生活在焦虑和绝望之中，因为在这个美丽的女孩子的意识深处，很清醒地认识到，美丽是瞬间的。把自己和当前美丽的面孔绝对地等同起来，这是一种绝望的关系，因为即使是最美丽的花朵，也只有短暂的生命。而人们往往觉得它是永恒的。

社会现实向人们表明，在这个世界上追求金钱、拥有金钱是最幸福的，也是最实在和可靠的。成为一个富人，这是很多人的梦想。但人的物质欲望不是那么容易满足的。对于一个一无所有的人来说，一万元是他的梦想，而当他拥有了一万元后，他会觉得自己反而更贫穷，希望拥有十万元、百万元、千万元。有两句俗话，一是"欲壑难填"，二是"利令智昏"。当他觉得把钱投入股市是增值最快、最省事的时候，当股市一直是上升的时候，是他感觉自己很有成就感的时刻。自己的价值和理想都在股市中的那些数字上体现出来。但是，当股市崩盘的时候，他感觉整个世界都塌下来了，自己的财产突然化为乌有，他感到了无限的空虚，因为他眼中的自己随着股市的下跌而变小。他的绝望来源于把金钱看成是绝对的。他的绝望和空虚不是因为股市的变化带来的，是由他和金钱的本来关系决定的。因股市崩盘而自杀的例子，时见报端。但是，因股市下跌，很多人感到非常痛苦、绝望，这虽然没有报道，也是可以想象的。

有这样一个报道，读后让人感到非常同情和惋惜。一个学习拔尖的学生，一心想进清华大学，由于高考成绩不理想，结果被另外一所大学录取。因为自己无法进清华大学，这位学生感到懊恼不已，对于不能进清华大学这样的事实，自己感到绝望。这种精神上的焦虑和不安，最终导致了心理上严重失调和精神上的绝望，其结局是无法再在这个社会上生活下去，成了一个精神病患者。还有这样一个例子：一个广西农村出身的大学生，毕业后到一个村里当干部，后来因为要通过公务员考试才能继续做村干部，而自己又没有通过公务员考试，结果就精神失常，成了精神病患者。还有很多类似的报道，很多人因为高中毕业考不上大学，要么精神失常，要么自杀。

有上清华大学的愿望，有成为清华大学的学生的梦想，这是自我和梦想的自我的关系。这也是正常的关系。而把这种关系绝对化，把成为清华大学学生的可能性理解为真正的自我，把目前作为非清华大学学生的自我看作自己不能接受的现实，这是人的绝望的一种情况。

第四种绝望是自己没有意识到自己是绝望的。不感到自己是绝望的，并不等于自己不是绝望的。自己是否意识到自己是绝望的，这不是自己说了算，就如身体是否健康不是看自己的感觉，而是依据医生的判断。自我感觉一直身体良好并不代表身体就很健康，同样的，没有感觉自己是绝望的，并不意味着自己不是绝望的。事实恰恰是这样的：当你没有意识到自己是绝望的时候，正是你绝望的表现，因为你根本没有意识到自己与这个世界发生着绝对的关系。丹麦哲学家克尔凯郭尔说过这样的话：在一个医生的眼里，很可能是这样的情况，没有一个人在肉体上是完全健康的，都或多或少地有这样或那样的毛病；同样的，对于了解人类的人来说，人在精神上，也没有完全健康的，人或多或少地都有这样或那样的精神上的焦虑、精神上的不安、精神上的疾病。① 当你感到幸福的时候，你没有感到

---

① "就如一个医生可能说的一样，很可能没有一位活着的人是完全健康的；对于真正懂得人类的人而言，他可能说，没有一位活着的人不会有某种程度的绝望，不会不偷偷地隐藏着某些不安、内在的争斗、不和谐、对于某些已知的或者不敢去认知的东西的焦虑。" 参看 Kierkegaard, *The Sickness Unto Death*, trans. Howard Hong and Edna Hong, Princeton, NJ: Princeton University Press, 1980, p. 23。

绝望；但是，当你不幸的时候，绝望就显现出来了。绝望不是人的情感；情感上的绝望仅仅是灵魂绝望的外在表现。绝望就其本质来看是以一种关系，即与相对的东西发生绝对的关系，把时间中的东西作为永恒的东西来追求。

（二）绝望产生的根本原因

绝望产生的原因：一是在心理上不断肯定自我，二是在社会关系中对自我的肯定。

首先，心理上的自我肯定。对于物质世界的追求是在时间性的东西中体现自我、确定自我与肯定自我的，而这种自我肯定的方式注定是一种绝望，因为它的追求是把时间性的东西看作绝对和永恒的东西。人为什么会无止境地追求金钱呢？人们往往会说，要是我，只要挣钱挣到一定多的程度，生活安逸，就可以了。世界上的富翁没有一个人觉得自己挣的钱够多了，对于金钱的爱好，最后变得是对于数字增长的热衷。从人的心理来看，就如打麻将或者赌博：我再赢一把，就撤，可是等赢了一把，还会说，我再赢一把吧。这种心理上的贪欲和麻醉就如酒精对于酒鬼一样，它给人一种甜蜜的感觉、一种刺激的感觉。奥古斯丁说过，这个世界上的幸福就如甜蜜的毒品，它的味道是甜的，但是，它却是致命的。毒品上瘾，喝酒上瘾，咖啡上瘾，性生活也上瘾，就如口渴喝水一样，尽管是短暂的，但又是愉悦的。一旦满足之后就会感到空虚。

其次，社会关系中的自我肯定。人对于物质无止境地追求，不仅仅表现在心理感受刺激上，物质东西本身的价值还体现了我是谁。我是谁？这不仅仅是数字上看得出的。有的贪官，家里面隐藏了上千万元的钞票，他为什么会感到自己是富有的呢？美国一个富翁说，他很热衷于财富排行榜。为什么呢？他说，金钱在他眼里，不是消费上的意义，是和别人比，看谁最富。人为什么喜欢名车呢，比如，宝马和奔驰。宝马和奔驰的主要价值不在于它们给主人带来的使用价值，而在于它们给主人一种心理和精神上的满足，即他人通过宝马和奔驰来看主人是个富人，是个成功人士，是个比大多数人都有钱的人。假如，这个世界上只有一个人，而这个世界上的金子都归于他，他会感到骄傲吗？对于他来说，这个世界上的金子存在与不存在都没有意义，因为他不能通过这些金子来表明自己很富有。只要当这个世界上出现第二个人，出现一个竞争者，这个世界上的金子就变得有价值了。再比如，两个国家争夺一个岛屿。如果世界上只有一个国家，那么，就没有岛屿的归属问题；在人类出现以前，也不存在岛屿的归属问题。岛屿的归属问题，它反映的是人通过对方的存在来意识到自己的存在：对方对于岛屿的占领，不仅威胁到我的存在，也反映了对方比我强大。假如，这个岛屿在两个国家的争夺中，突然从地球上消失，这就显示出人类对于本来是不属于任何人的东西的争夺是多么空虚！

因此，我们看到，人在这个世界上就如酒鬼依赖酒获得短暂的快乐，吸毒者依赖毒品获得短暂的极乐，都是一种瞬间即逝的东西，是一种虚幻。快乐之后，是空虚、无聊和绝望。绝望的根源就在于把相对的东西当作绝对的来追求。

老子说，"吾所以有大患者，为吾有身，及吾无身，吾有何患"（《道德经》第十三章），在他看来，人最大的疾病就是把这个物质的存在看作绝对的。如果我们在精神上无我，哪里来的焦虑和绝望呢？人的大患，人的精神上的疾病，来自人的自我中心主义。人把自己作为最终的裁判、思考的基点，从而幻想自己应该是什么样的，人的自我处于理想或者幻想的自我与现实的自我之间，人处于这种分裂之中。人想根除现实的自我，成为幻想的自我，而这是不可能的，就如人永远不能追赶上自己的影子一样。如果人不以自我为出发点，不把自己作为基础，而把自己奠定在永恒的基础之上，就有可能从自己思想构建的精神监狱中解放了出来。背对阳光，看到的是自己的影子，当转过身时，人会发现自己本来就是站在阳光下的。面对阳光，人发现了自己与阳光的真正关系：人是依赖阳光而存在的。这类似于我们前面所看到的维特根斯坦对于哲学家的精神疾病的诊断。

绝望有负面和正面的意义。绝望的负面意义：人的精神疾病产生的原因是人依据自身，把自己作为世界的中心，把这个世界作为绝对的东西，来幻想自我是什么，从而追求这种幻想中的自我。如果一个人生活在自己的幻想中，他就与真正的现实相隔离。绝望的正面意义：人的焦虑和绝望之所以可能，人之所以能把自己和这个世界的关系绝对化，是因为人是一个精神的存在。人与梦想的自我以及对现实的自我的关系与人能够区分开梦想的自我和现实的自我，表明人是有三个关系项的。

三　灵魂的自由与表现

（一）精神的独立与自由

如何才能够摆脱绝望，摆脱精神上的奴役呢？我首先从抽象的角度谈谈如何获得自由和独立，然后举两个例子来具体说明世界上只有无私的爱才是永恒的。

第一，绝望是人在思想上把自我和这个世界绝对化，把自我与这个世界的关系绝对化的结果，即人的焦虑和绝望根源于人对于变动不居的世界的依赖。把自己附着在变化着的对象上，其结果是人永远无法获得独立和自由；精神的独立和自由，应该是独立于这个时间性的世界，从它的束缚中解脱和解放出来。当你真正超越了这个世界，当你站在这个世界顶峰的时候，你就会觉得这个世界上纷争和混乱是多么渺小和没有价值。真正的独立不是自己孤立起来，把自己封闭在自己的心理和精神世界里，而是与这个相对的世界发生相对的关系。独立于这个世界不是说消除与这个世界的关系。人生活在这个世界上，是无法与这个世界消除关系的，真正的独立是在精神上把原来的错误的态度纠正过来。人的焦虑和绝望不是因为自己和这个世界的关系，而是因为自己把与这个世界的关系绝对化，把相对的东西绝对化，把自我当作世界的中心。这是人在精神上的自我束缚。真正的自由是人从这个世界中解放出来，这不是说肉体从这个世界中走出去，而是要改变自己和这个世界的关系，把本来是相对的东西还原为相对的。

独立和自由是意味着人从抽象的世界中走出来了。当人背对阳光的时候，当人把自己限制在房间中的时候，人没有意识到，阳光、独立、自由的大门一直都是永恒地在那里。独立和自由意味着人不再把人与世界的关系绝对化，不再把自己看作万物的尺度，因而，独立和自由意味着人摆正了自己和生活着的世界的地位。独立和自由意味着人的精神从物质世界的束缚中解脱出来，这是精神性的转变，是态度的转变，不是世界和社会的变化。发生这种转变前，山是山，水是水；发生这种转变后，山还是山，水还是水。转变的是人与山和水的态度或者关系。

第二，人如何能真正做到和相对的东西发生相对的关系呢？仅仅意识到这个世界的相对性是不够的。与相对的东西发生相对的关系就是要与绝对的东西发生绝对的关系，人作为精神性的存在，就是要认识到自己在本质上是依赖于永恒的对象的。这个世界是时间性和变化的，永恒的对象不是根植于这个世界的，是超越于这个世界的。人之所以能超越这个世界，能独立于这个世界，不是因为人能在思想中或者想象中把人的自我绝对化，而是认识到自己与绝对者的本质性关系。正是在对于永恒的绝对者的依赖关系中，人获得了真正的独立；正是在与绝对者的关系中，人获得了真正的自由。

独立和自由意味着人永恒地依赖于永恒的东西。独立和自由不是说人成了神或者上帝而不再依靠这个世界或者任何东西；不是说自己和这个世界隔离，自己离开这个社会；不是说要做一个隐居者，到深山老林中过着原始人的生活；也不是说你在闹市中建立一个庙宇，生活在这个庙宇中，把社会和世界的存在作为乌有看待。当你抛弃自己的家庭和社会，当你用空间和生活方式的不同来标识自己的特异的时候，当你向公众宣布你不再留恋这个世界或不再和这个世界发生任何关系的时候，你实际上是在表明，你依赖这个世界，你想通过自己与这个世界的关系的不同来表明自己的独特。你的行为暴露出你是这个世界上的失败者，你不能容忍自己的失败，你对现实的自我感到绝望，想通过其他方式来证明自己的出类拔萃。

第三，灵魂的平等。真正的独立和自由是把自己建立在绝对牢固的基础上，也就是建立在永恒的基础上。当人面对阳光的时候，人眼无法看到太阳的真正颜色，人所看到的就如黑暗一样，强烈的光线超越了肉眼的承受能力，无论你是谁，国王也好，乞丐也罢，虽然生活在这个世界的等级制度中，人和人之间有巨大的差异，在阳光下，人的眼睛所能看到的都是一样：黑暗。人与永恒者的关系也是如此，人的思维和能力无法把握永恒者的光辉和伟大。人和人之间的差距和等级与人和永恒之间的关系是无关的。一片森林，树木有高有低，高到几十米，矮到几米，但是，在与阳光的距离上，都是一样的。在永恒的问题上，人人都是平等的：在永恒面前，没有文化高低之分，没有社会地位贵贱之分，没有能力大小之分，没有贫富之分，没有聪明愚笨之分，没有名人和普通人之分，没有帝王与百姓之分。尽管人和人之间有区分，但在与永恒的关系上，都是一样的距离。

　　第四，这个永恒的基础是什么呢？是爱。精神上的独立、自由、平等是在爱之中实现的。什么是爱呢？爱就如阳光，是来源于这个世界之外的。作为永恒的爱，不是我们经常所说的自然情感。自然情感，包括爱情、友谊、母爱等，由于是源于人的自然内心世界，是自私的，是以自我为中心的。关于永恒的爱的问题，下面，我用两个例子来说明。

（二）爱：苏格拉底与墨子

　　精神上的独立、自由、平等体现在爱上。这里所说的爱不是人世间的爱，而是根植于世界之外的爱。古希腊的苏格拉底与中国古代的墨子，可以用来很好地说明永恒如何体现在爱之中。当人背对阳光的时候，人陷入自爱，陷入这个世界之中，陷入无休止的焦虑和绝望之中。当人面对阳光的时候，人突然感到自己本来时时刻刻沐浴在阳光的温暖之中；在阳光之爱之中，忘记私我，无我之爱。

　　苏格拉底的智慧：苏格拉底在《申辩篇》中说，他得到一个神谕，说苏格拉底是最有智慧的。苏格拉底不明白这是什么意思，因为他知道自己是没有什么智慧的。因此，他就到处验证神谕，看看是不是有人比他更有智慧。在这个验证过程中，他得罪了当时雅典城邦中被公认为最有声望和智慧的政治家以及他们的追随者，得罪了类似诗人的知识分子，得罪了工匠阶层，因为通过苏格拉底和他们的对话，苏格拉底给他们揭示了一个事实，他们并非如自己所宣称的那样有智慧。苏格拉底说，在这个验证过程中，他明白，神是利用他来向人类揭示一个真理，即人的智慧什么都不是，人的智慧没有什么价值。这是什么意思呢？人和人之间的确有着很大的差别，有的人愚笨，有的人聪明，一个人凭借着他自己的天资和努力，就可能做出与别人不同的贡献，就能表明自己在某个方面是突出的，甚至是杰出的，人可以因为自己的贡献而获得永垂不朽的名声。在人看来，一个与这个世界同样永久的名声与一个默默无闻的小人物之间的差别是巨大的。但是，与无限的神的智慧相比，流芳百世的人的智慧和默默无闻的人的智慧都是一样的，是平等的，因为，人和人之间的距离毕竟是有限的，是时间中的，是可以衡量的，而人与神之间的距离是无限的，是无法衡量的。就如我们前面所说的，一片森林，有的树木只有一尺高，有的几十米高，它们之间有着巨大的差异，但是，在与太阳的距离上，它们却都是一样的。苏格拉底之所以得罪了那么多雅典城邦中的人，得罪了人类，那是因为人都希望自己与众不同，希望在其他人眼里看到梦想中的自我，而苏格拉底击碎了人的自我中心主义，自我膨胀的梦想。人的智慧和神的智慧之间有着本质的区分："先生们，事实很可能是这样的，神是有智慧的，神谕所要说的是，人的智慧几乎没有价值。当他说，这个人，苏格拉底，他是用我的名字作为一个例子，试图表明：他是你们这些会死的人中的一员，如苏格拉底一样的人是最有智慧，因为他明白他的智慧是没有价值的。"（《申辩篇》）①

苏格拉底之生：苏格拉底在申辩中说，他的任务是完成神赋予他的责任，就是警示世人，理解自己的智慧是有限的。他的职责是双重性的：服从神的命令；警示世人（爱世人）。神利用苏格拉底来告诫人类。苏格拉底说，"即使现在，我也将继续从事神命令我做的调查任务。我将询问任何人，无论是公民还是陌生人，只要我觉得他是有智慧的。如果我不觉得他有智慧，我将求助于神的帮助，向他表明他不是有智慧的。正是因为这种职业，我没有任何空闲时间从事公共服务，我也没有为我自己挣钱。正是因为服务于神，我的生活极其贫穷"（《申辩篇》）。② 苏格拉底说，即使宣布他无罪释放，他将继续做他一直做的工作。他不会用沉默和流放来躲避死亡的，流亡对于他来说没有意义，因为在这个世界上任何地方，人类都不会容忍他把关于人性的皇帝的新装给揭破。他与雅典民主政体的冲突不是个人与不同社会制度的冲突，而是人和神之间的冲突（《申辩篇》）。③ 苏格拉底所从事的是神的使命：神想通过他来昭示人类，人的智慧是极其有限的。因此，对于苏格拉底的审判是人类的傲慢对神的审判，是对神的反叛；苏格拉底之死是人和神之间的区分的消失。控告苏格拉底的人说他不信神，而经过苏格拉底的诘问，恰恰表明，那些口头上相信神的人是不相信神的。他们利用神的名义来处死完成神的任务的使者。

还有，苏格拉底的贫穷，从世人的眼光看，是不可理解的，他是自私

---

① Plato, *Plato's Five Dialogues*, 2nd edition, trans. G. M. A. Grube. Indianapolis and Cambridge: Hackett Publishing Company, Inc., 2002, p. 27.

② Ibid..

③ Ibid., p. 41.

的。世人把苏格拉底的爱理解为自私。苏格拉底家中有三个儿子，其中两个都还很小。以苏格拉底的才能完全可以和智者一样，通过教书挣很多钱，让自己和家人过上舒服安逸的生活，但是，他没有这么做。他与人辩论不是为了挣钱，不是为了炫耀自己的才能，不是为了个人的私利，他是在执行神所赋予他的任务。

苏格拉底之死：他为什么被判死刑？为何又平静地接受不公正的审判结果？苏格拉底说，他对于雅典城邦就如一个牛虻一样，即在雅典城邦人的眼里，苏格拉底是个牛虻，因为他所做的工作和所说的话深深地伤害了雅典城邦的人。苏格拉底想把雅典人从昏昏欲睡的状态中惊醒，从虚幻的自我梦想中拉回来，他是真正爱雅典人的，爱人类的。但是，人们把苏格拉底的爱理解为恨，苏格拉底之爱是不容于世界的，他的爱换来的是谣言、审判、死刑。苏格拉底说，他的辩护是为了雅典人的，不是为了他自己。他与雅典人的关系，即与这个世界的关系，是由神给他的任务决定的：他把自己的一生奉献给雅典人，奉献给人类，他的无私的爱换来的是死刑，是人类对他的仇恨。

对苏格拉底的指控是，他腐蚀青年和不信奉雅典城邦所信奉的神。从人类的观点看，苏格拉底是既不爱人类，因为他腐蚀青年（人类的未来），也不信奉神。因为这两宗罪名而被判为死刑，这从人类的观点看，是多大的遗憾和羞辱。不仅在当时的雅典人眼里，他罪有应得，背负着反人类的罪名和不信神的污点，而且很可能在人类历史上，永远被钉在耻辱柱上。但是，苏格拉底没有因为自己被冤枉，被判死刑而有任何怨言，他很平静地接受死亡，接受如此不公的审判。这是人所难以理解的。而这正体现了苏格拉底的精神的永恒性。

苏格拉底的爱是不求回报的，是无私的，无我的，超越了人类的爱。

在墨子哲学中，墨子区分了两种爱，"自爱"和"兼爱"（《兼爱上》）。[①]"自爱"是人的自然情感，是以自我为中心的爱；它包括儒家的爱有差等。兼爱是什么呢？墨子说，兼爱是"爱人若爱其身"（《兼爱上》），是"视人之国若视其国，视人之家若其家，视人之身若其身"（《兼爱中》）。自爱是根植于这个世界的，是"知爱其身，不爱人之身"

① 王焕镳：《墨子校释》，浙江古籍出版社1987年版。文中引文只表明篇名。

（《兼爱中》）。而"爱人若爱其身"，爱人如爱己是来源于世界之外的。爱其身，且爱人之身，加上这么一句，其意义的变化是永恒的变化。自爱是一种自然情感，是任意性的和偶然性的，而爱人如爱己中的爱则是责任，是必须做的。为什么这么说呢？

墨家和儒家一样，认为如果一个人是纯粹的自爱的话，他就不可能维系最基本的人际关系，即父子、兄弟、君臣关系。"子自爱，不爱父，故亏父而自利；弟自爱，不爱兄，故亏兄而自利；臣自爱，不爱君，故亏君而自利。"同样的，"父自爱也，不爱子，故亏子而自利；兄自爱也，不爱弟，故亏弟而自利；君自爱也，不爱臣，故亏臣而自利。"（《兼爱上》）这样自爱的人，连自己的父母和兄弟以及君主都不爱，更谈不上爱其他无关的人了，这样的人，一切都从自利出发，把自己看成是世界的中心。

儒家强调孝悌，即孝顺父母和尊敬兄长，反对这种极端个人主义的自爱。儒家把父子之爱、兄弟之爱、君臣之爱建立在爱有差等上，即人自然地爱自己的父母要比爱别人的父母多，爱自己的兄弟朋友要比爱陌生人多。儒家的亲亲之爱是不是就为人类的爱打下了坚固的基础呢？爱有差等（即"别"）是什么意思呢？墨子认为，儒家所说的爱实际上是另外一种形式的自爱：我爱我父母和兄弟甚于爱其他人因为他们和我有血缘关系，我爱我的朋友因为我们有相似的爱好和生活圈子，我爱我的君或者国家因为他们和我同属一个利益集团。"虽为天下之盗贼者亦然：盗爱其室，不爱其异室，故窃异室以利其室。"盗贼爱自己的家，不爱别人的家，所以偷别人家的东西。"大夫各爱其家，不爱异家，故乱异家以利其家。诸侯各爱其国，不爱异国，故攻异国以利其国。"（《兼爱上》）

有人说，儒家主张，我爱我的父母胜过爱自己，我爱我的妻子胜过爱我自己的生命，为朋友两肋插刀。这种爱别人胜过爱自己的表现是不是无我呢？这里的别人，父母、妻子、朋友与世界上其他人是如何区分的？我为什么单单在这个世界上把他们作为自己爱的对象，而不是其他人呢？谁是我的朋友，谁是我的敌人，用什么来衡量呢？显然是我自己。如果以我为标准来确定谁是我爱的对象，我可以今天爱这个人，明天爱那个人。我还可以自暴自弃，不爱自己。

儒家竭力向一代一代的世人宣扬孝悌思想、忠君爱国思想，其背后是一个无法掩饰的事实：人在多数情况下，是自爱的，是只爱自己的。如果以自爱为标准来衡量爱之间的差等，谁距离我自己更近？显然不是我的父母兄弟，不是我的妻子和孩子，不是我的朋友，而是我和我自己距离最近。

墨子认为，正是"爱人若爱其身"，爱人如爱己，才保证了孝悌忠信的爱的方式。"爱人若爱其身，犹有不孝者乎？视父兄与君若其身，恶施不孝？犹有不慈者乎？视弟子与臣若其身，恶施不慈。"（《兼爱上》）爱人如爱己中的"人"是指所有的人，是指整个人类，包括自己的父母兄弟姐妹，自己的朋友，自己的爱人，自己的同事等。人与自己父母之间的关系，人与自己兄弟姐妹的关系，人与朋友的关系，在爱的表现方式上肯定是不同的，但是，把爱自己的亲人建立在永恒的基础上比建立在自己的自然情感上，无论在何时何地，无论处于什么样的境地，人都会永恒地爱自己的亲人，就如爱整个人类一样。这样一来，就消除了儒家所担心的作为个体的自爱与作为孝之间的矛盾。

同样的，也包括自己，因为自己也是人类的一员。爱己如爱人，把爱自己看作一种责任，这样才能正确地爱自己，[①] 不会自暴自弃，不会自杀。这里的"自己"就不是自己梦想中的自己，而是道德命令中的自己。把爱自己建立在永恒的基础上，而不是把爱自己建立在自己的自然情感上，这是一种对自己永恒负责的表现，是真正地爱自己。

克尔凯郭尔认为，人的自然的情感（包括自然的爱），是不具有道德因素的。比如在爱情和友谊之中，我是否能找到我所喜欢和爱的人，这完全是一种机遇、一种偶然因素、一种缘分。如果说，我必须找到我爱的人、我可信赖的朋友，这是无意义的，人没有责任和义务一定要找到自己心爱的对象和朋友。但是，爱所有的人，爱你周围的人，爱你的邻居，这不是偶然的，这是道德上的责任和义务。[②] 爱自己喜欢的女人或者男人，这是一种自然情感的流露，无须任何外在的命令。但是，爱你周围的人，爱所有的人，这是道德命令，这是外在的。

---

① 参看 Kierkegaard, *Works of Love*, trans. Howard Hong and Edna Hong. NJ: Princeton University Press, 1995, p. 22。"以正确的方式爱自己与爱自己的邻居完全是一致的；最终说来，它们是同一的。"

② Kierkegaard, *Works of Love*, trans. Howard Hong and Edna Hong. NJ: Princeton University Press, 1995, pp. 50 – 51.

当爱是一种职责时，爱就是纯粹的爱，就是永恒的爱。因为这种爱来自这个世界之外。

为什么这么说呢？如果只有这个世界的话，人类将是处于一种混乱状态，因为人人都是自爱的。"一人一义，十人十义，百人百义。其人数兹众，其所谓义者亦兹众。是以人是其义，而非人之义，故相交非也。"（《尚同》）人不可能自己达成一致的协议或者法律，即使是皇帝或者君主，他也是听从自己的自爱的声音的。兼爱，作为道德命令，来源于天："天之行广而无私，其施厚而不德，其明久而不衰，故圣王法之。既以天为法，动作有为，比度于天。天之所欲则为之，天之所不欲则止。然而天何欲何恶者也？天必欲人之相爱相利，而不欲人之相恶相贼也。"天的无私之爱表现在给予人类普爱："兼而爱之，兼而利之也。"（《法仪》）天以其自身的兼爱，向人类昭示了行为规则。

克尔凯郭尔表达了类似的思想：什么是律？什么是法？律则是对于人的约束。谁来制定约束人的律则？是人民吗？人民又是指谁呢？如果人自己来制定自己行为的法则，由于没有任何人在本质上是高于其他人的，那么，我就可以任意地与其他人组成联合。由我自己来任意规定法则，我可以今天规定这个法则，明天规定那个法则。个人靠不住，我们通过民主来制定法则？民主？多少人算民主？我们能把所有的人集中在一个时间一个地点来商讨法则吗？那么，已经逝世的人呢？或者将来的人呢？再退一步，假如说我们能够通过一定的多数人来达成一致的协议或法则，那么，具体到个人身上，我在什么时候遵守这个法则呢？如果都期待其他的人遵守，而自己不遵守，这个法则不等于是空的？又由谁来监督法则的实行呢？[①] 道德的法则不可能来自人民或者民主体制。这和墨子《法仪》以及《尚同》篇思想非常接近。

因此，兼爱根植于永恒之中。

自然之爱有喜怒之变，而在兼爱这里，则有着永恒的欢乐。你会因为找不到自己心仪的对象而闷闷不乐，因为自己的爱人生病而痛苦，因为自己的爱人离你而去而悲伤，因为朋友的背弃而绝望和愤怒，因为担心父母

---

① Kierkegaard, *Works of Love*, trans. Howard Hong and Edna Hong. NJ: Princeton University Press, 1995, pp. 115 – 116.

的健康而焦虑不安，因为自己的亲人永远离开自己而伤心不已。但是，在兼爱之中，你获得的是永恒的快乐。你永远不会找不到你爱的对象，因为整个人类，每个人，包括你自己，都是你爱的对象。更重要的是，在兼爱之中，你时时刻刻关心的是他人的福利，而不是斤斤计较自己的得失，你的爱就如阳光一样，有着无穷无尽的源泉。

四　本章结语

柏拉图的哲学对于人的灵魂的理解与普通人所想象的灵魂是一样的：人们把灵魂理解为是一个实体，一个不变的东西，一个类似于肉体或者物体的东西。今天我讲的是，人的灵魂或者精神不是实体性的；人的精神是关系性的。如柏拉图所说，人的灵魂是人与永恒的关系的核心问题。但是，人的灵魂，作为精神性的存在不是与这个世界处于隔膜的关系，而是在爱之中表现出来的。

灵魂的本质是无私的爱。柏拉图认为，当人的灵魂迷失之后，就会把这个肉体或者世界作为是最真实的，或者是唯一真实的。我们说，当人的灵魂迷失方向，是陷入自爱之中，把自我作为绝对的东西，作为一个实体来看。柏拉图所说的灵魂从肉体中解放出来，用我们的观点看就是人从自爱之中解脱出来，投入到无私之爱的怀抱之中。

灵魂是有任务的，而石头或者动物是没有任务的。灵魂是有责任的，而石头和动物是没有责任的。灵魂的任务和责任就在于它的爱。爱是任务，是责任，是行动。

爱是关系性的，爱是实践性的，爱是在时间中展开的。爱是无我。用西方传统形而上学的语言说，爱是最终实在。恶与恨则是万物迷误和自爱的结果。爱的哲学既是形而上学也是宗教哲学：作为第一哲学的宗教哲学是爱的哲学。

第三章　爱作为溢满性现象

——基于利科《爱与正义》的思考[①]

导　论

　　或许我们可以说，在这个世界，没有任何事情比爱和正义更重要的了。当代法国哲学家保罗·利科（Paul Ricoeur）的文章《爱与正义》无疑触及了最重要的问题。他关于这个议题的讨论是一份非常珍贵的精神食粮，从中我们可以获得对于爱和正义的更深的理解。我们能够如何谈论爱？准确地讲，我们如何讨论基督教的爱？利科认为，在谈论基督教的爱的时候，我们应该避免两种危险。一方面，我们应该避免"陷入情感性的陈词滥调"[②]，"赞颂或情感性滥调"（LJ, 25）；另一方面，我们不应该使得爱屈从于某种"伦理学的分析"或"概念分析"（LJ, 23），即不应该强加给它某种不适合的枷锁或框架。对于利科而言，在承认爱与正义之间存在着很大的不对称的关系时，我们可以寻找它们之间某种实践上的调和（Ibid.）。正义需要爱来使之避免功利主义的倾向，而爱也需要正义作为支撑使之避免不陷入非道德或不道德。

　　在阅读利科的《爱与正义》的时候，我个人有两个观点出现在脑海中：第一，我们可以从马里翁（Jean‑Luc Marion）现象学的观点重新解读利科的叙述；如果这样可行，第二，我们需要对利科关于爱和正义之间

---

　　① 同标题的英文稿在 2018 年 11 月 3 日上海交通大学哲学系举办的"与保罗·利科一起思考：《爱与公正》读书工作坊"上宣读过。

　　② Paul Ricoeur, "Love and Justice", translated by David Pellauer, *Philosophy and Social Criticism*, Vol. 21, No. 5/6, p. 23. All quotations from this essay are referred to as LJ followed by paginations.

的某种辩证的、实践的关系的观点进行重新思考和审视。我的问题是，我们应该如何理解爱与正义之间的极度不对称关系？这种极度的反差，不是对立关系，而是爱对于正义的溢出，即爱超越了正义的尺度。这种"溢出"并不意味着在言说爱的时候一定要求助于赞颂或情感式的陈词滥调。用马里翁的术语说，爱是溢满性现象。如果这是成立的，对于利科在爱与正义之间寻找辩证调和的策略就构成了挑战。我们或许应该说，爱与正义不是两种互相外在对立的东西，不是一方需要另外一方来充实自身，而是爱在根源上穿透正义，即正义根植于爱。

　　本章分三个部分：第一部分解读利科关于正义现象的论述，特别是正义概念自身的内在紧张关系；第二部分依据利科关于爱的语言，重点阐述为何爱是溢满性现象；第三部分结合利科的辩证策略，讨论爱对正义而言是如何溢出的。

一　"正义的散文"：互惠法则

　　利科从两个方面论述正义，一是在社会制度中，正义等同于一个社会的法律制度，二是法律制度和国家所由以建立的正义原则。在社会实践的层面，正义是指高一级的法庭对于在利益或权利上互相矛盾的双方的诉求进行决断，与之伴随的是一系列的法律规则制度和组织机构，这些机构利用公共权力手段来执行正义的决定。利科特别指出，无论是对于什么是正义需要决断时的情景，还是执行正义的手段，都与爱无关，正义需要（在法庭上）进行辩论，而爱不辩论。正义在实践层面不仅需要辩论，还需要法官做出判决并执行判决。正义既是天平又是一把利剑[1]。无论是利益还是权利互相冲突的双方，抑或是进行决断的法律制度和机构，都不涉及爱的关系。

　　在理论层面上，利科说，在西方，"从亚里士多德的《尼可马克伦理学》到约翰·罗尔斯的《正义论》"，"把正义与分配正义几乎等同起来"（LJ，30），分配与平等"是正义概念的支柱"。作为"对于冲突的规范"，"分配概念……对于正义的社会实践提供了一个道德的根基……这里，社

―――――――――

① 参看 LJ, pp. 29 - 30。

会在实际上被看作竞争对手对抗的空间。分配正义，涵盖了法律机构的所有运作，赋予它们以这样的目的，即在一方的自由不侵犯另外一方的限制内，支持每一个人的诉求"（LJ，31）。在分配正义理论看来，社会成员都具有平等的权利和自由，在各自的范围内，都有权利为自己的利益而进行合理的诉求。体现正义的社会法律机构要解决的就是公平地解决社会成员之间的利益冲突。把社会理解为竞争对手的竞技场，这意味着社会成员之间是相互独立和自主的。独立（independence）、自主（autonomy）、自由（freedom），这既是分配正义理论下社会成员的本质特征，也是西方近现代哲学形而上学理论中的实体概念。每个人都以自己的权利和利益为核心，相互之间不存在需要对方来定义自身的本质关系，社会成员就是原子式的存在（atomic being）。利科问，"因此，在社会成员之间会建立起什么样的纽带呢？"（Ibid.）

利科提醒我们，罗尔斯用令人印象深刻的公式"冷淡的兴趣"（disinterested interest）来形容"在原初社会契约的假设情境中的当事人的基本态度"。"在这个公式中，绝不缺乏相互需求，但是，利益之间的并置阻止了正义的观念达到一种真正的认可和团结的层次（每个人都感到亏欠其他每一个人）。"（Ibid.）因此，尽管罗尔斯"希望他的正义原则加强社会合作"，其结果是，正义的概念可以想象的却是"这样一个社会，在其中，互相依赖的情感——甚至互相亏欠的情感——仍然隶属于相互冷淡的观念"（Ibid）。

利科说，正义的统治在这两者之间摇摆：一是"成员之间的冷淡的兴趣关心的是只要在被接受的法则许可的范围内提升他们自身的优越性"，二是"只要坦诚互相之间存在亏欠就会有一种合作的真正的情感"（LJ，36）。这种摇摆不是两种势均力敌的力量的拉锯战。利科又说，"完全依赖自身的话，正义的制度倾向于使合作屈从于竞争，或者说，从竞争兴趣的均衡中获得合作的幻影"（Ibid.）。不仅如此，更为糟糕的是，罗尔斯式的最大多数的计算包含有这么一种危险，在最后的分析中，呈现为一种遮掩的功利主义计算的形式，而对于功利主义而言，"它提出以牺牲少数人的代价来最大可能地增加最大多数人的平均优势作为它的理念，尽管这是功利主义试图隐藏的罪恶的含义"（Ibid.）。因此，利科说，如果这是我们正义感的自发的倾向，我们是不是要承认，如果这种正义感没有被"爱的诗歌""所打动和秘密指引"的话，它就不过是一种细腻的功利主义升华的变种（Ibid.）。利科在这里似乎是想说，罗尔斯的正义论就其逻辑本身而言，容易滑向功利主义，但是，他又想把合作和团结的情感融入正义概念，因此存在着一种摇摆的状态。罗尔斯的正义概念受一种外在的力量的影响，被另外一种东西所打动或指引。

所以，对于利科而言，在社会实践的方面，"无论是具体情况还是正义手段都不是爱的情景和手段"（LJ，29）。通过分析正义观念，我们可以说，"在正义的统治下，没有明确的指称与爱相关"（LJ，32）。这里需要特别注意的是，利科说的是"没有明确的指称"（no explicit reference），针对这一点，我下面要说的是，存在着一种隐含的指称（an implicit reference）使得正义与爱相关。

二 "爱的诗歌"：爱作为溢满性现象

关于正义的话语，利科形容为"散文"，而关于爱则是"诗歌"。"散文"和"诗歌"究竟在这里是什么含义？利科没有给出解释。一般而言，散文写作风格平易近人，对于我们日常生活中的现象的描述易懂而且语言流畅，描述的内容对于我们而言不陌生。用现象学的话说，散文描述的意义、图景、生活与我们的意向性是相匹配的。而对于诗歌，我们倾向于认为其语言远离日常生活话语，其表达方式夸张、想象，甚至荒诞，而其内容则不那么真实，充满着想象，甚至是类似于幻觉或错觉，难以准确地把握和表述。我们一般不会认真对待诗歌所描述的东西，不会把诗歌的内容与现实生活混淆起来，更不会认为诗歌描述的东西比我们日常语言表达的内容更具有真实性。用现象学的语言来说，诗歌描述的对象超出了我们日常思维的习惯和框架，对于这种超出性或超越性，我们一般倾向于站在日常生活的角度，认为它是不那么真，或者根本不真实。我们通常用日常思维的意向性和概念来衡量和评判诗歌描述的对象，从而看不到，诗歌描述的对象就其自身而言，是无法用日常语言来描述的，也是无法用日常思维来衡量的。相对于我们这个世界的真实性而言，有一种虚幻或不真实的存在，但是，这并不意味着这个世界的真实性是绝对的真实性和唯一的真实性，因为有超越于这个世界的更真实的东西。爱是超越这个世界的。我们很自然地把爱作为人的主观情感来看，而把物质性的东西作为最具有真实性的绝对存在；这反映的不是爱与物质世界本身的实在性问题，而是我们对于实在性的理解有误。爱不是不太真实的东西或想象性的东西，它比我们在这个世界上看到的任何东西都真实。如果说，我们的语言与这个世界的实在性相匹配的话，它就无法衡量爱的真实性，因为爱具有超越我们心智的实在性。

因此，我们对于利科的"爱的诗歌"可以这样理解：爱的话语属于"超丰富的逻辑"（the logic of superabundance, LJ, 33-34, 35, 37）。引人注目的是，在《爱与正义》中，利科在形容爱与正义的时候，把爱说成是"爱的诗歌"（the poetics of love, LJ, 32, 36），而把正义比喻成"散文"（the prose of justice）。爱属于"超丰富的逻辑"，而正义是"均等逻辑"（the logic of equivalence, 34, 35, 37）。正是在这个意义上，利科认为，爱是不能被简约为伦理学（概念性）分析，因为它是"超伦理"（hyperethical）或"超道德的"（hypermoral）。对于利科来说，如果爱与作为概念化澄清的伦理学分析相对立的话（LJ, 26），那是因为爱的超丰富性拒绝人类理解或概念。在爱的实在性与我们人类语言之间存在着巨大的不对称性，尽管如此，"爱是言说的，但是它言说的语言是不同于正义的语言的"（LJ, 25）。从我们人的观点看，我们会注意到"爱的话语的奇特性（strangeness）或怪异性（oddness）"（LJ, 25），这种奇特性或怪异性是什么意思呢？我们可从三个方面来谈这个问题与现象学溢满性理论之间的关系。

首先，意义或对象决定了语言表达方式。在从事理论分析的时候，一个基本的原则是，我们必须尽可能地使得运用的词语准确，也就是，我们必须赋予所用的词语或概念一个简单清楚的含义，避免任何模糊性。尽可能准确地表达某个意义或对象，这个原则并不一定等同于词语和表达方式必须与对象是一对一的简单对应关系，语言的表达方式是由它所关涉的对象的特性决定的。与抽象和理念性对象相对应的语言可以纯粹是符号和公式，比如逻辑和数学，简单和精确性是逻辑和数学语言的特征，这与它们的内涵贫乏的现象有关。而在日常生活和社会活动中，对于语言的要求就不是精确性，而更多的是实效性，比如，完全相反的词语或命题在实际应用上达到的效果很可能是一样的。简洁、明了、经济、实效等是实际生活对日常语言所要求和期待的。可以说，清楚、明白的原则都适用于这两种现象。对象的内涵没有超越语言可以表达的范围。但是，在圣经诗歌中，"关键词语经历了意义的扩展和扩充、没有预料到的吸纳、自今未看到的相互关联，这些都不能被简约为一个单一的含义"（LJ，25）。这是因为"爱与赞美相连"，"爱的话语起初就是赞美的话语，在赞美中，人们喜悦于凝视高于人们所关心的所有其他对象的一个对象"（LJ，25）。在圣歌、祈祷等话语形式中，人们不是用理论理性或实践理性之光去照亮对象，而是如沐浴在阳光下一样，被对方所照亮并享受对方。从日常语言到赞美诗，这是意向性的逆转：不是让对象符合我的意向性，而是我被对方的意向性射中。在赞美诗中，语言的功能不是为了描述对象的特性，也不是为了某种实践的目的，而是表达被照亮的喜悦，是表达生命与生命之源的关系。对于爱的伟大，《圣经》中用否定的夸张法来表达：没有爱，任何东西都是虚无。"如果我用人类和天使的语言来说话而没有爱，那么，我就是一个聒噪的锣或一个当当响的钹。"（LJ，26）利科特别强调这种出现多次的表达方式，"如果我有……而没有爱……那么我就是虚无"。这里利科强调的是语言与爱的关系：不是语言使得爱具有意义，而是爱使得语言有了生命。也就是说，不是语言决定了爱如何被表达，而是爱决定了爱如何被语言表达①。没有爱，语言什么都不是，是没有意义的。这当然也适用于正义的话语与爱的关系。正是因为爱的溢满性，使得赞美的语言打破了我们语言的一般的法则和表达习惯。

法国现象学家马里翁认为，在溢满现象中，"直观总是淹没了意向性的期待"，"直观给出概念无法把握的剩余，因此，意向性无法预知"，而且，"远不是在概念之后，从而跟从意向性的线索（目标、预知、重复），直观颠覆，因而，先于所有的意向性：它超出它们并使得它们被非中心化"②。根据马里翁的理论，我们可以说，利科所描述的对于爱的赞美话语是在爱的直观中试图用语言来表达语言所无法把握的对象；不是语言为爱预先设置标准和表达方式，而是爱决定了语言的表达方式。利科说

---

① 我们同时看到，在对待爱与正义的关系时，利科没有看到这一点。我们将在下一个部分分析。

② Jean – Luc Marion, *Being Given*: *Toward a Phenomenology of Givenness*, trans. Jeffrey L. Kosky, Stanford, CA: Stanford University Press, 2002, p. 225.

的"没有预料到的吸纳、至今未看到的相互关联"（unexpected assimila-tions, hitherto unseen interconnections）与马里翁所说的溢满性现象完全一致。

如果说在直观中被给予的东西超越了我的意向性，那么，我们是不是就无法用人类语言表达它呢？利科发现，语言层面的隐喻化过程与爱的表达之间有紧密的关系。在圣爱中具有这么一种动力结构："它能够动员大量不同的情感（我们以它们的最终状态来命名这些情感）：快乐与痛苦，满足与不满，喜悦与抑郁，极度幸福感与凄凉悲哀，等等。更重要的是，爱不仅仅局限于在自己周围布置这些大量的情感，就如某种巨大的重力场。它还从它们之中创造了某种上升和下降螺旋运动，横穿两个方向。"（LJ，28）与这些错综复杂的情感关系相对应的是语言上的类比关系网的产生。比如，正是在这种类别关系网中的隐喻化过程，"性爱可以指称比它自身更多的东西以及间接地指向爱的其他特质"（LJ，28）。性爱与圣爱之间并非如人们所常说的截然对立。"隐喻不仅仅是一个比喻，或修辞上的装饰"，"性爱的力量可以表征圣爱并把它表达为词语"（LJ，28）。利科关于情感的类比关系和语言上的类比学理论可以说明爱（基督教上的爱）如何通过情感类比关系网以及语言上的隐喻化过程被表达出来，而又不使得自身仅仅体现为这些类比关系和隐喻。这是圣爱下降和上升的关系①。用现象学的语言来说，直观之中被给予的可以通过意向性对象表现出来，但它是在概念之前就已经发生的。爱颠覆了我们语言对于它的理解和表述。爱可以通过类比的情感关系网表现自身，但是不能因此就把爱简约或等同于情感情绪。正是这种关系，我们才可以说，精神之爱不是弗洛伊德所说的性爱的升华。性爱作为一个符号，可以表达比自身更多的东西：列维纳斯所说的"多"在"少"之中（"more" in the "less"），就是马里翁哲学中的溢满性现象。

其次，爱的奇特性还表现在"命令性的爱的丑闻"（LJ，26）。基督

---

① 上帝派他的儿子耶稣基督来到这个世界，首先是下降运动，是谦卑的表现，后来又升天，是上升的过程。基督来到这个世界，尽管在外表上与人的形象一致，但是，他不是以世界的标准来显现自身的。他在这个世界上向世人宣告的是永恒的真理。基督被钉在十字架上，这说明基督不能被这个世界完全容纳，甚至与这个世界的标准相冲突。基督来到这个世界，可以被理解为溢满性现象的典型例子。

教的爱表现在这样两条命令："你应该爱上帝你的主，""你应该爱邻人如你自己一样"。情感是自发的，是无法被命令的。从康德的伦理学角度看，情感不仅是不能被命令的，而且还是与道德命令对立的，责任就在于尽可能地远离情感。无论是日常生活中的命令语言（"把门关上！"）还是道德原则（比如康德式的道德命令）都无法理解基督教中的作为命令的爱。这种关于爱的命令超出了我们的理性范围（无论是日常性的还是理论上的）。说它是丑闻，这标示着一种荒谬性，甚至是一种冒犯（of-fense）。这种荒谬性不是指爱的命令或命令的爱本身是荒谬的，而是源于两种不同的"世界观"：我们把这个世界首先看作无始以来就有的自然世界，人作为一个自然存在具有某种自然情感和情绪，而道德命令是建立在自然界之上的人类社会关系之中的与自然关系相异的命令式语言。由于受这种关于命令语言的理解的决定性影响，我们很容易把我们关于命令的语言（比如道德命令）应用到关于爱的命令的理解上。而爱的命令或命令的爱表述的是完全不同的"世界观"：上帝创造了这个世界和所有的人类，而且这种创造是不断发生的；在这种创造性关系中，爱的命令"起源于上帝与个体灵魂之间的纽带关系"（LJ，27）。利科采用法朗茨·罗森茨威格（Franz Rosenzweig）的观点指出，爱的命令表述的关系是在第三者出现以前的上帝与一个个体灵魂的关系，我与你的关系："仅仅是上帝与一个个体灵魂之间的亲密对话，在任何'第三'个人出现之前的情景。"（LJ，27）这非常类似于列维纳斯所说的我与他者的关系。在这种情景下，"在任何律法出现之前的命令就是爱者对于被爱者的话语：爱我！这种未曾预料的命令与律法之间的区分要有意义，当且仅当我们承认，对于爱的命令就是爱自身，赞扬自身，好似在'爱的命令'中的所有格同时既是主格又是宾格"（LJ，27）。爱起源于上帝，终于上帝。这是"把人类经验放到圣经范式语言中"，在人类语言沟通领域强加一种源始语言（LJ，27）。从我们所理解的人类自然语言的观点看，命令去爱或爱的命令就是丑闻，这是因为我们没有看到还有另外一种源始语言。因此，我们就很自然地把爱的命令看作"对于命令式的不正常运用"（the deviant use of the imperative）（LJ，27）。从上面我们所说的，这可以被称为"对于命令式的诗歌式的运用"（the poetic use of the imperative）（LJ，27）。这里的"诗歌式"指的就是更源初（original）的关系，而不是想象或虚幻的东西。正是在这个意义上，我们不能把爱的命令简约为或视为道德命令或法则，两者之间存在着一个间隙。

这里我关注和强调的是，爱的命令对于我们而言看起来是一个丑闻，这个丑闻恰恰表明了两种语言之间的区分和联系：不是把爱的语言纳入人类语言中来理解，而是相反，我们如何在人类语言中来理解爱的语言的丰富性和溢满性现象。爱具有道德命令的形式，而又超越了道德命令。

最后，爱的奇特性或怪异性的第三个特征是与爱邻人的命令有关：爱的普遍性。爱的第二条命令：爱人如爱己。这里有三个问题：（1）与上面我们谈到的一样，为何爱其他人必须是一种命令？（2）为何要爱人如爱己？（3）这里的人都包含哪些人？在《爱与正义》中，利科仅仅涉及我们所说的第三个问题的一部分。与爱上帝的命令相比，爱人如爱己指的是第三个人出现的场景。在这个世界上，我们与其他人一起生活，我应该如何对待其他人呢？上帝命令说：爱人如爱己！这个命令来自上帝，这说明我与他人的关系是通过上帝而建立起来的。爱他人作为一种道德命令不是来自这个世界，因为在抽象的自然关系中（在遗忘上帝存在的世界里），人是以自己为中心的，人爱己不爱人，爱己多于爱他人，这是自然情感的表现，就如萨特在《存在与虚无》中所说的，"爱是为了被爱"。萨特指出，"爱者的梦想是把被爱的对象与自身等同起来，但是仍然为了它保持它自身的个体性；让他者成为我，而不停止作为他者存在"①。爱的力量根源于作为爱的上帝，而在自然关系中，我们之所以把自爱作为爱的自然流露，那是因为我们处于一种迷失的状态之中，是我们与自己发生的一种错误的关系。爱邻人，这个命令就是规劝和召唤，呼唤我们回到真正的爱的关系中。人在其根本存在上是被召唤的（being summoned）。爱邻人的命令似乎是说：回到自身的根源处。第二个问题，爱他人的尺寸来自哪里？我应该如何做到爱他人如爱自己一样？爱他人的方式根据具体的情况和具体的人与人的关系可以说是无限多样的，如何爱，这是爱他人的标准问题。爱父母，爱兄弟姐妹，爱配偶，爱子女，爱陌生人，爱孤儿，爱穷人，等等，每种爱都因其具体的关系和情景而不同，但是，所有的爱

---

① Jean‐Paul Sartre, *Being and Nothingness: an Essay on Phenomenological Ontology*, trans. Hazel E. Barnes, New York: the Philosophical Library, Inc., 1983, p. 579.

都有一个标准，那就是爱人如爱己。我与他人在上帝面前都是平等的，我不高于他人，同理，他人也不高于我。一般而言，我们把自然的爱理解为爱自己比爱其他人要多，那么，爱其他人比我自己要多呢？这是不是反自然的关系吗？克尔凯郭尔在《爱之工》（Works of Love）中对于这个问题作了详尽的论述。如果我说，爱他人胜过爱自己，那么，我就是把对方偶像化，当我无限地爱他人的时候，我就会陷入一种偶像崇拜的危险，从而忘记了爱的第一命令：爱上帝。

这里，我们要特别谈的是第三个问题：邻人都包括谁？答案是所有的人，包括自己和自己的敌人。在自然的状态下，爱的对象的出现是偶然性的，比如，我们不能够说，我今天一定要交一个朋友，因为某个新朋友的出现是非常偶然性的，但是，邻人却是处处可见的。邻人指你第一个碰到的人，人首先碰到的是自己，把自己作为一个邻人来爱，作为责任来爱，人就会以正确的方式来爱自己。同样的，邻人也很可能是敌人。爱人如爱己的普遍性的另外一个表述就是"爱你的敌人"。这种爱的主张在我们日常生活中看来是荒谬的，它与我们的自然情感是矛盾的，这同时表明，基督教的爱不是自然情感的自然流露。我们在情感上不仅不能接受爱敌人的规劝，我们还不能够理解这样的命令，就如利科引用帕斯卡的话，基督教的爱在这个世界上是"不可能的"，是"另外一种次序"。我们不可能从人类生活中得到那么一丁点儿的"真正的圣爱"（LJ，24）。在爱的命令中，"朋友与敌人的区分"被消除了（LJ，33）。爱敌人暗示出这个命令的"超伦理"（hyperethical）维度，以及它与礼物经济的关系。所有的被造物都是善的（good）（LJ，33）。爱敌人是荒谬的，不是因为它自身是荒谬的，而是我们作为自然人来看它是荒谬的。爱敌人揭示的是我们对于上帝的"根本依赖性"，"我们是作为被造物而发现自己是被召唤的"（LJ，33）。"因其命令的形式"，爱敌人是伦理的，但是，它也是"超伦理的"，"就在于这个新的命令在某种方式上构成了那个超越伦理学（礼物经济）的最恰当的伦理投射"（LJ，33）。爱敌人的伦理意义就在于它是"存在的源初给予行为的最基本的含义"："由于它已经被赋予给你，给出……"，这样礼物就成了责任的源泉（LJ，33）。

在"日常伦理学"中，互惠原则所指示的就是"均等逻辑"（LJ，34），给出是为了被给予。但是，在基于礼物经济的"超丰富逻辑"中，就如《圣经》中所说的，"爱你的敌人，做好事，而且，借出，不期待任何回馈"。"爱你的敌人，善待恨你的人，祝福诅咒你的人，为虐待你的人祈祷。打你的左脸，把右边伸过去，而且，对于那些抢走你的披风的人，也不要强留你的外套。对于所有向你乞讨的人给予施舍，对于那些抢走你的物品的人，不要再向他们讨要。"这些话语和劝诫，对于我们受"均等逻辑"支配的头脑和情感来说，是荒谬可笑的，甚至是愚蠢或懦弱的。这种人与人之间的非对称性关系是以上帝为中间项的：我不是因为别人如何对待我而爱他人，而是因为上帝赋予给我了爱他人的力量。

这里需要特别指出的是，上面我们提到的爱人如爱己中以自己为标准不能够理解为"均等逻辑"，而这里的"超丰富逻辑"不能理解为是对于"如爱己一样"的否定。前者是指把他人作为被造物来看待，而后者指的是我不能因为他人的敌视或恶行而失去从上帝而来的爱心。这里有一个问题，这种爱是滔滔洪水呢，还是如河水一样？

三 爱漫过正义

前面我们看到，利科认为，无论是在社会实践层面还是在正义原则上，正义发生的情景和手段都与爱没有什么直接关系，正义不直接关联爱。在"爱的诗歌"和"正义的散文"之间存在着"活生生的张力"（LJ，35），在"超丰富逻辑和""均等逻辑"之间存在着"秘密的不和谐"（LJ，37）。利科认为，这两种逻辑之间并非没有任何关联或交叉点，它们都与行动相关（LJ，32）。利科的策略就是首先对爱的话语和正义的话语进行对比，试图表明，正义不直接与爱发生关系，进而提出自己的主张，即在爱和正义之间寻找某种辩证的、实践的调和，尽管这种辩证关系会是"脆弱的"（LJ，23）。

对于利科而言，建立这种临时性辩证关系的关键一步是如何解读金规则。一种解读是"我给出是为了你将会给出"（LJ，36），这种理解实际上是沿着"功利主义准则的方向"（LJ，35）。另外一种解读是：依据礼物经济，"给出，这是因为它已经给予了你"（LJ，36）。利科认为，前者的解读是"一种不正当的理解"（a perverse interpretation）（LJ，36），这可能是因为它脱离了神学的语境。

这里有一个问题，我们为何需要在爱和正义之间建立辩证的关系？在讨论这个问题之前，我们需要特别指出的是，利科所说的"辩证的"不是黑格尔的辩证法。黑格尔的辩证法分为正题、反题、合题，与这三个阶段相对应的是三个概念，而且第一个概念和第二个概念是对立的（比如，有和无），最后到综合性概念（比如运动）。而在利科这里仅仅是列出正义与爱的严重不成比例（disproportionality）或不和谐（discordance），严格来讲，从利科的文本来看，爱与正义不是对立关系。利科不是试图寻找超越爱与正义之间的第三个总体概念，也没有提出第三个概念。还有，对于黑格尔辩证法而言，一个概念可以演化到它的对立面，比如有到无，这种自我否定的关系是概念自身内在驱动的。在利科这里，对于正义而言，爱是"补充性的"（supplementary）（LJ, 37），更具有外在的特征，不是从正义之中发展成爱①。同理，爱进入实践和伦理的领域也不是爱的概念自身发展的结果，不是爱的自我否定。如果我们从黑格尔的辩证法来理解利科在《爱与正义》中的辩证策略，那就完全否定了利科关于爱的溢满性现象的论述。

根据利科的分析，在正义的一方，没有爱的补充，正义的观念就倾向于成为某种功利主义，或者说，正义的原则具有"功利主义的倾向"（LJ, 37）。正义的功利主义倾向无法与它希望的合作信念协调起来。为了避免滑向功利主义，正义需要爱来"打动和秘密指引"（LJ, 36）。在爱的一方，没有正义的制度，爱作为"超道德"（hypermoral）就很难与非道德（non - moral）甚至不道德（immoral）区分开来。利科说："如果超道德不变成非道德——更不要说不道德，比如，胆小——它必须通过被金规则概括的并在正义制度中形式化的道德原则。"（LJ, 35）利科又说，"在我们最初所说的二律背反的地方所发现的张力不等同于要压制我们所说的两种逻辑的对比"（这也充分说明利科与黑格尔之间的根本区分），然而，这种张力的确"使得正义成为爱的必要中介；正是因为爱是超道德的，它进入实践的和伦理的领域只有在正义的保护下"（LJ, 36 - 37）。一方面，正义需要爱打动和秘密指引以免滑向功利主义；另一方面，爱需要正

---

① 实际上，正义源于一种正义无法探究或把握的源泉，它就是爱。爱渗透和支撑正义，不是正义演变为爱。

义来保护以免与不道德或非道德相混淆。

这里，利科没有详细说明，如果没有正义的保护，爱如何与非道德或不道德相混淆。如果我们从伦理学的观点看，的确存在着这么一种可能性，我们把超道德的爱与非道德或不道德混淆起来，把前者错误地看作后者。这不是利科的观点，因为他明确说，超道德的爱可以变成非道德或不道德。依据这样的理解，就是把爱看作类似盲目的情感在不受外在约束的时候，容易泛滥，就如洪水需要河岸来保护不至于泛滥成灾，从而可以被合理利用。这种理解与他前面讲的爱与情感之间的关系是矛盾的。爱作为源初性语言，在进入这个世界的时候，真的需要服从这个世界的语法吗？作为超丰富逻辑，爱不可能被互惠关系所束缚，但这并不等于说爱是盲目的。如果说，爱需要正义来保护的话，如何解释在正义的领域内正义需要爱来打动和秘密指引呢？究竟是谁主导谁呢？

当爱进入伦理世界的时候，它必须"只有在正义的保护下"吗？是不是爱必须经过正义的标准才能成为爱呢？即使在道德世界，我们发现，作为疗伤（healing power）或原谅（forgiveness），爱已经很难在道德领域内得到恰当的辩护。在《恐惧与颤栗》中，克尔凯郭尔认为，亚伯拉罕服从上帝的命令，用他的儿子作为祭祀品，从伦理的观点看，这就是谋杀，这是对于伦理领域的悬置。但是，亚伯拉罕的行为并不缺乏爱。也就是说，即使从伦理的观点看，爱的行为是不道德的，也并不意味着不是爱。不能够被伦理世界确证的东西并不代表不是爱，爱的超丰富性有时候对于人类世界而言是一种冒犯。没有人比亚伯拉罕更爱他的儿子，而他对儿子的爱是建立在他爱上帝的前提之下的。同理，爱你的敌人，也是建立在上帝是中介的基础之上的。当爱进入这个世界的时候，爱不是需要正义来作为中介或保驾护航，爱以爱上帝为前提。从正义的角度看，或者说，从这个世界的角度看，爱是一种疯狂（insanity）。这种疯狂不是病理性疾病，而是从世界的理性角度来看具有超越世界理性理解的特征。当世界理性把自己作为评判一切事物的标准的时候，世界理性才成为真正的疯狂。那么，在实际生活中，我们如何来鉴别超越理性的疯狂和病理性的疯狂呢？谦卑与傲慢分别是两者的根本特征。

就如海德格尔在《存在与时间》中所阐释的，情感与理解不是截然分开的，情感本身就有其自身的理解，而理解有其自身的情感。不仅如此，情感和理解都具有自身的话语。爱作为溢满性现象也同时具有这三个方面特征。爱有其自身的逻辑和话语，它进入伦理世界，不是为了服从伦理规则的，而是为了指引伦理世界，就如基督来到这个世界上一样，正如利科说的，是秘密的指引。爱穿透和渗透到伦理法则和行为之中。

利科寻求爱与正义之间的辩证策略的动机之一是因为在他看来，爱是外在于正义的。利科说，当正义完全依赖自身的时候，它就会使合作服从于竞争（LJ，36）也就是说，正义是外在于爱的。正义是不是独立于爱？它是不是可以不受爱的影响？在他的文章中，利科引用帕斯卡关于爱是另外一个次序的话（LJ，24）来表明，爱在这个世界似乎是不可能的。帕斯卡的话不是说爱与这个世界是属于两个不同的领域，而是指爱的根源不在这个世界之中。尽管如此，我们仍然可以在这个世界上找到爱的痕迹，比如在"圣法朗士、甘地、马丁·路德·金"（LJ，35）身上。爱与正义之间的巨大反差（disproportionality）并不意味着正义缺乏爱，不是指两者是互相外在的关系，而是指爱漫过正义。实际上，利科对于罗尔斯的正义理论的分析已经充分表明，爱是罗尔斯正义理论的一个部分，一个不能丢掉的部分，否则就会滑向功利主义；正是爱给罗尔斯的正义理论提供了不至于滑向功利主义的保障，从而改变了罗尔斯正义论的本质特征。利科在文章的结尾处说，我们的社会制度需要不断地融入"同情与慷慨"的补充成分（LJ，37）。正义需要被爱所补充（supplementary）。正如德里达哲学所表明的，补充有一种解构被补充的力量。补充的要素既在被补充的之中，又不完全在其中，但是，补充者可以彻底改变被补充的基调和主题。这样的补充关系，或者说，作为"supplementary"的爱，与正义之间就不是辩证的关系。

爱对于正义而言，"在一种意义上，命令去爱，作为超伦理，就是悬置伦理领域的方式"（LJ，37），这种悬置就是取消方向（disorienting）。这种现象学上的悬置是把正义非中心化。但是，取消方向需要重新设置方向（reorienting），使之处于它本来应该处于的语境之中，也就是说，"对于正义制度的纠偏，使之抵抗自身的功利主义倾向"。这就是"依靠取消方向而重新设置方向"（LJ，37）。这里的取消方向或悬置可以被理解为对于正义的根基的重新思考和定位：正义不是以人自身为根基的，而是奠基于爱。对于伦理领域的悬置，不是要抛弃伦理领域或道德生活，而是要正确理解伦理关系的根基在哪里。在正义理论中，所谓的功利主义倾向，如我们前面第一部分所分析的，实际上是以人的自我为中心的原子主义理论，把自己作为爱的关系的中心。对于这种理论的悬置或者取消方向，不是抛弃爱自我，而是要纠正错误的自我关系，把自我建立在一种本来它应该具有的关系。对于自己的爱必须建立在爱上帝的基础之上。爱进入实践或伦理领域不是要服从正义的准则，而是要转化伦理或正义。如此看来，我们需要做的就不是在正义和爱之间寻找某种"脆弱和临时性"的辩证关系，而是要纠正正义对于自身的错误理解，使得正义回归到它本来应该处于的根本关系之中，把正义根植于爱之中。

由此看来，利科实际上在《爱与正义》中所做的工作不是寻找爱与正义的某种辩证关系，而是让正义回归爱的怀抱。

结束语

在本章，我通过解读利科的《爱与正义》一文，希望达到两点：第一，爱是溢满性现象，尽管利科没有明确这么说；第二，在爱与正义的关系上，我们不是采取利科的辩证策略，而是对于正义观念的内在张力进行分析，通过悬置正义或伦理，来重新把正义放置到它本来应该属于的语境。利科的文章还告诉我们，无论是在伦理领域，还是政治法律领域，神学的背景是一个必要的前提。神权政治就其自身而言是爱的政治。

神权政治研究

第四章　神权政治与民主政体

——论苏格拉底和墨子的神权思想①

引　言

凡是受过现代教育的人，无论是生活在资本主义社会还是社会主义社会，都会认为专制政权（个人或者少数人）在道德上是邪恶的，在政治上是非正义的。同时，他们认为，民主政治，作为多数人意志在政权上的体现，是唯一正确和正义的政府形式。批判专制，弘扬民主，是人们所认为的现代政治的共识。专制和民主被理解为在实践上不共戴天，在理论上是互相对立的范畴。因而，在政治上最基本的是非问题就是：一个政府是代表个人或少数人的意志呢，还是代表社会最大多数人的意志？对于民主的任何异议，都被认为是一种疯狂。民主社会似乎被理解为人类的最高理想和最神圣的东西。

2007年我在美国贝勒大学教课的时候，问了学生这样一个问题：假如现在有人对民主进行怀疑，他将被如何看待？一个研究生马上说，他会被看作疯子。在美国，民主、自由等字眼是神圣的，是不容任何人怀疑的。在美国，一个选举产生的政府官员被认为是他的选区的代表，他代表的是他的选区多数人的利益和观点。换句话说，政府官员代表自己选区人民的意志。那么，这里有一个问题：假如选举体制完全透明，一个被选举出来的政府是不是最好的政府呢？民主政体是人类社会最好的选择吗？这是本章要讨论的问题。在讨论这个问题之前，我先举几个例子。

---

① 本章主要内容发表在《现代哲学》2010年第1期。

2008 年 10 月，美国阿拉斯加州的一位 85 岁的资深共和党参议员被华盛顿特区的一个法庭判为隐瞒受贿罪成立。阿拉斯加有很多地下资源，是企业家和资本家眼中的宝地，很多石油大王都把眼光盯在那里。这位共和党参议员之所以能在美国参议院任职 40 年以上，就是因为他给阿拉斯加带来了不少资金。尽管他被判为有罪，阿拉斯加的选民并不这么看，在他们眼中，这位参议员是父母，是救命恩人，即使他受贿，也只是小事一桩。在 2008 年的改选中，他以微弱多数胜出。阿拉斯加州州长（2008 年共和党副总统候选人）说，这位参议员是否应该辞职，要看人民的意志如何说话；选举结果说出了人民的心声。①

再举一个美国总统选举的例子。美国总统竞选中，民主党和共和党候选人之间互相攻击，都在试图向选民表明，他们代表了大多数人即中产阶级的利益。为了吸引选票，候选人必须把自己的观点和政策说成是代表大众的心声，他们必须小心翼翼，不能说选民不爱听的话。那么一个选民，在决定投谁的票时，是如何想的呢？根据我的观察，我觉得一个选民，无论他持有什么观点，大概会作如下的考虑：（1）谁当总统后，能够保护我的利益和安全？谁能使我过得更好？1980 年美国进行总统选举，共和党候选人里根和时任总统民主党卡特进行唯一一次电视辩论时，问了选民这么一个著名的问题，从而改变了整个竞选的方向："你目前的生活比 4 年前更好吗？"（Are you better off now you were four years ago?）2008 年美国民主党总统候选人奥巴马，采取了里根的策略。美国正在遭遇 80 年来最严重的经济萧条。奥巴马问了选民一个问题：你想 4 年以后比现在过得好吗？他的问题背后的意思是：正是共和党 8 年的执政，使得我们陷入目前的经济困难时期，要想改变这种状况，就必须改变白宫主人，让民主党执政。在这次选举中，经济问题成了压倒一切的问题。（2）国家安全问题：谁更能保护我们美国人的安全？谁更能打击敌人？（3）他是基督徒吗？在美国基督徒人数最多，非基督徒候选人很难成功。为了攻击奥巴马，有人就说他是伊斯兰信徒，甚至暗示他不是美国人。（4）他在堕胎和枪支管制上和我的观点一样吗？（5）我能容忍一个黑人成为美国总统

---

① 写作本章初稿时，选举初步结果显示这位参议员胜出。在后来的选票清点中，民主党候选人胜出。最后结果仍然未定。

吗？还有其他很多问题。但是，我们可以看出，一个选民在做出选票决定时，总是问自己：他和我想的一样吗？

很显然，民主政体，即使在其理想的形式下，也是各种利益平衡的产物。民主政体的核心政治问题是：谁更能代表我或者我们的利益？基于这种思考建立起来的民主政体不可能是最理想的人类社会。最理想的人类社会是把正义（justice）而不是公平（fairness）作为核心价值。正义，其根源不是社会大多数民众，而是超越任何人的意志和理性。

在本章中，我将讨论墨子和苏格拉底是如何看待这个问题的。尽管墨子和苏格拉底生活的文化背景不同，他们对于民主政体都是持怀疑态度的，更准确地说，他们怀疑正义的社会是建立在人类的理性和意志上的。对于墨子而言，社会的准则和法律不是起源于下面，而是来自上面，即天。社会的正义是兼爱，而兼爱是天意。社会的政治和道德基础是天意，是宗教。苏格拉底认为，首先，我们不能忘记最基本的区分，即神的智慧和人的智慧的区分，相对于神的智慧，人的智慧是无知；其次，社会大多数人的意见和真理不能画等号。法律和城邦应该体现真理，而不是多数人的意志和意见。

一　神、人之分；真理、意见之分

在西方哲学史上，苏格拉底之死没有引起足够的重视。可以这么说，苏格拉底的哲学是围绕着苏格拉底之死而展开的。尽管苏格拉底没有留下文字，但从他的学生柏拉图的对话录《申辩篇》（"Apology"）和《克里托》（"Crito"）[1] 中可以看出，苏格拉底哲学的中心问题和柏拉图哲学的中心问题有着本质上的区分：在苏格拉底看来，哲学的中心问题是认识到神和人在智慧上的鸿沟和区分，而在柏拉图哲学中，这种区分成了人本身的区分，即理念世界与这个世界的区分、灵魂与肉体的区分、知识与意见的区分。[2]

---

① 如果我们仔细阅读这两篇对话，我们会发现，柏拉图在这里是忠实地记录了他老师的观点。我们将看到，这两篇对话和柏拉图哲学的核心问题有着巨大的区别。

② 把神人之分解释为人在知识上认识的区分，这也反映在后来从康德到黑格尔思想发展的道路。

在《申辩篇》中，70 岁的苏格拉底说，针对他有两个指控：一个是比较具体的起诉，即指责他腐蚀青年和不信雅典城邦所信的神；他认为，这个指控比较好反驳。另外一个是人们长期以来对他的各种诽谤。这个指控比较难以在短时间内澄清，因为人们从小耳濡目染，对于那些谣言信以为真。他首先解释和反驳人们为什么诽谤他。只有回答了这个问题，才能反驳那个具体的指控。苏格拉底为什么有很糟糕的名声呢？这一切都源于他所具有的智慧。他的朋友得到一个神谕说，没有人比苏格拉底更有智慧的了。这一点，让苏格拉底感到很疑惑，因为他明白自己没有什么智慧。所以，他想验证神谕是错的。如果有人比他更有智慧，那么，神谕就是错的。于是，他开始了他的验证过程。这个过程也是他招致诽谤和谣言的开始。他首先考验著名的政治家，然后是诗人，最后是工匠阶层。他发现，他和这些人的区分是："我比这个人有智慧，很可能是这样的，我们俩所知道的都没有什么价值，但是，他觉得自己知道一些，而实际是他不知道。而我呢，当我不知道的时候，我不认为我知道。所以，仅仅是在这一点上我比他有智慧，即我不认为我知道我不知道的东西。"（《申辩篇》，26）① "先生们，事实很可能是这样的，神是有智慧的，神谕所要说的是，人的智慧几乎没有价值。当他说，这个人，苏格拉底，他是用我的名字作为一个例子，试图表明：他是你们这些会死的人中的一员，如苏格拉底一样的人是最有智慧，因为他明白他的智慧是没有价值的。"（《申辩篇》，27）

苏格拉底为什么在人类中最有智慧呢？因为他知道，与神的智慧相比，他的智慧等于零。人和神之间在智慧上有着本质性的区分。这也许是因为人属于会死的范畴（这一形而上学的本质）所决定的。认识到自己的有限性，就是最有智慧的。具有讽刺意味的是，对于苏格拉底的审判和苏格拉底之死，揭示了人另外一个根本的特性：傲慢。傲慢就是否认自己的无知。

苏格拉底说，他之所以不放弃验证神谕，是因为这对他来说是最重要的。这是服务于神的职责。（《申辩篇》，26）正是因为他不断对人们进行

---

① Plato, *Plato's Five Dialogues*, 2nd edition, trans. G. M. A. Grube, revised by John M. Cooper, Indianapolis and Cambridge: Hackett Publishing Company, Inc., 2002, p. 26.

考问，使他得罪的人越来越多，因为他揭示了人不想看到的真相：人们不愿意承认自己的无知。苏格拉底说，"即使现在，我也将继续从事神命令我做的调查任务。我将询问任何人，无论是公民还是陌生人，只要我觉得他是有智慧的。如果我不觉得他有智慧，我将求助于神的帮助，向他表明他不是有智慧的。正是因为这种职业，我没有任何空闲时间从事公共服务，我也没有为我自己挣钱。正是因为服务于神，我的生活极其贫穷"（《申辩篇》，27）。苏格拉底所从事的是神的使命：神想通过他来昭示人类，人的智慧是极其有限的。

　　因此，对于苏格拉底的审判是人类的傲慢对神的审判，是对神的反叛；苏格拉底之死是人和神之间的区分的消失。控告苏格拉底的人说他不信神，而经过苏格拉底的诘问，恰恰表明，那些口头上相信神的人是不相信神的。他们利用神的名义来处死完成神的任务的使者。

　　正是人的有限性和傲慢性，特别是傲慢性，使得人和神之间有着本质性的区分。这和后来基督教中有关人性的理论很相似。苏格拉底之死与耶稣之死有很大相似性。苏格拉底说，即使宣布他无罪释放，他也将继续做他一直做的工作。他不会用沉默和流放来躲避死亡。流亡对他来说没有意义，因为在这个世界上任何地方，人类都不会容忍他把关于人性的皇帝的新装给揭破。他与雅典民主政体的冲突不是个人与不同社会制度的冲突，而是人和神之间的冲突。（《申辩篇》，41）

　　苏格拉底对死亡的态度也反映出了人和神之间的区分。苏格拉底之死是他完成神的使命的一个部分：一方面，不惧怕死亡是因为要完成神的使命；另一方面，我们对死亡的无知反映了我们智慧的有限性。如果我们惧怕死亡，那就是自认为自己对不知道的东西知道。苏格拉底说："先生们，害怕死亡，这无疑是认为，自己没有智慧而说自己有智慧，无疑是说自己对于自己不知道的东西知道。没有任何人确定死亡是不是对于人类来说最好的福祉之一，而人惧怕就如知道死亡是人类面对的最大的恶一样。"（《申辩篇》，33）人们不知道，有比死亡更可怕的东西，比如羞辱和恶。《申辩篇》结尾最后一句话是，"现在是离开的时刻了。我走向死亡，你们继续活着。我们中谁去的地方更好，没有人知道，除神之外"（《申辩篇》，44）。苏格拉底对死亡的不可知的态度与后来休谟的不可知论有着本质性的区分。苏格拉底对待死亡，就如康德在《纯粹理性批判》

中所作的现象和物自身概念的区分：现象和物自身不是两个东西，是一个东西，只不过对我们来说是现象，而对上帝来说是物自身。

　　苏格拉底之死是符合社会多数人的意愿的。它反映的是人类不愿意看到真理，不愿意看到事实。人类宁可生活在虚幻的世界之中。很显然，真理不可能源于人的理性。建立在人的理性和意志上的社会组织不是正义的体制。在《克里托》对话中，苏格拉底作了两个区分：多数人的意见与真理的区分；法律、城邦与多数人的意志的区分。法律和国家（城邦）应该以正义和真理为基础，而不是以多数人的意志和理性为基础。

　　在《克里托》中，苏格拉底所作的真理与意见的区分和后来的柏拉图所作的知识和意见的区分是很不同的。对话的起因是这样的：苏格拉底的老朋友克里托来到监狱试图作最后的尝试说服苏格拉底逃跑。他对苏格拉底说，如果你被处死的话，人们就会认为我——作为你的朋友——没有尽力帮助你，我就落下一个把钱看得比朋友的命还重要的小人的名声。苏格拉底回答说，"我们为什么要关心多数人是如何想的呢？"（《克里托》，47）接着，苏格拉底问了下面的问题：我们是应该尊重所有的意见或看法呢，还是其中的一部分？是应该尊重所有人的意见呢，还是部分人的意见？（《克里托》，49）

　　苏格拉底举了一个例子来说明自己的这个问题。他问道：当一个人在进行专业体育训练的时候，他是应该看重任何人的赞扬和批评呢，还是一个人的看法，比如医生或者教练？很显然，"他应该惧怕一个人的批评和欢迎一个人赞扬，而不是多数人的批评和赞扬"。"他应该在行动、锻炼、吃喝上听从那个具有正确知识的教练一个人的吩咐，而不是其他人的意见。"（《克里托》，49）如果他不听从教练的意见，而看重众人的意见，其结果将是损害自己的身体。（《克里托》，50）

　　上面的例子具有多方面的重要性：首先，在知识的来源上，看重外在的权威，而不是自己的心智，这和柏拉图的"回忆说"是完全相反的理论；其次，人的身体的健康和技能是训练的结果，这表明人是一个过程，不是一个实体；最后，如果人在身体的健康和技能问题上知道听从医生或教练的意见，那么，人在对待精神的自我上，为什么不知道求助于正确的权威呢？

在上面第三点上，苏格拉底是这么说的：可以肯定的是，"正义和非正义的行为上，羞耻和美丽的行为上，善和恶的行为上——这是我们现在要思考的——我们是应该听从大众的意见而且惧怕他们呢，还是听从对于这些问题有正确的知识的那个人，并在他面前比在任何其他人面前更是感到恐惧和羞耻？如果我们不听从他的指示，我们将损害和腐蚀我们自己这一部分，即它可以因正义行为而提升我们，可以因非正义行为而毁掉我们"（《克里托》，50）。就如我们的身体一样，我们的精神或者灵魂也是在道德行为中塑造成的。

我们如何改造我们自己呢？我们的导师是谁呢？苏格拉底认为，在道德的知识上，在正义和非正义的问题上，显然，我们不能够听从大众的意见，不能听信市场上的意见。苏格拉底说，"我们不能太看重大众如何说我们，而是看重这么一个人的意见，他对于正义和非正义有正确的理解；这个人就是真理本身。所以，在对待什么是正义的、美的、善的以及它们的对立面问题上，你（克里托）从一开始就相信大多数人的意见，这是错的"（《克里托》，50–51）。

这里，一个很关键的问题是，苏格拉底没有指出谁是真理。真理既不可能来源于社会多数人，也不可能来源于社会上某个人，就如《申辩篇》所说的，苏格拉底之所以是最有智慧的人，就在于他认识到自己没有智慧。但是，苏格拉底没有因此而否认智慧或真理的存在。真理，或者关于正义、善、美等知识，来源于神的智慧。如果我们把《申辩篇》和《克里托》这一点联系起来看，这一点是很明确的。只有神才能告诉我们什么是正义，尽管苏格拉底没有明确说，我们可以说，我们的良心是根植于神的智慧之中的。人的智慧之所以没有价值，不是因为人的智慧是有限的，而是因为人的傲慢把人的智慧的根源切断、把人的智慧绝对化。

正义来源于神，正义应该体现在国家（城邦）和法律之中。正义的政治制度有着道德和宗教的基础。理想的政治制度是由神直接建立起来的，而不可能根植于人的理性和意志之中。真理来源于最高的权威，而不是来源于人类理性。

苏格拉底进一步指出，即使我们有着很好的城邦和法律，社会多数人的理性和意志也会利用这个制度为自己的利益服务。墨勒图斯，起诉苏格拉底的代表之一，就是利用雅典的政治制度来满足自己的私欲，即对苏格拉底进行报复。苏格拉底的朋友克里托说服他逃跑的一个最核心的理由就是，苏格拉底是被错误地告上法庭与被错误地判了死刑的，对苏格拉底的审判本来就不应该发生。苏格拉底完全有理由逃跑。苏格拉底的反驳同时具有很强的黑格尔和康德的哲学味道。即使我们从纯粹的道德的角度看，他的逃跑行为也是错误的。如果苏格拉底从监狱里逃跑，他犯了双重错误：第一，他违背了自己的许诺，背弃了生他养他的地方；第二，他以牙还牙，以恶报恶，违背了伦理规则。

首先，人的自我与城邦法律分不开。苏格拉底说，人从一开始就是社会的产物；他父母的婚姻是经过城邦法律许可的。而且，他的成长和教育都是与雅典社会分不开的，包括他的先辈都是雅典社会的产物。用黑格尔的话说，人是社会化的产物。作为个人，在苏格拉底之上有两个权威，一个是家庭，另一个是城邦和法律。就如他不能和他父亲处于平等地位一样，他和雅典城邦也不是处于平等地位的；就如他不能报复他父亲一样，他也不能报复雅典城邦。如果他知道尊重自己的父母和先辈，为什么不尊重自己的国家？他的家庭关系和国家关系定义了他是谁。他应该服从国家法律的权威，如果国家和法律有什么不对的地方，他可以指出来，说服国家进行改进："人要么必须服从自己的城邦和国家的命令，要么根据正义来说服国家［进行改进］。"（《克里托》，54）国家法律应该以正义为基础；国家法律不等于正义本身。如果苏格拉底从监狱逃跑，那就是蔑视国家和法律。苏格拉底以自己的言行，证明自愿接受雅典的社会制度。如果因为雅典城邦对自己的不公正而逃避雅典，那就是违背了自己自愿生活在雅典社会的诺言和协议，而违背诺言和蔑视国家法律，这是不道德的行为。

其次，在城邦法律和民众之间有着本质的区别：不是法律本身冤枉了苏格拉底，是民众。法律制度被民众利用来为他们自己的目的服务，苏格拉底如果逃跑就是以恶报恶。法律和城邦会对苏格拉底说，"不是我们错误地判决了你，是人们这么做的。在这之后，假如你离开，假如你以恶还恶，以不公正对待不公正，破坏了你与我们的许诺和协议"，你就不公正地对待了你自己，你的朋友，你的国家和法律，这就违背了你所坚信的"永远不做恶事"的道德准则。"永远不做恶事"包括"不以恶还恶"，不以牙还牙。这是一个康德式的回答。如果苏格拉底从监狱逃跑，那么，他将是践踏雅典法律，蔑视雅典城邦，违背自己的诺言和协议，将是以牙还牙，以恶还恶。

这里最重要的是，苏格拉底指出，国家和法律的基础不是建立在民众意志和理性基础上的。但是，国家和法律可以成为多数人或者少数人的工具，成为意识形态。国家和法律本身的成立是必要的，它有着宗教和道德上的基础。然而，正是人的理性的有限性和自私性，在国家和法律的实际运行上，正义被抛弃在外。我举一个例子来说明。在布什2000年刚上台时，美国国会就是否给墨西哥的卡车司机发放在美国领土上驾驶许可证的问题上，共和党与民主党展开了激烈的争论。共和党认为美国政府应该给墨西哥的卡车司机发放在美国领土上驾驶许可证，其理由是，由于人人都是平等的，所以，墨西哥的卡车司机应该和美国的卡车司机一样享有同等的权利。然而，民主党极力反对。他们的理由是：由于墨西哥的卡车司机的驾驶技术有很大问题，允许他们在美国高速公路上横冲直撞，将严重威胁美国人民的生命安全。表面上看，共和党与民主党的理由都很充分："人人平等"和"生命安全"。看起来，两党所关心的好像不是一个东西，而在实际上，两党所讨论的是一个东西：廉价劳动力的问题。"人人平等"和"生命安全"都是幌子。共和党所代表的是美国的大公司集团的利益，是在为他们争取比美国本地更廉价的卡车司机；而民主党代表的是工会，是反对墨西哥的卡车司机来抢美国人的饭碗。在两党的争论的背后是"利益"，而不是什么普遍的真理。这里，并不是说"人人平等"和"生命安全"观念本身是错的，而是它们被利用了，成了意识形态。同样的，对于苏格拉底的指控与审判也是利用城邦和法庭为自己的报复行为服务。苏格拉底对这一点很清楚。尽管如此，它并不影响苏格拉底对雅典城邦和法律本身的信仰，因为城邦和法律的基础不是多数人的意志的产物。

苏格拉底在这里所作的分析表明，人除了具有神人关系之外，即宗教层面，人还具有社会层面，主要是道德和政治的层面。法律和国家应该以正义（道德）为基础。① 人正是在这种国家法律关系中体现了人的道德和

————————

① 阿奎那的自然法思想也体现了这一点。他所说的"人法"相当于苏格拉底这里所说的"城邦与法律"，而"自然法"相当于正义或者真理。人法是建立在自然法基础上的，而自然法是上帝根据人的特性所制定的法律。

政治层面。这里重要的是，个人是服从家庭和国家权威的。个人与家庭和国家的关系不是雇员与公司的关系，不是可有可无的关系，个人在家庭和国家关系中形成了自我。国家和法律是以正义为基础的，不是以民众的意愿和理性为基础的。这里的权威概念和前面的医生和教练的比喻都是有关的。如果民主政体是建立在社会大多数的意志和利益之上的社会组织，那么，民主政体就不是理想的政治制度。理想的政治制度不是如美国过去的副总统阿尔·戈尔所说的"每一票都很重要"（Every vote counts），而是根据正义和神意（天意）权威建立起来的。"最大限度地满足社会最大多数人的利益"，这不是正义的体现。一个社会是否符合正义标准，就是要看其是如何对待这个社会的穷人的，这是神权政治的核心内容。

综上所述，神、人之分是真理、意见之分的基础。真理和正义来源于神的智慧，而人的意见表达的是自己的利益。国家和法律不是建立在人的意见基础上的，而是建立在神的意志和智慧上的。

在墨子思想中，我们发现了类似的神权政治理论。

二　天意、众义、兼爱

在《墨子》一书中，我们可以看到，其根本思想是"尊天，事鬼，爱人"，兼爱的思想必须放到尊天的语境之中来理解。人与天的关系是最根本的关系，而作为人与人的关系，"兼爱"是其内容的一个主要部分。《墨子》的神权政治思想中的核心概念是权威，这一点和苏格拉底的哲学很相似。在《墨子》哲学中，可以说，我们发现了一种新的神学："社会神学"。这与阿奎那的自然神学有着很大的不同，自然神学以自然物之间的因果关系为核心概念来论述上帝与这个世界的关系。下面，我将把《墨子》中社会神学中的政治思想的核心简要论述一下。

在《法仪》篇中，墨子认为，权威有两种，一种是人的权威，包括"父母，学，君"，另一种是天的权威。我们应该服从的是"天意"，"以天为法"。《法仪》篇可以说是墨子哲学思想的大纲。

《法仪》篇一开始就说，人不能以己为师，法仪作为外在的标准是我们行为的准则。这一点和苏格拉底所说的医生或者教练的比喻是一个意思。"子墨子曰：天下从事者，不可以无法仪；无法仪而其事成者，无有也。虽至士之为将相者，皆有法。虽至百工随从事者，亦皆有法。百工为方以矩，为圆以规，直以绳，正以县。无巧工，不巧工，皆以此五者为法。巧者能中之，不巧者虽不能中，放依以从事，犹逾己。故白工从事，皆有法所度。"① 在这一段，墨子是说人的能力的有限性。在《尚同》篇，开头就说的是人的自私性，或者用基督教的术语是人的原罪性。前面我们提到了苏格拉底关于人的有限性和原罪性的论述：人是无知的，而人不承认这一点。

上面用百工来作比喻，还暗含了这么一点：百工所生产出的东西是依据一定的法度和工艺程序而成的。同样的，如果人依据一定的准则而行为，人就在自己的行为中形成了自我（用西方哲学术语来说）。"人"是"做"出来的；人不是现成的东西，不是自然的物体。

接着墨子问，在社会之中，我们应该服从什么权威呢？我们应该服从自己的父母的意志吗？墨子说，天下父母多，而仁义的父母不多。能服从自己的师长的意志吗？天下师长多，而仁义的师长不多。服从自己的国王吗？天下国王多，而仁义的国王不多。"故父母、学、君三者，莫可以为治法。"（《法仪》，23—24）《尚同》篇中对于为什么不能法父母、老师、国王分别给出了更明确的理由，我们将会谈到。在这里，墨子用上面三者来代表人类的权威，并指出我们不能以人的权威或意志为行为的准则，因为人的权威就其自身而言是自私的。在《尚同》篇中，墨子认为，只有当人的权威成为传达天的意志的时候，我们才有理由服从人的权威。

对于墨子而言，从父母，到老师，到国王，权威是一步一步升高的。正确的法则只能来自最高的权威。那么最高的权威是什么呢？"然则奚以为法治而可？莫若法天。天之行，广而无私，其施厚而不德，其明久而不衰，故圣王法之。既以天为法，动作有为，必度于天。天之所欲则为之，天所不欲则止。"（《法仪》，24）我们的行为应该服从天意、天志。那么，天是如何行为的呢？天是大公无私的，天是泛爱众人的。"天之行，广而无私"：天以其自身的行为向人类表明了它的意志和我们应该遵循的道德标准。"天必欲人之相爱相利，而不欲人之相恶相贼。""以其兼而爱之，

---

① 王焕镳：《墨子校释》，浙江文艺出版社 1984 年版，第 22 页。下面文中有关此书引文，将只标篇名和页码。

兼而利之也。"(《法仪》，24)"兼爱"作为人的行为准则是天昭示给人类的。天不言；天以自身的行为告诉人类天志是什么。兼爱不是人的自然情感；兼爱，对于人类来说，是外在的行为准则。在基督教中，"爱你的邻居如爱己一样"也是来自上帝的命令。兼爱为什么不是人的自然情感或者自然本性的流露呢？《尚同》篇中对此有着明确的回答。

在《尚同》篇中，墨子对于人类社会制度的建立做出了非常类似于西方哲学家霍布斯的解释。《尚同》篇回答了下列问题：一、人类为什么需要建立社会政治和法律制度？二、人类社会制度的核心概念和内容是什么？三、人类社会的基础是来源于哪里的？

针对第一个问题，墨子认为在人类社会原始阶段，人类处于一种"自然状态"，一种战争状态："天下之乱，至如禽兽然"(《尚同》，81)。其原因是人都是极端自私的，为了自己的利益不择手段。这种自然状态，实际上不是理论上的假设：当你凌晨3点步行在珞珈山上，面前突然出现一个人，你肯定会以为他要袭击你。墨子所说的自然状态不仅是对他所生活的春秋时期社会的描述，同时也是对所有社会的人的本质的描述，后来韩非子的哲学也是建立在这种观点上的。军队、警察、保安等之所以存在，就是因为人的极端自私特性，用基督教的语言说，人的原罪性。房屋的门窗是为了御寒、保暖、通风、采光等功用设计的，但是，当门窗成为防盗门、防盗网的时候，当门窗上挂着坚固的大锁的时候，人的本性就暴露无遗。墨子所说的"禽兽"状态不是理论上的假设，不是对某一时期人类社会的描述，而是对人类"自然"（自然而然）状态的形而上学描述，是对人在"无神论"状态下（列维纳斯意义上）所具有的信念的描述。需要特别注意的是，人类的这种形而上学或者本体论意义上的自然状态，既不是人类社会或者人类存在的具体状态，也不是人类社会的根基或者基础状态；它是人类生存的抽象状态。

在大的自然灾害发生时，人的形而上学本性表露得最为明显。为什么需要自然灾害，需要无法控制的梦境（弗洛伊德）等来显现人的自然本性呢？就如弗洛伊德所追问的，为什么道德和社会法律成了人的自然冲动的外在约束呢？霍布斯认为，人为了避免同归于尽，把自己的权利递交出去，与一个专制的政权达成协议，从而诞生了社会制度。而根据墨子的论述，我们看到，墨子会认为，这是不可能的，因为人类的自私特性决定了人和人之间的不信任，而且，即使达成了某种协议，成立了某些社会制度和组织，它们也会成为某些人的工具，正是因为如此，人类社会不可能自己自动建立一定的次序："一人一义，十人十义，百人百义。其人数兹众，其所谓义者亦兹众。是以人是其义，而非人之义，故相交非也。"（《尚同》，81）在墨子看来，人依靠自己的理性和意志是不可能建立起一个有秩序的社会的。它最多是一个建立在武力或者暴力基础上的专制或者民主社会，这并不是一个正义的社会。

在《尚同》篇中，有一些观点是墨子没有明确说出，但却包含在他的论述之中的：（1）人的形而上学的本性无法建立统一的社会制度。（2）尽管他所处的历史阶段社会制度成了某些人的工具，他并不否认社会制度本身的理念和合理性。关于第二点，我们需要提醒的是，苏格拉底也有类似的观点，作了国家、法律与民众意志之间的区分：苏格拉底是被大众利用雅典城邦的法律判死刑的；苏格拉底并不因此而否认雅典城邦的法律和法庭。（3）墨子还认为，过去人类社会有过符合正义的社会制度："昔之圣王禹汤文武，兼爱天下之百姓，率以尊天事鬼。"（《法仪》，26）那么，我们的问题是：社会制度是如何建立的呢？

真正的社会制度是如何建立的呢？"夫明乎天下之所以乱者，生于无政长，是故选天下之贤可者，立为天子。"（《尚同》，76）天设立"天子"的位子来管理这个世界。天子是天的代言人，天的工具，天子是贯彻天的意志的。天子服从天的意志就如儿子服从父亲的命令，天是绝对的权威。同样的，天子以下的所有各等级官员，都必须听从天子的命令。下一级必须服从上一级的命令和权威。高一级的权威是如何来的呢？是直接来自天的意志。所有的人，包括天子，都必须服从天意，社会制度的核心概念是权威，而这个真正的权威是天的意志。"尚同"不是统一于哪个人的权威或者意志，而是同于天志、天意。

从一般民众，到基层官员，再到高级官员，再到"三公""诸侯"，再到天子，最后到天，构成了一个从下到上的直接性的链条，而这个链条的核心是权威。这和阿奎那的自然神学不一样。在阿奎那哲学以及后来的自然神学中，他们的起点是自然事件，认为一个自然事件的发生是有其原因的，而且我们能够对于所有的事件的发生都追问其因果关系；他们认为，我们也可以对这个世界的发生追问其原因，而最终原因就是上帝。

　　自然神学的假设是，只要我们运用我们的理性，我们就能证明上帝是存在的，其核心概念是因果关系。因果关系有两种，一种是时间性或年序（chronological）因果关系，例如，儿子是孙子的原因，父亲是儿子的原因，爷爷是父亲的原因，祖爷爷又是爷爷的原因，以此类推；另外一个例子：A车撞了B车，B车随即撞了C车，C车又撞了D车。在这两个例子里，由于祖爷爷不是孙子的直接原因（否则就麻烦了），A车不是D车的直接原因，它们只是时间上的先后顺序上的原因和结果。在祖爷爷去世以后，并不影响孙子的出世；同样的，在A车停下以后，D车照样被C车撞。因而，这种间接的原因和结果关系是时间上的。反过来推，从孙子的存在并不能证明祖爷爷还存在；从D车动并不能证明A车还在动。从这种因果关系链不可能推出上帝的存在，即使假设有这么一个上帝是万物的开始，他也已经不存在了。这与上帝是永恒的信仰相矛盾。

　　幸亏有另一种因果关系。我们会注意到，当桌子被移开以后，桌上的计算机会掉下来；同样的，当我烧开水时，壶里的凉水不会自动变热，它依赖于火的温度，而火的热量是由于燃烧气体而产生的，关闭气阀，凉水便不能被烧开。这种因果关系正是上帝和这个世界的关系：上帝不是创造了这个世界后便无影无踪了；上帝像童话里的巨人一样一直在支撑着这个世界。上帝是万事万物存在运动的最终原因，也是最直接的原因。没有上帝，你就连一步也迈不开。

　　而墨子的神学（如果我们可以这么说的话）是与阿奎那自然神学不同的。在人类社会关系中，起码有三种关系，父子关系、师生关系、君臣关系，这三种关系的核心是权威，下级必须服从上级，权威也是每个社会制度运行的保障。在《法仪》篇中，墨子不是否认上面人的三种权威，而是说这三种权威就其自身来说不能成为绝对的权威，其理由就是《尚同》篇开头所说的人的自私性。一个人，一个社会制度，如果把自身的利益作为第一原则的话，他（它）也就失去了权威，因为他（它）就和其他利益实体一样处于平等的竞争关系。权威，就其本身而言，来源于大公无私者，而这只有天能做得到。天超越于任何个体利益；天泛爱众人。权威的根源在于爱。

　　因此，如果阿奎那的自然神学注重人的自然理性和自然事物之间的因果关系，那么，我们可以说，墨子哲学中存在着一种社会神学：社会关系和权威是其核心概念。对于我们人类而言，天的权威就是天意。

那么，天意是什么呢？天意是针对人类社会而设立的政治和法律制度，政治法律制度是限制和消除人的自私之爱而贯彻兼爱的。"当察乱何自起？起不相爱。"（《兼爱》，105）天意是："天下兼相爱，爱人若爱其身。"（《兼爱》，106）这与基督教是何等相似。

天意为什么要人兼相爱呢？人又是如何爱他人呢？人的自私特性不可能自然而然爱他人的。人之所以爱他人，不是一种自然情感的流露，而是服从一种权威，是服从道德命令。基督教所说的"爱你的敌人"之所以听起来不可理解，是有原因的。爱你的敌人之所以可能，不是因为我们人能爱自己的敌人，是上帝通过我们来爱我们的敌人。上帝是爱的源泉。这也适用于墨子哲学。

对于墨子而言，正义的社会不是建立在"千义、百义"的基础上的，而是建立在天意的基础上的，其内容是兼爱。

结语：正义与爱

对于苏格拉底来说，社会的真正基础是正义或者真理，它代表的是神的意志或者智慧。对于墨子而言，社会的真正基础是爱或者权威，它代表的是天的意志。苏格拉底和墨子都给出了他们怀疑民主政体的理由。神权政治的核心概念是正义和爱，这与民主政体强调个人的权利和自由有着根本性的区分。因此，针对民主政体，苏格拉底和墨子都给出了令人信服的怀疑理由。我们现代人可以从他们那里学到如何破除对于人类各种偶像的盲目崇拜。把民主绝对化，把人民的意志和利益作为最高的东西，也就是把人类绝对化。我们应该时时刻刻记住神与人之间的区分。

正义和爱来自天（或神）。那么，是不是把天（或神）与民主对立呢？神（或天）可不可以通过民主来显示他的意志呢？在理论上，我们可以说，神可以通过任何东西来显示自己的意志，包括民主选举的形式。但是，在实践上，把民主选举等同于神的意志的显现是很危险的：由于人的原罪性和自私性，把民主看作神的意志的体现就是把民主神化，是用神来美化人类的意志。2004 年当乔治·布什（G. W. Bush）再次当选为美国总统时，一些基督教保守派认为，是上帝选乔治·布什为总统的，不是美国人民。这些基督教徒把自己的意志和整个美国人民的意志等同起来，进而把美国人的意志和上帝的意志等同起来，这实际上是把自己的利益和意志看作上帝的意志，是把自己当成上帝。这是忘记人和上帝之间有一条鸿沟的结果，是人的原罪性的体现。这也是墨子为什么强调权威不是来自下面，而是来自上面，是直接来自天意的原因。把人（无论是少数还是多数甚至整体）的意志或者利益作为天的意志，这是犯上，是对天意的不敬。

民主与天的区分就如教会与上帝的区分一样，教会毕竟是人类的群体，它不是上帝的代言人或者体现。上帝或者正义不是一定要通过某一个政治制度来显示自己；上帝可以通过任何政治制度来显示自己。这一点，苏格拉底和墨子哲学中说得很清楚：政治制度就其根源上来说应该是天的意志；但是，人们却常常利用政治制度来为自己的私利服务。正义永远不能等于任何一种政治体制，但是，任何政治体制必须以正义为根基。法官不是要以民意调查结果来判案子，而是要以法律和法律背后的正义来慎重地判每个案子。

神权政治的核心就是正义和爱，而民主政体的中心是利益分配问题。它们之间有着本质上的区分。

第五章 超越民主:孟子的"民贵"思想①

"顺天者存,逆天者亡。"(7:7)

"书曰:天降下民,作之君,作之师,惟曰其助上帝宠之。"(2:3)

"民为贵,社稷次之,君为轻。"(14:14)②

引 言

当代中国的政治哲学研究,就其基本取向而言,基本上是以专制与民主对立的基本假设为理论背景的。我认为,依据中国古代哲学,我们可以发现一种超越民主与专制的思维模式,从而在更坚实的基础上讨论政治哲学问题。在《神权政治与民主政体——论苏格拉底与墨子的神权思想》

---

① 本来笔者想用《超越专制与民主:孟子的"民贵"思想》作为标题,以免人们误解民主之外就是专制。所谓专制,我是指一个人或者少数人的意志和利益凌驾于天下人之意志;所谓民主,是把指多数人的意志和利益等同于天下人的意志和利益。而民贵思想是与此不同的。我没有用常说的"民本"一词,是因为:第一,"民为贵,社稷次之,君为轻"(14:14)中本来就有这个词;第二,"本"容易引起误解。在上面孟子的话中,民、社稷、君三者按重要性和优先性被排了序。谁排这个序呢?是孟子本人吗?与君相比,孟子应该是民的范畴。认为自己高于对方(君主),这不仅在当时是不可想象的,也在理论上说不通(为何君主就不能在先?)。我在文中,论证说,排这个序有两种可能性,一种是上天,另一种是君主。如果是上天排这个序,那么,这个排序是符合天的意志的。这是符合孟子思想的。如果君主排这个序,那么,君为轻,就是指王位是第三的,君主应该按照上天眼中的重要性来管理国家。后两种情景都说明"民贵"思想有其更根本的神权政治基础。本章主要内容见《比较哲学与比较文化论丛》第2辑(2010年),部分内容收录在《政治与人:先秦政治哲学的三个维度》。

② 杨伯峻:《孟子译注》,中华书局1988年版。在本章,对于《孟子》的引文,我将用数字来代表篇章,而不是采用传统的格式。比如,14:14是指《尽心章句下》第14章。读者也可以很快查到引文出处。

一文中，① 我讨论了在政治基础与民主问题上苏格拉底与墨子的观点的相似性，即政治的基础是正义，而正义不等于人民的意志和利益。专制与民主的对立，不是政治的基本问题。我们应该走出对民主政体的盲目崇拜和迷信。如果说在中国先秦哲学中，墨家思想是我们研究当代政治哲学一个很重要的资源的话，先秦儒家能不能给我们提供类似的精神食粮呢？

当代学者对于中国文化传统（尤其是儒家传统）如何与西方的民主、自由、人权等价值观念联系起来，基本上有两种态度：一种流行的观点是，儒家哲学不可能与民主、自由、人权等价值联系起来，它们是对立的关系；还有一些学者试图把儒家思想与现代西方哲学联系起来，看看在儒家文献中有没有可以"开显"民主、自由等思想的可能性。第一种态度是对儒家持批判的观点，认为儒家思想是落后的，是专制思想的体现。第二种观点是想发现儒家哲学中有价值的东西。这种态度的一个理论前提就是：我们如何能在自己老祖宗的精神财富中发现西方所具有的真理？我认为，这两种态度在对待西方自由主义理论方面是一致的，都是肯定西方的民主、自由概念，其区分就在于对待中国儒家的看法上。持自由主义立场的人对儒家传统是否定的，认为与自由主义相比是落后的思想，而同情儒家传统的人则认为在儒家思想中可以发现一些与现当代西方自由主义类似的思想，比如孟子的"民贵"思想。

我们先简单看看第一种态度。第一种态度有其理论上的依据。西方近现代的民主自由思想与哲学上的个人主义（原子主义）有密切关系，把人看作一个追求自我利益最大化的个体，而且，每个人都有平等的追求自身利益的权利和机会。这种个人主义与儒家把人看作关系性的立场是矛盾的。儒家的核心道德价值是孝悌。人从一出生就是家庭的成员，进而是社会成员，人是通过家庭关系（父子兄弟）与社会关系（君臣）来实现自我的。持儒家与西方民主自由矛盾的观点的人基本上是肯定个人主义与否定儒家思想的。不过，他们没有意识到，在对人的理解上，儒家要比西方近现代自由主义思潮更具有思想上的优越性。为什么这么说呢？

我们不妨用黑格尔关于性爱与婚姻的关系来说明人的自然欲望与道德

① 郝长池：《神权政治与民主政体——论苏格拉底和墨子的神权思想》，《现代哲学》2010年第 1 期。

的关系。韦斯特法尔是这样概括黑格尔的观点的："黑格尔对于性爱做过两种完全不同的论述。一方面，在婚姻中，'肉体的（physical）激情降低为自然（physical）时刻，［它］注定在满足之后消失'。换句话说，'与肉体生活相对应的感性时刻，在伦理的空间中仅仅被当作某种结果性和偶然性的东西……［婚姻是］爱的伦理层面，高级层面，它限制纯粹的感性冲动，把它放到［生活］背景之中。'另一方面，在婚姻中，性爱被提升了，'自然性爱的结合……被转化为一种精神层面上的结合，一种自我意识的爱。'"① 黑格尔用这么一个词语来表达上面两种不同的论点：性生活就是"伦理关系的外在体现"。作为"外在"的东西，性爱是在背景之中的，其地位是次要的；作为"体现"，它被提升到了精神层面。这就是黑格尔的辩证否定（Aufhebung）②。当性爱被转化为婚姻中的爱（婚姻中的结合，有责任和义务的结合）时，性爱一方面被提升了，成为体现精神之爱的一种具体体现；另一方面，它仅仅是婚姻中爱的表现的一个方面而已。夫妻之间的爱，不仅仅体现在性关系上，还体现在很多日常生活的行为中。所以说，在婚姻中，性关系成了一种偶然的关系。这种偶然的关系仅仅是婚姻之爱的一种表达而已。以此类推，我们的物质和感情生活中所有方面，都可以成为婚姻中夫妻感情的表达方式。这就是人的自然欲望如何获得道德意义的途径。

西方自由主义所倡导的民主自由是对于个人自然欲望的肯定，是要通过适当的手段来满足个人的欲求。但是，个人的自由和权利必须得到进一步的升华，在家庭和社会关系中得到精神上的提升。儒家思想对西方的自由和民主的实现不是障碍，而是要对它们进行黑格尔式的辩证否定。我们有必要区分开一种思想的具体内容和普遍形式。儒家思想在对人的理解上，有其具体的历史和社会内涵，但是，其思想方式还包含了普遍性的东西。相对于把人理解为原子式存在的西方自由主义，儒家思想是对于前者抽象性思维的扬弃，因为它把人看作关系性和过程性的。

从黑格尔哲学的观点看，西方自由主义属于较低的层次，而儒家哲学

① Merold Westphal, "Vision and Voice: Phenomenology and Theology in the Work of Jean - Luc Marion", *International Journal for the Philosophy of Religion* (2006), Vol. 60, pp. 117 - 118.

② Ibid., p. 118.

是高一级的层次。它们不是互相对立的关系。正如在婚姻中，性关系没有被抛弃，而是不升华一样，在儒家思想中，个人主义不是被简单否定，而是被置于其应有的地位，即个人是在家庭和社会关系中得到自我的肯定的。因此，如何看待儒家思想与自由主义两者之间的关系，就是要看你是向后退（西方自由主义）还是向前进（儒家）。从黑格尔的观点看，西方自由主义与儒家思想之间的关系是抽象与具体之间的关系；儒家思想相对于西方自由主义是一种较为具体的思想。

其次，我们来看看第二种态度。大家都熟悉的一种观点是，在中国传统哲学中，我们也能发现一些进步思想，比如，孟子的"民贵"思想就与西方的"民主"思想以及马克思主义注重人民群众创造历史的观点有某种相似的地方。在《孟子·尽心章句下》第十四章，我们看到："孟子曰：民为贵，社稷次之，君为轻。"（14：14）民为贵，君为轻，这不是很明显地对于老百姓的重视吗？我们研究古代哲学，就是要发现符合现代思想的有价值的珍宝。持这种观点的人还承认，孟子的"民贵"思想由于其历史和社会环境的原因，有其局限性。尽管如此，儒家哲学与民主思想不是完全矛盾的。我们的疑问是：试图从儒家思想中"开显"（如何开显？）出民主自由的闪光思想，这是不是在思维方式上对于儒家哲学有着根本性的误解呢？为什么不在儒家哲学中寻找出其独特的政治哲学理论和真理呢？难道说西方自由主义政治哲学中的民主自由是绝对真理？

我认为，第一种态度对于儒家的认识比第二种态度更有价值，因为它清楚地看到，儒家思想与自己所相信的民主和自由是不一样的。它的错误就在于对于儒家进行盲目拒斥，认为不合乎自己的东西都是落后的，这是现代哲学的一个通病。第二种态度，表面上看，对于理解儒家有帮助，而实际上更令人思维混乱，因为它看不到两者之间的区分，其背后深层次的假设还是把儒家传统看成是一种低于西方自由民主思想的东西。我在本章试图提出第三种观点，一种依据《孟子》文本的新政治哲学思维。

在本章中，我的问题是，孟子的"民贵"思想真的是一种不成熟的"民主"思想吗？我要论证的是，孟子的"民贵"思想，在理论上，是一种比西方民主思想更具有坚实基础的政治理论。在这一点上，孟子与墨子是一样的。

一　天与天下

在《孟子》中，关于大国服侍小国和小国服侍大国的讨论在政治哲学中有着非常重要的意义，指明了国内和国际政治组织应该建立的基础。孟子把政治的基础、政治的合法性建立在高于任何人的意志和利益的基础之上。我们来看看他是如何具体论述的。

在《梁惠王章句下》第三章中，齐宣王问孟子，与邻国打交道有没有什么策略和方式？孟子回答说："有。惟仁者为能以大事小，是故汤事葛，文王事昆夷。惟智者为能以小事大，故太王事獯鬻，勾践事吴。以大事小者，乐天者也；以小事大者，畏天者也。乐天者保天下，畏天者保其国。诗云：畏天之威，于时保之。"（2：3）仁爱的人可以以大国的身份服侍小国，就如商汤服侍葛伯，文王服侍昆夷一样；有智慧的人可以以小国身份服侍大国，就如太王服侍獯鬻，勾践服侍夫差一样。以大国身份侍奉小国，这是乐天。以小国身份侍奉大国，这是畏天。乐天的人能庇护天下之民，畏惧天的人能保护他的国家。就如《诗经》中所说，"畏惧天之威怒，因此能得到安定"。这里，"乐天"与"畏天"是什么意思呢？

仁爱的人为什么要服侍小国呢？大国服侍小国与天有什么关系呢？又如何服侍？在《滕文公章句下》第五章，孟子是这么叙述汤王如何服侍葛伯的："孟子曰：汤居亳，与葛为邻，葛伯放而不祀。汤使人问之曰：何为不祀？曰：无以供牺牲也。汤使遣之牛羊。葛伯食之，又不以祀。汤又使人问之曰：何为不祀？曰：无以供粢盛也。汤使亳众往为之耕，老弱馈食。葛伯率其民，要其酒食黍稻者夺之，不授者杀之。有童子以黍肉饷，杀而夺之。书曰：葛伯仇饷，此之谓也。为其杀其童子而征之。四海之内皆曰：非富天下也，为匹夫匹妇复仇也。汤始征，自葛载。十一征而无敌于天下。东面而征，西夷怨；南面而征，北狄怨。曰：奚为后我？民之望之，若大旱之望雨也。归市者弗止，芸者不变，诛其君，吊其民，如时雨降。民大悦。"（6：5）

作为大国之君主，汤王为什么要服侍小国的不德之君呢？汤王对于邻国的葛伯，首先是给他送去祭祀需要的牛羊。汤王送牛羊让葛伯祭祀天地等，由此，我们可以看到，汤王实际上是出于对天之敬畏而送牛羊的。牛羊是用来祭祀天地的，不是给葛伯食用的，汤王是为了帮助葛伯祭祀天而送牛羊的，这里，把汤王和葛伯联系起来的是天。所以，这种大国服侍小国的行为，是以天为目的的。大国侍奉小国，这一般来说不是屈辱吗？乐天者，乐于侍奉天也。大国侍奉小国，就其实质来看不是侍奉小国，而是侍奉天。所以，没有屈辱可言。但是，这就要求大国首先具有谦卑和忍让的品德。在葛伯把牛羊吃了后，汤王派人去给葛伯耕地，是为了能够使得葛伯有谷米祭祀天地。耕田不是为了葛伯，而是为了祭祀天地。但是，葛伯的行为，不仅仅表现在对天的不敬（把祭祀用的牛羊自己吃了），而且，更为亵渎神灵的行为是，他还残害老百姓。为什么残害老百姓是最大的恶呢？在《梁惠王章句下》第三章最后一部分，孟子引用《书经》的话来表达这一点："书曰：天降下民，作之君，作之师，惟曰其助上帝宠之。"（2：3）天生百姓，并安置了君主和圣贤之师来协助上帝爱护人民。葛伯杀害儿童的行为，这是滔天大罪。葛伯吃了牛羊，没有激怒汤王，葛伯杀戮百姓和残害儿童，汤王就征伐葛伯。可以说，汤王是替天行道。汤王征伐诸侯的原因，不是为了自己获得天下的财富，而是为了救民于水火之中。用今天的话说，汤王的征伐是正义的战争，是基于天所赋予的道义的战争。这就是乐天，乐天能保护天下之民。因此，大国侍奉小国，是乐天。这是因为乐天就是要保护天下老百姓不受苦难。"乐天者保天下。"大国服侍（征伐）小国，是基于天意的。汤王没有一开始就攻打葛伯，因为他必须视天下为一家。葛伯的无法无天，不畏天，不敬天，杀害无辜，这些才构成了他的滔天罪行。惩罚葛伯，因而是天意。

那么，有智慧的人为什么要小国服侍大国呢？这是什么意思呢？我们来看看《梁惠王章句下》第十五章："滕文公问曰：滕，小国也；竭力以事大国，则不得免焉，如之何则可？孟子对曰：昔者大王居邠，狄人侵之。事之以皮币，不得免焉；事之以犬马，不得免焉；事之以珠玉，不得免焉。乃属其耆老而告之曰：狄人之所欲者，吾土地也。吾闻之也：君子不以其所以养人者害人。二三子何患乎无君？我将去之。去邠，逾梁山，邑于岐山之下居焉。邠人曰：仁人也，不可失也。从之者如归市。或曰：世守也，非身之所能为也。效死勿去。君请择于斯二者。"（2：15）

当滕文公问孟子如何才能侍奉大国的时候，孟子给他讲了个故事。古时候，太王居住在邠地的时候，狄人侵略他的国家。太王以各种珍贵物品献给狄人，都不能满足他们的欲望。最后，太王知道了狄人所想要的东西，即他的疆土，邠地。他召集邠地长老说，狄人所想要的就是我们的土地。土地是用来养活人的，人不能为争夺土地而牺牲生命。生命比土地更珍贵。不能颠倒了土地和人民的性命之间的关系，不能牺牲人民的性命来保护疆土。因为如果太王号召人民为土地而战，实际上是号召人民为自己的王位而战，而这场战争是必败的。太王考虑到人民的生命安全，选择离开邠地。这就是孟子所说的"畏天者保其国"。畏惧天命之人，才能保全自己的国民。为什么这么说呢？人民的生命是最珍贵的，这是上天所赋予的。不能因为自己的私利（王位），而牺牲上天的利益（老百姓的生命）。只有那些不畏天命的人，才以举国之力，侵略他国，或者保护自己的王位。真正有智慧的人，是会牺牲自己的王位，来保护人民的。土地是属于谁的？土地是用来养活人民，土地不是属于任何人的，它是属于天的。小国服侍大国，这是指小国之君为了老百姓的生命安全，牺牲自己的王位，这样才能真正保护自己的祖国。把疆土和人民看作属于上天的。丢弃自己的王位，这是小国之君侍奉大国的行为。这种行为不是胆小的表现，而是畏惧天命的表现。这也就是《诗经》中所说的"畏天之威，于时保之"。

太王的行为也许会被理解为胆小怕死。这就是为什么齐宣王听了关于以小事大的话后，说了如下的话："王曰：大哉言矣。寡人有疾，寡人好勇。"（2：3）当孟子听后，孟子马上给他解释了什么是真正的勇敢。勇敢不是抽象的中庸之德，不是亚里士多德所说的介于怯懦与鲁莽之间的中道。我们来看看孟子是如何论"勇敢"的。

"对曰：王请无好小勇。夫抚剑疾视曰：'彼恶敢挡我哉，'此匹夫之勇，敌一人者也。王请大之。诗云：'王赫斯怒，爰整其旅，以遏徂莒，以笃周祜，以对于天下。'此文王之勇也。文王一怒而安天下之民。书曰：'天降下民，作之君，作之师，惟曰其助上帝宠之。四方有罪无罪惟我在，天下曷敢有越厥志？'一人衡行于天下，武王耻之。此武王之勇也。而武王亦一怒而安天下之民。今王亦一怒而安天下之民，民惟空王之不好勇也。"（2：3）孟子对齐宣王说，请王不要爱好小勇。手按着刀剑瞪着眼睛对人说，他怎么敢挡我的路！这是匹夫之勇。这种勇敢仅仅是想证明自己比别人力量大而已。这是一种没有意义的勇敢。真正的勇敢就是要如文王武王一样。文王一怒，就派军队遏制侵略莒国之兵，增强周王朝的威望。这是对天下人负责的态度。文王的勇敢体现在平治天下上。《书经》说，上天降生了民众，给了他们君主，为他们派了圣贤之师，其目的是要君主和圣贤之师协助上帝来爱护民众。作为君主，应该有这样的勇敢：东西南北，无论是有罪者还是无罪者，都是我负责，天下人谁敢超越界限呢？武王就是这样的人，把天下的重担承担起来，对上天负责。有一人横行天下，武王以此为己之羞耻，于是征伐纣王，给天下人民带来和平。这是武王之勇敢。真正的勇敢是什么？就是要承担起天所赋予的责任，替天行道，安抚百姓。勇敢者，勇于承担天下之重任也。

因此，在《梁惠王章句下》第三章中，孟子所说的"乐天"、"畏天"、勇敢，都是强调政治责任是上天所赋予的，是替天行道的。天是最高的权威。一个国王之所以能讨伐另外一个国王，唯一合法的原因就是帮助对方敬重天命，爱护百姓。这种讨伐之所以是正义的，其根源不在人身上，而在天意、天命之中。孟子的这种思想，一方面反映了这么一个现实，即在战国中后期，诸侯国之间进行争霸，没有任何一个国家能真正体现出道德权威；另一方面，也说明，孟子敏锐地观察到，当时的政治现实告诉他，没有任何权威可以与正义的权威相对等，只有上帝或者上天才能超越所有的政治实体。汤王、文王、武王，这些圣王都不能以自己为权威的根源。特别是在叙述汤王为什么讨伐葛伯的时候，如何辨别汤王不是为了增加自己的财富，而是为了实现正义。没有前面那些序曲（送牛羊、派人耕地等），就无法说明汤王讨伐的理由。天人之分是很重要的。这是孟子哲学中超越儒家哲学的思想，是与墨子非常相似的。尤其是当孟子引用《书经》中"天降下民，作之君，作之师，惟曰其助上帝宠之"的内容，这和墨子的"天子"思想是完全合拍的。墨子认为，天为了爱护百姓，设立天子等等级制度来管理天下，天子是天意的代表，是以天为法仪的。

这里有一个问题，孟子所讨论的政治基础有没有具体的含义呢？孟子不是在抽象意义上讨论天的。在《公孙丑章句上》第五章中，孟子用具体的政治治理方式和政策来说明一个国家如何能超越它自身的局限性，从而成为天下的最高权威，成为"天吏"（天所委派的官员）。

《公孙丑章句上》第五章："孟子曰：尊贤使能，俊杰在位，则天下之士皆悦，而愿立于其朝矣；市，廛而不征，法而不廛，则天下之商皆悦，而愿藏于其市矣；关，讥而不征，则天下之旅皆悦，而愿出于其路矣；耕者，助而不税，则天下之农皆悦，而愿耕于其野矣；廛，无夫里之布，则天下之民皆悦，而愿为之氓矣。信能行此五者，则邻国之民仰之若父母矣。率其弟子，攻其父母，自有生民以来，未有能济者也。如此，则无敌于天下。无敌于天下者，天吏也。然而不王者，未之有也。”（3：5）孟子说，如果尊重贤能之士，那么天下之士都愿意来效劳你。如果在市场上不征收空地上的存货的税，并帮助商人处理积压的商品，那么，天下商人都愿意来你的市场。如果在关卡不征人头税，那么，旅客都愿意经过你的国土。如果能协助耕田者而不征收税，那么，天下的农夫就会很快乐，来你的国土耕田。如果在人们居住的地方，没有额外的税，天下人都会很高兴来你的国家居住。孟子认为，政府应该做到任用贤能（消除腐败），减免商业税、农业税、关税、土地税等，来鼓励经济发展。一个君主的道德人格体现在哪里呢？孟子认为，就在于这五项政策。如果能实行这五项政策，邻国的人就会如看自己父母一样仰望你。如果天下人都把你看作父母，而邻国的君王率领他的民众来攻打你的话，就等于率领你的儿女来攻打父母。天下哪里会有人能率领人家的儿女攻打人家的父母的？这显然是不会成功的。这样的话，天下之人把你看作父母，你就没有敌人了。为什么你没有敌人了？这是因为你的行为是爱护人民的，而人民是天所爱的对象。你是为天服务的。这就是天吏的意思。吏，既是统治人的，也是服务于人的。天吏是为了天而服务于人民的。

孟子在这里用的“天吏”是指实行“王道”之君主。这与墨子中所说的“天子”有相似的意思。天吏，天子，是介于天与百姓之间的统治者或者服务者。上天设置天子官位是为了能协助上天服务于民。对于天而言，天子是中介，是代理人。

在《离娄章句上》第七章，孟子说：“顺天者存，逆天者亡。”（7：7）对于孟子的“顺天者存，逆天者亡”，还可以在《离娄章句上》第九章找到如下的解释：“孟子曰：桀纣之失天下也，失其民也；失其民者，失天下也。得天下有道：得其民，斯得天下矣；得其民有道：得其心，斯得民矣。得其心有道：所欲与之聚之，所恶勿施，尔也。”（7：9）如何得天下？就是得民心。民心就是天意。如何得民心？就是满足人民的物质需要，不给他们增添赋税之类的东西。简单地说，让老百姓饥者有食，劳有所得，安居乐业，这就会得到百姓的拥戴，就是得民心。得民心者就顺天。逆天就是失民心的支持。桀纣为何灭亡呢？是因为用天下之公来谋个人私利。对于孟子来说，在统治者与天之间，有一个中介，这就是民意。对于天子而言，如何知道上天的意图呢？因为上天是爱护百姓的，所以，百姓的需要就是上天的意图。

正是在以上的意义上，我们来理解孟子下面的话："孟子曰：民为贵，社稷次之，君为轻。是故得乎丘民而为天子，得乎天子而为诸侯，得乎诸侯而为大夫。诸侯危社稷，则变置。牺牲既成，粢盛既洁，祭祀以时，然而旱干水溢，则置社稷。"（14：14）人们喜欢引用孟子的这段话来赞扬孟子的"民贵"思想。民、社稷、君，三者是按重要性排的序。谁来排这个序呢？是孟子本人吗？如果说要把孟子纳入这句话，孟子显然是属于民的范畴，他既不能这么说，也没有权力和权威来排这个序？能排这个序的只有两种可能，一种是天，另一种是君。而君排这个位的时候，实际上是说王位是第三的。君主排这个位，也必须有依据，那就是在上天眼中，就是这个顺序。我们将看到，孟子用古代人的话来印证自己。

民为什么比社稷和君主还贵呢？我们看看他下面是如何解释的。

第一，得到百姓之心即民心的人，可以成为天子。如果我们把这句话和前面看到的以大事小和以小事大的思想联系起来看，其含义就非常清楚：民心代表天意。民心的权威性来自天。因此，称为"天子"。如果没有天，那应该叫"民子"，人民的儿子，而不是上天的儿子。在《尽心章句下》第十三章，孟子说，"不仁而得国者，有之矣；不仁而得天下者，未之有也"（14：13）。所谓不仁，就是依靠霸道而成为君主，这只能是一国之君。如果要成为天下人的君主，那就必须合乎天意，这样才能成为天子。天子依赖百姓而与天联系起来。天子的权力是上天赋予的。权威来自上，而不是下。这与民主思想是不同的，[①] 也不是我们通常所理解的民本。正是在这个意义上，我们才能理解权威的不同层次的合法性：诸侯必须听从天子，由天子而赞许的诸侯才是真正的诸侯，是合乎义的诸侯；大

---

① 《墨子》非常清楚地论述了为什么统治天下的人必须是天子，而不能是来自人的决定。在下面，我们看到孟子认同这一点，不过其哲学理由与墨子略微不同。

夫必须是得到诸侯的赞许的大夫，这样才合法。这段话中，社稷应该具有两层意思，一是代表国家，二是土谷之神。如果诸侯危害国家，这就是危害天子，是违反天意的做法，应该除掉。

第二，为什么民在社稷之上呢？我们可以从两个方面理解。一是根据以小事大的思想来理解，作为疆土或政权的社稷是服务于民的，所以社稷次之。二是把社稷理解为神。孟子认为，如果我们在祭祀上没有犯任何错误的话，仍然有干旱和洪水，那就应该换社稷了（土神）。社稷（土神）也是服务于民的，更不用说君主了。更换政权，或者除掉一个君主，这是符合天意的事情，不是仅仅依赖于民众或百姓的。上面看到的"以小事大"就是依据这个顺序而得出的。换社稷，换君主，谁能这么做？只有天意才能如此。

所以，"民为贵，社稷次之，君为轻"与孟子的等级思想不矛盾。这句话可以被看作如下的话的一个解释："书曰：天降下民，作之君，作之师，惟曰其助上帝宠之。"（2：3）这句话所说的"君"是统治者的意思，指天子。一般的君主不等于天子。得民心者，才是天子，才得天下。一国之君，可以是不仁的。把"天子"与君主区分开，是非常重要的。那么，孟子的等级制度是什么呢？上天通过民心来指定天子，天子之下是诸侯，诸侯之下是大夫，以此类推。孟子还认为，天是高于诸位神灵的。土神也是协助天呵护百姓的。如果土神不能尽职，也是可以罢黜的。

天意如何通过民心显示出来呢？下面我们看孟子如何论述天与民之间的关系的。

二　天意与禅让制

前面我看到，对于孟子来说，土地（疆域）是用来养活百姓的，君王与圣贤之师都是来协助天爱护百姓的。孟子的这种民贵思想实际上是一种"君权神授"的思想；君王的权力只有是上天所授予的才合法。孟子对于古代尧舜禹之间的禅让制的解释给予了道义上的基础。我们来看看《万章章句上》的第五章和第六章。

"万章曰：尧以天下与舜，有诸？孟子曰：否；天子不能以天下①与人。然则舜有天下也，孰与之？曰：天与之。"（9：5）孟子在这里说得非常明白，尽管天子是世界上的最高权威，但他不拥有天下，他仅仅是上天的代理人，他没有权力把天下让给其他人。换言之，他手中的权力不是他自己的，因此，他不能转让给别人。最高权力是超越于任何人的，包括道德上完美的人，例如尧帝。这也是对于孟子民贵思想的很好的注脚。天子，顾名思义，是对于上天负责的。既然天下是属于上天的，百姓也是属于上天的，而不是属于任何人的。那么，天又是如何告诉尧帝把帝位让给舜呢？

万章问："天与之者，谆谆然命之乎？曰：否，天不言，以行与事示之而已矣。曰：以行与事示之者，如之何？曰：天子能荐人于天，不能使天与之天下；诸侯能荐人于天子，不能使天子与之诸侯；大夫能荐人于诸侯，不能使诸侯与之大夫。昔者，尧荐舜于天，而天受之。暴之于民，而民受之。故曰：天不言，以行与事示之而已矣。"万章问，天把天下（王位或者天下）给了舜，这是不是说，天把天下吩咐给舜，并对他进行了耐心的告诫呢？是不是就如我们人类在交代给一个人任务时，既是命令，也要告诫他呢？孟子回答说，不是，天与我们人类不同，天不说话。它只是以行动和事情来显示它的意图。在《论语·阳货》中，我们看到："子曰：天何言哉？四时行焉，百物生焉，天何言哉？"（17：19）天是通过四季有规律的变化以及万物生长来表达自己的。万章又问，既然天是以行动和事情来显示自己的意图的，又是如何做的呢？孟子回答说，天子只能向天推荐人选，而不能使得天按照自己的意图来把天下给予自己推荐的人。这就好像是诸侯向天子推荐诸侯人选，而不能让天子按照自己的意图

---

① "天下"这个词很重要，不能等同于西方的"世界"，因为这两个词语背后具有不同思想框架。"世界"是以形而上学思想为基础的，在某种意义上，它一般是指无所不包的万事万物的集合体。而"天下"则明显具有宗教政治的含义：天之下，地之上，是一个意思，但是，天之下是指人类，是指民，是指人类社会。天下，就是指人类社会是以天为最高权威的。"天"字，在甲骨文中，最上一横是一个人头，是指人头之上的。这说明天是高于人而对人具有权威性的东西。其宗教上的含义，在此先不讨论。不过有一点要指出，不能把这个"天"字简单理解为人头之上的天空。上与下，更多的是指权威关系，比如汉语中有所谓"一人之下，万人之上"的话，那个高高在上的人是最高统治者，而这个一人之下的人就是宰相等。天子就是那个天之下，万民之上的人。

任命自己的推荐人为诸侯。下级只能向上级推荐人选，而决定权在上级。推荐人选，这是下级服务于上级的职责之一。孟子说，在古代，尧帝向上天推荐舜，天接受了这一推荐。我们如何知道天接受了呢？天把舜王介绍给天下百姓，而天下百姓接受了舜。百姓接受了舜，就等于天接受了舜，因为天子是来协助天爱护百姓的。百姓的意图就代表了天的意图。这就是为什么说，天不说话，是通过行动和事情显示自己的意图。那么，具体的过程是什么呢？

"曰：敢问荐之于天，而天受之，暴之于民，而民受之，如何？曰：使之主祭，而百神享之，是天受之；使之主事，而事治，百姓安之，是民受之也。天与之，人与之，故曰：天子不能以天下与人。舜相尧二十有八载，非人之所能为也，天也。尧崩，三年之丧毕，舜避尧之子而于南河之南，天下诸侯朝觐者，不之尧之子而之舜；讼狱者，不之尧之子而之舜；讴歌者，不讴歌尧之子而讴歌舜，故曰：天也。夫然后之中国，践天子位焉。而居尧之宫，逼尧之子，非天与也。太誓曰：天视自我民视，天听自我民听，此之谓也。"（9：5）万章又问，天与民接受的具体过程是什么呢？孟子回答说，尧派舜主持祭祀，而诸位神灵享用舜所供奉的祭品，这表明天接受了舜。尧派舜负责治理国家，处理政务，而天下被治理得有条有理，百姓享受到了和平，这表明百姓是接受舜的。这就是为什么说天给予了舜以天下，百姓给予了舜以天下。所以说，天子（尧）不能自己把天下传给其他人。这样的话似乎还比较抽象，孟子接着就作了进一步的具体的解释。

孟子说，舜辅助尧二十八年，这不是一般人所能做到的。这是天帮助舜做到这一点的。尧王去世之后，过了三年之丧，舜为了避让尧之子而搬到南河的南岸去住。但是，当时天下诸侯拜见的是舜，而不是尧之子；打官司的人也是去舜那里，而不是尧之子；人们歌颂的是舜，而不是尧之子。因此，从诸侯和百姓的行为来看，他们拥戴舜，而不是尧之子。这是民意，也是天意。在这之后，舜才回到首都，担当起天子的职责。如果舜一开始就居住在尧的宫室之中，而逼迫尧之子离开，这是篡权，而不是天所给予的。太誓说：天是通过百姓的眼睛来看天下的，天是通过百姓的耳朵来听天下人的呼声的。也许这就是对于舜的描述吧。

从以上孟子的话，我们可以作如下的判断。在孟子看来，天是一个有意志的存在者。它能够通过天下百姓的眼睛看天下，也能通过天下百姓的耳朵听天下人的呼声。但是，天不直接与人类交谈，天是间接地表明自己意图的。那么，天指派舜来管理天下，天意又是如何显示的呢？首先，是通过百神来显示的。服务于百神，得到他们的赞同，这也是天意。天子的责任不仅仅是对天下人负责，还要对百神尊重。得到百神的满意，这是天把天子之位赋予舜的一个先决条件。其次，治理天下百姓，造福于人民。人民满意，舜才能成为天子。这两个条件说明，尧，尽管是一个圣王，是没有权力把天下让给他人的。尧必须服从天的命令和意图，而天是通过百神和百姓来显示自己的意图的。得到百姓的认可，从根本上看，这不是民主，这是天意。

孟子还从舜的具体行为来说明天意是如何显现的。首先，舜，作为一个人，是很难一心一意地辅助天子的。没有天的帮助，舜是做不到这一点的。这是非常有意思的观点：因为这与孟子的性善论好像是矛盾的。人性的弱点，在舜身上也能表现出来。而这种人性的弱点恰恰说明天在人的道德行为中所扮演的角色。"舜相尧二十有八载，非人之所能为也，天也。"这句话，比墨子还墨子，即比墨子还彻底。其次，即使尧王派舜主持祭祀，治理国家，已经显示了舜得到百神和百姓的认可，在尧死之后，舜不能够因为尧的推荐以及百神和百姓认可而自然而然地登上天子的宝座。如果舜把尧王以及他的政绩看作自己登基的理所当然的理由，这就容易让人感觉舜是在篡夺王权。为什么呢？在尧王执政的时候，天下百姓对于舜的认可，也许与尧王有关。谁能严格区分开尧王和舜之间的政绩呢？更重要的是，我们如何才能知道舜的行为不是出于自私的动机，而是为了天下百姓呢？只有在尧王去世之后，舜的内在动机才会显示出来。《论语》中所说的三年无改于父之志，在尧舜之间的关系中也适用。在尧王去世之后，舜的行为表明，他并不是为了权力而服务于尧王的。他搬到南河之南，与尧王的宫室拉开距离，这样才能区分开权力与权威。尧王的宫室是权力的象征。权力没有权威是虚空的。诸侯和百姓的行为证明，尧王之子徒有权力之位，缺少权力的根基，缺少民意。而孟子在最后用太誓来结尾，是有着非常深远意义的：民意是天意的显现，而这不是孟子自己所观察到的，古文有记载。

从上面的话来看，天没有接受尧王之子继承天子之位，而是选择了

舜。舜是圣贤之人，与尧王没有血亲关系。尧王也没有向上天推荐自己的
儿子。尧王推荐舜，而上天接受了他的推荐。进一步的问题是：我们如何
才能理解圣王仅仅有推荐之功，没有让天下之权呢？孟子为了说明天意是
最高的和最终的权威，他用禹王的故事来论证：第一，圣王推荐的未必会
被上天接受；第二，推荐应该避亲。这两点说明天是最高的。上天指定谁
来做天子，这是超越于人与人之间的关系的。这也是超越于圣王之智慧
的。本篇（《万章章句上》）的第六章，是对于第五章的一个不可或缺的
补充。

我们来看看孟子是如何回答禹的儿子继位的问题的。"万章问曰：人
有言，至于禹而德衰，不传于贤，而传于子。有诸？孟子曰：否，不然
也。天与贤，则与贤；天与子，则与子。昔者，舜荐禹于天，十有七年，
舜崩。三年之丧毕，禹避舜之子于阳城，天下之民从之，若尧崩之后不从
尧之子而从舜也。禹荐益于天，七年，禹崩。三年之丧毕，益避禹之子于
箕山之阴。朝觐讼狱者不之益而之启，曰：吾君之子也。讴歌者不讴歌益
而讴歌启，曰：吾君之子也。"（9：6）有人说，到了大禹，道德就衰败，
因为大禹不把王位传给贤者，而传给自己的儿子。孟子回答说，这不是真
的。大禹之子继承王位，这是符合天意的。为什么呢？天决定把王位授予
贤者，就授予贤者。天决定把王位给予禹之子，就给予禹之子。所谓
"天与贤"，这里是指尧舜推荐圣贤之人，而此人不是自己的儿子。这并
不意味着圣王的儿子是与贤者对立的关系；圣王的儿子也可能是圣贤之
人。大禹向上天推荐贤者益来继承自己的王位，但是，天没有接受禹的推
荐。从天下人的民心来看，不认可禹所推荐的益，而拥护禹之子。这也
说明，王位不是大禹传给自己儿子的，而是天或者民心决定的。尧舜的
推荐得到了天意和民心的许可，而大禹的推荐被否定了，这充分说明天
下不是属于任何人的，而是属于天的。上天的意志高于圣王的意向。禹
之子继承王位，这不是大禹的本意。这里有一个问题：禹王是否知道自
己所推荐的人会被否定？如果他知道自己的儿子更能胜任王位，是不是
要直接推荐给天呢？即使舜知道自己的儿子可以继承王位，他最好也不
要推荐自己的儿子，因为父子关系很可能影响他的判断力。如果上天让
他的儿子继承王位，上天会这么做的。这也许是为什么禹王不推荐自己
的儿子的缘故。

　　孟子进一步解释为何民心倾向于禹之子继承王位，而在尧舜身上却不是如此。"丹朱之不肖，舜之子亦不肖。舜之相尧，禹之相舜也，历年多，施泽于民久。启贤，能敬承继禹之道。益之相禹也，历年少，施泽于民未久。舜、禹、益相去久远，其子之贤不肖，皆天也，非人之所能为也。莫之为而为之者，天也；莫之致而至者，命也。"（9：6）尧舜的儿子都不是圣贤之人，所以他们没有继承王位是很自然的。禹之子启之所以能继承王位，那是因为他是圣贤之人，能够继承大禹的大业。益之所以没有能够继承王位，这不是说益一定不是圣贤之人，只是他与舜和禹比起来，辅助圣王的年限短。还有，舜和禹碰上的正好是不肖之徒（丹朱和舜之子），而益遇到的是圣贤之人启。圣王之子是否是贤者，这不是人（舜、禹、益）所能决定的（其子之贤不肖，皆天也，非人之所能为也）。这里有运气的问题。舜禹的运气好，而益则运气不巧。但是，这都不影响他们是圣贤之人。"莫之为而为之者，天也；莫之致而至者，命也"，这是什么意思呢？舜、禹、益，三人都是贤者，但是其境遇不一样，舜禹成为圣王，而益没有，这是上天的意图。自己没有有意为之，而成功了，这是天意。舜和禹都不是为了成为天子而辅助圣王的。他们之所以能成为圣王，这不是他们凭自己的努力就可以做到的。益的境遇，就证明了这一点。而禹王之子启，是属于"莫之致而至者，命也"。大禹没有推荐他，但是，他却成为圣王。所以说，所谓"命"，是指天命。这里应该把天与命连接起来看。

　　"匹夫而有天下者，德必若舜禹，而又有天子荐之者。故仲尼不有天下。"（9：6）一般的人要成为天子，至少需要两个必备的条件：一是自身具有与舜、禹一样的品德，二是要有天子的推荐。有了这两者，并不意味着一定能成为天子，比如禹推荐的益。由此看来，孔子虽然有舜、禹一样的品德，但是，没有天子的推荐，以及适当的历史和社会环境，他成不了天子。所以，孟子说，"继世以有天下，天之所废，必若桀纣者也，故益、伊尹、周公不有天下"，"周公之不有天下，犹益之于夏，伊尹之于殷朝也"（9：6）圣贤之人，未必能成为天子，这也许是天意。孟子对于自己也有着类似的看法："夫天未欲平治天下也。如欲平治天下，当今之世，舍我其谁也？吾何为不豫也。"（4：13）孟子认为，如果在他的时代，天欲天下之太平的话，他肯定是平治天下的最好人选。

总之，我们可以说，对于天子的权威和权力的根基，孟子的观点是非常明确的：天意是天子的法则。民心是天意的一个中介，或者一个显示的方式。孟子的"民贵"思想与现代民主思想是不一样的。正是在这个意义上，我们说，民贵比民主在思想和制度上更胜一筹。

三　天与圣贤之师

圣贤之师在政治制度中的角色是什么呢？"书曰：天降下民，作之君，作之师，惟曰其助上帝宠之。"（2：3）圣贤之师与天子一样，是协助上天爱护百姓的。在政治上具有和天子一样的功能。

我们来看看孟子是如何评价伊尹的。在《万章章句上》第六章，孟子讨论了为什么"益、伊尹、周公"作为圣贤之人而没有成为天子的原因。他是这么说伊尹的："伊尹相汤以王于天下，汤崩，太丁未立，外丙二年，仲壬四年，太甲颠覆汤之典刑，伊尹放之于桐，三年，太甲悔过，自怨自艾，于桐处仁迁义，三年，以听伊尹之训己也，复归于亳。"（9：6）伊尹帮助汤统一了天下，汤王死后，伊尹没有被推荐给上天作为天子的继承人。汤的儿子和孙子都没有如伊尹那样具有圣贤之德，其孙太甲，还曾经破坏了汤王的法度，伊尹把太甲流放到桐地。伊尹自己并没有宣称为天子。太甲后来后悔，在桐地学习仁义，然后伊尹把太甲迎回亳地做天子。"继世以有天下，天之所废，必若桀纣者也，故益、伊尹、周公不有天下。"（9：6）汤王的儿孙没有如桀纣一样，所以伊尹也没有机会得到天子之位。

在《万章章句上》第七章，孟子讨论了伊尹，借此阐述了一个圣贤之人在没有机会成为天子的命运下，自己应该如何做。这实际上也是孟子理解自己的道理。孟子对于伊尹的讨论，也是了解儒家所理解的"师"的含义的重要篇章。

《万章章句上》第七章："万章问曰：人有言，伊尹以割烹要汤，有诸？"（9：7）万章问道，有人说伊尹做厨子是为了能接近商汤，有没有这回事？意思是说，伊尹是为了借机会显示自己的才能，从而得到商汤的赏识，获得官职。① 对于孟子来说，这个问题首先意味着，圣贤之人从事政治是为了个人私利吗？

"孟子曰：否，不然。伊尹耕于有莘之野，而乐尧舜之道焉。非其义也，非其道也，禄之以天下，弗顾也；系马千驷，弗视也。非其义也，非其道也，一介不以与人，一介不以取诸人。"（9：7）孟子回答说，并非如人所传言的那样。伊尹当初是在有莘之地种地，爱好尧舜之道。他并没有如人所传言的做过厨师，他是一个农夫。如果不合乎道义，即使把天下财富给他作为俸禄，他也不会看一眼的。换句说话，不合乎道义，伊尹是不会接受天下的，尽管他有着治理天下的能力。这与孟子本身很相似。不合乎道义，即使是一点点东西，也不会给予他人或者接受他人给予。也就是说，利无论大小，在道德的天平上是一样的，哪怕是很小的利，只要不合乎道义，是不应该给他人的，也不应该接受。伊尹的处世原则是，在道德上，没有什么底线之说。接受一分钱是收受贿赂，接受一亿元也是收受贿赂。不能说，接受一分钱的人比接受一亿元的人道德境界高。要么是道德行为，要么就是不道德或者非道德行为。当人们说，我们要守住道德底线的时候，已经是在不道德领域中，用罪恶大小来比较，是在给自己找心理安慰。

那么，伊尹是如何服务于商汤的呢？这里孟子所说的商汤与伊尹如何认识的故事，与很多古代文献所记述的都不一样。孟子所叙述的颇有三顾茅庐的意味。"汤使人以币聘之，嚣嚣然曰：我何以汤之聘币为哉？我岂若处畎亩之中，由是以乐尧舜之道哉？汤三使往聘之，既而幡然改曰：与我处畎亩之中，由是以乐尧舜之道，吾岂若使是君为尧舜之君哉？吾岂若使是民为尧舜之民哉？吾岂若于吾身亲见之哉？"（9：7）伊尹以耕田为生，商汤派人送钱币作为礼物请伊尹出来为他服务。伊尹开始说，虽然我穷，但是，我哪能因为商汤用钱币聘请我就出来呢？哪里比得上在田埂之中，独自行尧舜之道呢？商汤几次派人去邀请他出山，伊尹突然改变态度说，与其一个人在田埂之间实行尧舜之道，不如帮助此君主成为尧舜一样

---

① 《墨子·尚贤上》："汤举伊尹于庖厨之中。"商汤与有莘氏通婚（为妃子），伊尹通过做有莘氏的陪嫁之臣，而接近商汤，用烹调五味为引子，给商汤讲解天下大势与治理国家之道。听起来颇有孔子见卫灵公的夫人南子的意味。

的君主，不如让天下百姓做尧舜时代一样的百姓，不如我亲眼看到尧舜之道大行于天下。伊尹的意思是，既然商汤有诚心，我就有道德上的义务帮助他成就尧舜一样的事业，同时也使得天下百姓享受尧舜一样的开明政治。如果能这么做，我为何不亲自促使这项伟大的事业呢？这不是圣贤之人所梦想的吗？无论孟子叙述的是史实，还是他自己编造的，他所要说的很明白：为何他自己就不能如伊尹一样，遇到如商汤一样的开明君主呢？孟子是迫不及待想协助一个君主实行尧舜之道。我们看到，孟子说，如果上天欲平治天下，除了他之外，没有其他人可以做得到。

这里有一个问题，为什么伊尹要等商汤多次派人邀请才出来呢？是不是拿架子呢？孟子一方面是要回答万章的问题，并非是伊尹主动去巴结商汤，而是商汤找到伊尹。另一方面，商汤的诚心是伊尹实现自己道德理想的一个先决条件。商汤不是为了自己的霸主地位而来找伊尹为自己服务。伊尹为商汤服务，也不是为了他自己或者商汤的利益，而是为了尧舜之道，为了天下百姓。伊尹不仅没有巴结权贵的意思，而且，在道德上他还高于商汤，因为他能够平治天下。孟子本人与伊尹的不同就是孟子没有遇到如商汤一样的君主。伊尹在田埂之间乐于尧舜之道，这是内圣；协助商汤成就大业，这是外王。对于孟子来说，如我们上面看到的，外王有两个含义，一个是上天选你做天子，爱护百姓，这是尧舜禹所能做到的，另外一个是协助君主平治天下，爱护百姓，如益、伊尹、周公所做的。天子爱民，这是协助上天爱民。圣人如伊尹协助天子爱民，实际上，也是协助上天爱民。

所以，孟子借用伊尹之口说，"天之生此民也，使先知觉后知，使先觉觉后觉也。予，天民之先觉者也，予将以斯道觉斯民也。非予觉之而谁也？"（9：7）上天生育天下百姓，让先知先觉者启蒙后知后觉者。先知先觉启蒙后知后觉，这是上天所赋予他们的道德义务和责任。为何上天要他们启蒙后知后觉者呢？这是因为上天爱护百姓。在《梁惠王章句下》第3章最后一部分，孟子引用《书经》的话来表达这一点："书曰：天降下民，作之君，作之师，惟曰其助上帝宠之。"（2：3）我是天下百姓中的先知先觉者，我将用尧舜之道来启蒙天下百姓。除了我来启蒙他们之外，谁还会来做呢？对比一下孟子的话："如欲平治天下，当今之世，舍我其谁也？"（4：13）这是一种当仁不让的态度。上天赋予他这个道德责

任，而且就选中了他。如果他不做，那就没有其他人来做。这实际上与
"我不下地狱谁下地狱"的话有同工异曲之妙。这不是一种道德上的傲
慢。用现象学的语言来说，这是被动的道德主体对于外来的呼唤的反应。
他不是自己给自己设定了一个原则或者责任来执行，而是上天派他来做这
件事情（天之生此民也，使先知觉后知，使先觉觉后觉也）。所谓先知先
觉，不是说他自己发明了尧舜之道。尧舜之道过去已经有之。尧舜之道来
自古代，或者说，来自上天。"非予觉之而谁也"？这表达的是无可逃避
的态度。如果说，比如在康德的道德哲学中，我自己制定普遍的道德规
则，我总有可能自己寄托于他人来执行这个法则，而我自己则暂时不执
行。尧舜之道，是上天给他的。他没有理由把实行尧舜之道的责任推给
别人。

　　这就是为什么孟子紧接着对于伊尹的话作了解释："思天下之民匹夫
匹妇有不被尧舜之泽者，若己推而内之沟中。其自任以天下之重如此，故
就汤而说之以伐夏救民。"（9：7）伊尹是这么想的：如果天下有一个男
人或者一个女人没有享受到尧舜之道的恩泽，那就等于是伊尹自己推他们
到山沟之中的。天下百姓的幸福是他不可推卸的重任。所以，他给商汤讲
解讨伐夏朝而救百姓于水火的道理。

　　孟子认为，传说中的伊尹如何被商汤重用，在逻辑上是行不通的。
"吾未闻枉己而正人者，况辱己而正天下乎？"（9：7）我没有听说过自己
行为不正而去纠正别人的，更不要说侮辱自己的人格来匡正天下百姓了。
自己的行为不正，是不能纠正另外一个人的。如果伊尹使自己屈辱，通过
不正当手段来接近商汤，这种行为怎么能够扭转乾坤呢？可能在当时人的
眼里，伊尹成为有莘氏女（汤王的后妃）的陪嫁奴仆，是一种屈辱的行
为。伊尹不是为了个人私利，他没有必要求助于不正当的手段来接近汤
王。就如孟子开头所说的，如果伊尹想实行尧舜之道，仅仅靠他自己是不
行的。汤王派人"三顾茅庐"，这也许是天意。还有，如果商汤不是一个
诚心为百姓服务的君主，即使他接近了商汤，也不可能使之实行尧舜之
道。他又说，"圣人之行不同也，或远，或近，或去，或不去。归洁其身
而已矣。吾闻以尧舜之道要汤，未闻以割烹也。"（9：7）圣人的行为虽
然不同，比如远离君主，接近君主，留任朝廷，离开朝廷，这些都不能影
响君主自身在道德上无瑕。圣人不是以个人财富官位等为目的的。他们的

行为是受道德支配的。孟子说，我听说伊尹用尧舜之道来协助商汤，没有听说过切肉做菜的事情。尧舜之道没有必要通过偷偷摸摸的行为来表达。

从伊尹（孟子）所说的先知先觉者，我们可以作如下的推论：孔子的周游列国，以及孟子对于很多诸侯国王的进言，都说明他们有一种使命感，而这种使命是上天所赋予的。在《论语》中，我们看到这样的话："二三子何患于丧乎？天下之无道也久矣，天将以夫子为木铎"（3：24）；"子畏于匡，曰：文王既没，文不在兹乎？天之将丧斯文也，后死者不得与于斯文也；天之未丧斯文也，匡人其如予何？"（9：5）伊尹也算一个圣贤之师。圣贤之师具有改造世界和人民的责任。圣贤之师如伊尹、孔子者，是先知先觉，是上天先启蒙和教诲的对象，他们进而教育别人。"教师"，在这个意义上，就是上天与君主（和天下百姓）之间的桥梁。伊尹，作为圣贤之师，应该是孔子和孟子所认为的第二种选择，在做不了天子的情况下的选择。

四　孟子给予当代政治哲学的启示

根据以上所说，我们可以用孟子的引文来概括他的民贵思想："书曰：天降下民，作之君，作之师，惟曰其助上帝宠之。"（2：3）上帝派天子和圣贤之师来协助他爱护天下人民。民贵思想是以天为基础的，而不是以人为基础的。民为贵，这是对君主和圣贤之师而言的：他们是来协助上天，执行上天的意志的。

孟子的君权神授思想给我们当代政治哲学提供了一种新的思维。在本章的开头，我就提到，在民主与专制之外，有另外一种政治思想，那就是黑格尔的政治哲学。① 而孟子，与墨子一样，提出了自己独特的政治思想。这种政治思想是与目前世界学术界流行的潮流截然不同的。从孟子的"民贵"思想中，我们在研究当代政治哲学时，能得到什么样的启发呢？他的思想可以帮助我们从当代的思维的禁锢之中解放出来。

① 关于黑格尔的家庭与国家理论如何超越了近现代西方自由主义哲学，参看 Merold West-phal, *Hegel*, *Freedom*, *and Modernity*, Chapters 2 and 3, Albany, New York: State University of New York Press, 1992。

这里有一个关键性的问题：既然天意的核心内容是人民生活幸福和太平，那么，我们如何才能获得经济上的繁荣呢？物质财富不是天上掉下来的。近现代历史似乎表明（这也是研究此段历史的经济和社会理论的一个共识）：自由市场经济是经济发展的原因，而民主政体是自由市场经济的必然结果。如果在孟子的神权政治中，天子不能给天下百姓带来物质上富裕和社会安定，那么，他的理论就是空的。反过来说，孟子的神权政治的可行性，也就意味着近现代思想家关于政治和经济关系的理论有其局限性。我们如何才能认识到这个局限性呢？

目前西方学者提出了一个新概念："中国模式"。这是研究中国问题的西方专家对于中国几十年的改革开放作的新概括。那么，中国模式是什么意思呢？其表面和直接的意思是说，中国 30 年来，在现有的政治体制下，进行的经济改革是成功的，达到了长期稳定和经济发展的目标，也避免了世界经济危机的消极影响。西方的政治学家、社会学家以及经济学家，对于"中国模式"这个概念的理解其实背后有其深刻的思想背景。依据西方流行的政治和经济思想理论，经济发展是与自由市场经济分不开的，而自由市场经济要求民主的政体来保障经济人的利益，政府不干涉经济领域自身的规律（这个规律就是看不见的手）。比如，美国政府刚刚通过了一项决议，对华尔街进行大手术。这种行为是建立在经济危机的教训上的。过去美国政府认为，华尔街自身能够约束自身，它自己有自身的规律，不需要一个大政府来干涉市场。西方资本主义国家的繁荣景象，与第三世界的贫穷和落后，使得西方人想当然地认为，经济发展是与一定的政治制度联系在一起的，西方的民主政体与自由市场经济的关系是因果关系，或者共生现象。再加上近代西方历史上，科学技术的突飞猛进，经济的快速发展和财富的急剧增长，都是与自由市场经济和民主政体联系在一起的，这更坚定了西方人的信念：只有自由市场经济才能带来经济发展，而自由市场经济需要民主政体来保障，因为他们都把人看作一个经济人，有着同样的假设。与这一理论联系在一起的观点就是，如果实行自由市场经济，必然会促使经济发展，而经济发展必然会推动政治改革，因为专制的政治制度是经济发展的障碍和约束。这几乎成了西方人的绝对真理。

而中国进行经济改革，实行市场经济，却保留原有的政治体制。这在西方人看来，只有两种结果：要么经济发展到一定时期，会带来政治改革，要么这项改革是失败的。2008 年的世界性经济危机，证明中国不仅有能力抵御这场危机的影响，还能对世界经济的恢复起到很大的作用。所谓中国模式，首先暗示的是西方人的困惑：在现有的中国政治体制下，怎么可能会经济上繁荣昌盛呢？按照西方人的理论，现有的中国政治体制，只能是经济发展的绊脚石，是脚镣。西方主流社会思想实际上把自己禁锢在一个假设之中。尽管科学发展、市场经济、民主政体等都是在几百年间一起共同进步的，它们之间一定都有必然的因果关系吗？它们很可能是共生现象。经济发展未必一定要与自由市场经济和民主政体联系起来。中国模式，就是对这一假设的挑战。经济发展与某一政治体制也没有必然关系，更没有因果关系。所谓经济发展必然导致政治改革等，犯了类似的逻辑错误。经济发展，不仅与一定的政治体制没有必然联系，也与自由市场没有必然联系。

尽管西方主流的思想是批判马克思主义的，但是，它们与马克思主义具有共同的理论假设。马克思认为，生产力与生产关系的发展，必然引起上层建筑的变革。资本主义市场经济的发展，科学技术的发展，必然会使得资本主义政治体制成为进一步发展的障碍和绊脚石，必然会引起社会体制的大变革。资本主义是自身的掘墓人。在逻辑思维上，马克思主义与西方社会理论有着共同的因果关系的假设：一定的经济关系与一定的政治制度有着因果关系，而且经济发展必然带来政治改革。这是一种简约主义（reductionism）思维。

这就意味着，经济的发展既与市场经济机制无必然关系，也与民主政体或者专制政体无必然联系。经济发展与孟子式的神权政治的体制至少不是矛盾的。

因而，中国模式，一方面表达的是西方人的困惑，不能用现有的经典的理论假设来理解中国社会；另一方面，它是对现有社会理论假设的挑战。中国模式是对于传统的西方社会理论（政治、经济、社会学等）的解构。中国学者所要做的，不是对于中国现有的经济成就而沾沾自喜，而是要探索新的社会理论，包括新的政治哲学。

经济的繁荣与政治制度之间没有必然性的关系，这也是符合孟子的神权政治思想的。人民富裕，国家安定，世界太平，这是天意。经济制度以及政治体制，这些都必须放到天与民之间的关系中来考察。人民享有自由权利，生存发展权利，这些人权都是上天赋予的，政治家和政治制度是为这个目标服务的。也就是说，判断一个政治体制、经济制度等是不是合理的，关键就看它能不能协助上天来爱护天下百姓。

因此，神权政治理论对于具体的政体，无论是民主的还是集权的，一个最基本的要求就是：无论是多数人的意志，还是少数人的意志，都必须以天的意志为根本目的。所有的政治和经济活动都服务于这一目的。自由主义经济和政治思想的一个核心概念是私人所有制（private ownership），而马克思主义是公有制。孟子则反对任何形式的所有制，因为只有上天拥有一切。在前面我们看到，小国事大国所说的就是，无论是君主的地位，还是国家的土地，都是为了养活民众的。而养活民众，这是上天的意志。土地既不属于个人，也不属于国家，而是属于上天。只要是建立在这个思想的基础上，民主政体也好，集权制度也罢，都可以具有同样的功能。在神权政治的框架之中，可以有非常不同的经济和政治体制。对于这些现有和可能的体制的研究是政治哲学的任务。

如何发展新的政治哲学理论呢？是不是在书斋里苦思冥想呢？不是。这就既要求我们面对现实生活，又要求我们对于中国古代文本进行新的解读，要尽可能抛弃自己原有的西方思维模式，发现古代文本中本来就具有的思想。孟子的"民贵"思想与墨子的兼爱哲学，提供了新的思维。在研究古代思想的时候，一定要区分开具体的思想所包含的具体的历史社会内容和这个思想的普遍形式。也就是说，某一种思维方式很可能是体现在一定的具体的理论内容之中，它与这一理论内容没有必然的一体性关系。这种思维方式可以在不同的理论中得到体现。

结　语

孟子的政治哲学为我们发展当代中国政治哲学提供了新的思维方式。这种思维方式克服了西方政治哲学主流的基本理论假设。研究中国政治哲学，不是如何把中国古代哲学思想进行削足适履，以便适应西方现代哲学的基本框架，而是比较两者的理论前提，避免盲点和武断，找出新的问题生长点，发展具有真正坚实基础的政治理论。

第六章 《尚书》中以"天"
为核心的政治神学

——论《尚书》是墨家经典著作①

"皇矣上帝，临下有赫。监观四方，求民之莫。"（《诗经·大雅·皇矣》）

"天命有德，五服五章哉；天讨有罪，五刑五用哉；政事懋哉懋哉。天聪明，自我民聪明；天明畏，自我民明威。达于上下，敬哉有土。"（《尚书·皋陶谟》）

"上尊天，中事鬼神，下爱人。"（《墨子·天志》）

"有子曰：其为人也孝弟，而好犯上者，鲜矣；不好犯上，而好作乱者，未之有也。君子务本，本立而道生。孝弟也者，其为仁之本欤！"（《论语·学而》）

引 言

《尚书》被看作传统"五经"之一，记载了夏、商、周上古时期政治生活，很多篇章保留了当时的政治公文面貌。毫无疑问，《尚书》具有极高的史料价值，是理解夏、商、周的社会政治生活不可或缺的资源。在哲学上，《尚书》具有什么样的价值呢？在本章中，我将基于对《尚书》文本的解读，论证这么一种观点：《尚书》中所包含的哲学思想与后来的道家、儒家、墨家、法家等相比，毫不逊色，具有一套在体系上完整的以

① 本章主要内容发表在《儒家文化研究》第 6 辑（2013 年）和《政治与人：先秦政治哲学的三个维度》（2012 年）一书中。

"天"为核心的政治神学。本章要论述的有两点：第一，挑战这么一种假设，即《尚书》是儒家经典著作，论证《尚书》实际上是墨家经典。真正继承了殷朝和西周的文化和信念核心思想的是墨家，而不是儒家。第二，在《尚书》中有一种全新的关于"革命""民主"（《尚书》词汇）的政治哲学思想，在这里，革命是基于天或者上帝的根基，而民主是天之子，其权威来源于天，服务于天下百姓的。但是，在 20 世纪的中国，"革命"与"民主"可以说是政治思想和政治生活的核心，与之有关的争论，无论多么不同，总是涉及人与人之间的关系，是一个阶级为了自身的利益革另外一个阶级的利益，是多数人争取自身权利的民主。

《尚书》，作为中国古代最古老的哲学著作，与后来的先秦诸子百家的著作相比，在思想上和语言表达上，都是非常成熟和清晰的。但是，在当今学术界，与对诸子百家的重视程度相比，可以说，《尚书》被自觉或者不自觉地忽视了，在中国古代哲学史的论著中，也是被边缘化的。这种被边缘化、被忽视，不是《尚书》本身的问题，而是我们自己的学术视野出了问题。由于受所谓"现代性"（甚至是几千年儒家思想）的影响，受西方哲学思想框架的约束，我们根据自己的"前见"或者"偏见"来阅读古代文献，其结果，我们会看不到在古代文本中非常明显而有价值的东西。这种"偏见"对于超越它视野的东西的反应表现在两个方面，一是"视而不见"，二是"固执己见"。这里我用两个故事来说明。

一位美国哲学教授 2009 年在武大讲学期间，曾经讲了这么一个故事。他的一位同事是物理学教授，讲授"光、色、视觉"（Light, Color, and Vision）这门课很多年了，有一个学期，他给很多艺术系的学生讲这门课。与以往一样，他把光谱仪设置好，让学生仔细观察并画下他们所看到的东西。当在批阅学生的作业的时候，他发现，学生不仅画了他所期待的光谱上的光线，而且有很多在光谱线之外其他的光线，不是只有个别学生这么做。于是他重新设置光谱仪，看看哪里出了问题，他怀疑有些功能出了问题。当他设置好仪器，审视光的图案，他发现，学生所画的其他光线，本来就在那里，只不过他多年以来把它们作为无关紧要的东西，而无视它们。他一直是以物理学家的眼光观察光谱，把注意力集中在他认为有关的东西上，但是，艺术系的学生背景不同，他们是从绘画的明暗角度来画他们看到的所有的东西。这位物理学教授由于自己的"前见"而把自己眼睛部分地遮住了。

我们有时候（或者往往）并不是如那位物理学教授那样，能认识到自己的局限。我们还会固执己见。乌龟有一个鱼朋友，他告诉这个鱼说，他刚刚从陆地爬行回到湖里面来。鱼说，"当然，你指的是游泳"。乌龟试图给鱼解释说，在陆地是不能游泳的，因为陆地是硬的，只能在上面走。但是，鱼坚持说，不可能有那样的东西，土地也应该如湖一样是液体，有波浪，而且，必须能跳水与游泳。这条鱼坚决否认任何自己不能理解的东西与不能验证的东西。①

阅读古代文献，不能臆断，不能把自己的观点强加在文本上，要听文本的声音。在阅读《尚书》时，我们要倾听中国上古政治家的声音，要同情性地理解，要尽可能地表述他们的思想。

本章的思路是这样的。在第一部分，论证殷商和西周时期的以天命和"德"为核心的宗教信仰是政治理想的基础：敬天、孝祖、保民，这三者是殷周政治神学的基本概念。进而，利用作为反映殷商和西周生活的经典著作《诗经》来证实上述观点。再与《墨子》联系起来，论证真正继承殷商和西周主流思想的是墨家，而不是孔子。在第一部分的基础上，第二部分主要是对于《尚书》的解读，揭示《尚书》在精神实质上与《诗经》和《墨子》的相似性。

一 殷周的核心信念·《诗经》·《墨子》

（一）

陈荣捷花了十多年编辑了一本关于中国哲学的史料选集，并翻译成英文，1963 年由美国普林斯顿大学出版社出版，这本书对于西方学术界学习和理解中国哲学和文化产生了非常大的影响。陈荣捷在这本书第一章，宣称如果用一个词来形容中国哲学的全部历史的话，那就是"人本主义"（humanism），并认为，从商朝到周朝，再到孔子，这一个人本主义生长

---

① Walpola Rahula, *What the Buddha Taught*, revised edition, with a forward by Paul Demieville, London and Bedford: The Gordon Fraser Gallery Ltd., 1978, p. 35.

的过程，在孔子思想中达到了顶点。① 陈荣捷所理解的"人本主义"是什么呢？"人，通过他的道德行为，现在能够控制他的命运"（man, through his moral deeds, could now control his own destiny）。② 陈荣捷所说的人本主义的生长或发展，实际上就是人逐渐抛弃关于"上帝"和"天"的信仰，把思想的中心从天上转移到地上。他的话包含了这么一个非常重要的信息：孔子对于殷朝和周朝文化的继承，是有所选择的，那就是，抛弃了关于上帝和天的信仰。③ 陈荣捷的观点可以解释《论语》中的一些话："子曰：周监於二代，郁郁乎文哉！吾从周。"（3：14）"子曰：行夏之时，乘殷之辂，服周之冕。"（15：11）"子曰：述而不作，信而好古，窃比於我老彭。"（7：1）④ 孔子认为，周朝继承了夏商文化，而自己也希望承接下去。这就是他的"述而不作"。问题的关键是，孔子"述"的是什么？他不是毫无保留地"述"前代所有的东西，而是具有选择性的。可以毫无争议地说，"仁"和"礼"属于《论语》的核心概念。孔子曾慨叹说，"子曰：我未见好仁者，恶不仁者。好仁者，无以尚之；恶不仁者，其为仁矣，不使不仁者加乎其身。有能一日用其力於仁矣乎？我未见力不足者。盖有之矣，我未之见也"（4：6）。这既是对于陈荣捷的"人能够自己控制自己的命运"的话的佐证，也表明了孔子的基本思维方式。我们的问题是，孔子究竟抛弃了前代的哪些东西，而这些东西对于前人来说其重要性又如何呢？下面，我要论述的是，孔子没有继承的东西，恰恰是夏、商、周人的核心信念，后来又体现在一般普通人身上，这一点反映在孔子之后的墨家思想之中。

　　需要说明的是，有一个非常普遍的假设，认为在殷朝，人们信奉

---

　　① *A Source Book in Chinese Philosophy*, Princeton, NJ: Princeton University Press, 1963, pp. 3-4.

　　② Ibid. , p. 4.

　　③ 在《孔子是无神论者吗?》（2009 年武汉大学哲学学院中西比较哲学和比较文化观音湖会议发言稿；后以《孔子：无神论者抑有神论者?》为题发表于《儒林》第五辑，上海古籍出版社 2016 年版）中，我论证说，就《论语》的核心体系而言，上帝或者天的存在是多余的，但是鬼神的存在却是必要的。孔子之所以有时候表达出对于天的信仰，那仅仅是一种习惯性用语，反映的是当时普通人对于天的真正的信仰，并不代表孔子真正信仰天或者上帝。

　　④ 这里我用的《论语》版本是杨伯峻译注的《论语》，中华书局出版，2008 年重印。所引句子用数字来表明篇章，比如 3：14 是指第三篇第 14 章。

"上帝",到了西周,逐渐信奉"天",而且认为,天命说是周公旦提出的。陈荣捷认为,在商朝,"祖先或者被等同于上帝,或者被认为是上帝传送请求的中介"。而在周朝,天成了最高的精神实在。① 北京大学哲学系中国哲学史教研室编写的《中国哲学史》(上册)是这么说的:"商奴隶主贵族,为了加强其统治,炮制了一个天上和人间、社会和自然的最高主宰'帝'或'上帝',制造了政权神授的谎言。""周奴隶主贵族首先把'上帝'和祖先分开,加强了'上帝'这个至高无上的绝对权威,从而提出了'天命'说(天的意志或天的命令),来论证自己统治的合理性。"周公旦"为了巩固周王朝的统治,他采取了一系列的措施,发表了一整套思想统治的言论。'天命'说可以说是他炮制的"。② 冯达文、郭齐勇主编的《新编中国哲学史》(上册)也认为,从商朝到西周,发生了"'帝'向'天'的转换"。③ 我认为,无论是"帝""上帝""天",在商朝和西周时期,其含义都是差不多的,没有什么区分。天或者天命,在商朝就已经存在,而上帝在商朝以后更是一直存在于人们头脑和文献之中。在《诗经·商颂》中,我们可以看见到,上帝或者天没有区分。《诗经·商颂·烈祖》是商王祭祀先君的颂歌,其中有这样的句子:"我受命溥将"(我接受天之命广而长久),"自天降康"(从天而降的和平)。④《诗经·商颂·玄鸟》是商王祭祀殷王武丁的乐歌,其中有这样的句子:"天命玄鸟,降而生商,宅殷土芒芒。古帝命武汤。"上天命令黑燕降临,建立了商朝。上帝降命于商汤。这里我们看到上帝与上天是一个意思。"商之先后,受命不殆。"殷商历代先君,接受天命不怠慢。这与西周所说的天命无异。"殷受命咸宜,百禄是何。"殷朝接受天命,称王于天下,蒙受天恩百福多。在《诗经·商颂·长发》中有类似的句子:"帝立子生商""帝命不违""上帝是祗帝命式于九围""何天之休""何天之龙""允也天子"。最后一句说,商汤不愧为天子。在《诗经·商颂·殷武》中,我们看到,有"天命多辟""天命降监"的句子。显然,天命的思想

---

① *A Source Book in Chinese Philosophy*, Princeton, NJ: Princeton University Press, 1963, p. 4.

② 北京大学哲学系中国哲学史教研室:《中国哲学史》(上册),中华书局1980年版,第7—9页。

③ 冯达文、郭齐勇主编:《新编中国哲学史》(上册),人民出版社2004年版,第15页。

④ 我用的版本是,姚小鸥:《诗经译注》,当代世界出版社2009年版。

不是周人的杜撰。所以，侯外庐等在《中国思想通史》（古代思想·第一卷）中是这么说的："周人在世界观方面并没有多大的成就，其所谓'天'与殷人所谓'帝'，字面虽有不同（其实周人亦习用'帝'字），实质上依然是'周因于殷礼'的人格至上神；其信'天'的说话，固不必论，即其怨骂'天'，怀疑'天'的说话，亦绝非出于无神论的否定态度，反而与殷人同样保持着有神论的传统。"① 不仅西周人习惯用"帝"，殷商也习惯用"天"。在《诗经》中，反映西周人思想的诗篇中，多处可以看到"上帝"与"天"并举的例子，比如，"昊天上帝"（《诗经·大雅·云汉》）。因此，在上帝与天之间作区分，没有实质性的意义。

下面，我首先应用侯外庐等对于殷商和西周思想的论述，然后引用《诗经》来支持他的观点，再应用《墨子》来作对照，试图证明这么一个观点：真正继承殷商和西周文化核心思想的是墨子，不是孔子。就如侯外庐等人说的，孔子"虽然依据了诗、书、礼、乐的全盘西周形式，但从积极意义上讲来，他具有改良古代宗教的精神"。② 如果我们模仿陈荣捷的话，我们可以说，孔子用"人本主义"的精神内核改造了西周的诗书礼乐，消除了"天""帝"思想。孔子的"作"是在有选择性的"述"之中体现出来的。

（二）

侯外庐主编的《中国思想史纲》对于殷商和西周时代人的信仰的概括是非常具有深刻洞见的。书中指出："殷人认为在叫作'下'的人的世界上面，还有叫作'上'的神的世界。他们按照当时社会中阶级对立的状况，幻想在'上'界里有一位至尊无上的大神'帝'（或称'上帝'），其属下有许多臣吏。殷人还崇拜一些自然神，如日、风、云、四方、上河等。对于祖先的奉祀也是宗教的重要部分，有时在祀典时对上帝、自然神和祖先是不分别的。"③ 除去侯外庐按照阶级论所作的分析外，这几句话的含义是：第一，在殷朝人的思想中，有两个世界，一个是人的世界，另

---

① 参看侯外庐、赵纪彬、杜国庠《中国思想通史》（古代思想·第一卷），人民出版社2004年版，第36页。

② 同上书，第41页。

③ 侯外庐主编：《中国思想史纲》，上海世纪出版集团2008年版，第22页。

外一个是神的世界，而神的观念包括上帝、自然神以及祖先等；第二，祭祀的对象虽然有别，祭祀的方式可能是一样的，或者说，一个祭祀可能是同时针对上帝、自然神以及祖先的；第三，殷人对于上帝、自然神以及祖先是有清晰的区分的，不会把自己的祖先当作上帝看。① 在中国宗教文化中，祭祖固然重要，但是，对于自然神（比如山神、龙王等）以及上帝的祭祀，并不比祭祖的重要性低。侯外庐紧接着上面的话说，"殷人以为战败、疫病、噩梦等都是死去的祖先或者亲属作祟，因而必须经常举行祭祀，祈求福佑。王和贵族们有疑难事情一定要求神问卜，烧灼龟甲或兽骨，看甲骨上裂痕（'兆'）的形状，借以'决定'吉凶"。② 祭祀祖先并非一定是出于孝心，很可能是为了消灾解难。祭祀是人类世界与神的世界之间的一种沟通，祈求保佑或者消除灾难。祭祀是一种单方向的沟通，是人类向神表达自己愿望的活动。如何才能知道鬼神如何想的呢？对于这个世界将要发生的事情，人们无法预料，但是鬼神可以预知，人们希望鬼神能将所预知的告诉人类，这就是占卜的作用。祭祀与占卜都说明，人不是最有智慧的，也不是这个世界的中心。"史称商人尊天事鬼"，③ 殷商的"尊天事鬼"，与《墨子》的核心思想——尊天、事鬼、爱人，两者何其相似。

在前面我们引用的《诗经·商颂》中已经看到，国家最高统治者是"天子"（"允也天子"）。侯外庐说，"在周王国里，国家的最高统治者是王（或称'天子'）"。④ 西周的天命思想仅仅是对殷商关于两个世界的思想的继承。侯外庐根据《尚书》，是这么概括西周天命观的："'天命'意即天的命令"，"奴隶制国家的统治者是承受天的命令来进行统治的，然而天只选择有'德'的贵族作人间的统治者。殷的先王由于对天敬畏，能够'经德秉哲'，所以得到天命；但到了末代殷王——纣，却好酒失'德'，天就转而命令有'德'的周统治者把殷灭亡了。因此，殷的灭亡

---

① 曾经有学者认为，上帝就是祖先，在中国古代没有上帝的观念，因为中国人只知道祖先。这是完全错误的观念，是试图把自己的思想强加给古人的做法。在墨子哲学中，我们同样可以看到天、鬼、人之间的区分，也还有自然神存在的观念。

② 侯外庐主编：《中国思想史纲》，上海世纪出版集团 2008 年版，第 22—23 页。

③ 同上书，第 23 页。

④ 同上。

和周的继兴，完全出于天对于'德'的统治者的喜好，因此也只有有'德'的统治者才有资格来配祀上帝"。①

那么，什么是"德"呢？"第一是敬天，即虔诚地崇奉上帝。第二是孝祖，即继承先王、先公的功业。第三是保民，即巩固对人民大众的统治。合乎这样的标准的贵族，就是有'德'；相反，就是失'德'。由此可见，'天命'和'德'这两个观念是有着宗教的兼伦理的联系的。"②在西周，"德"的含义更加接近后来墨子的思想。敬天、孝祖、保民的公式与尊天、事鬼、爱人几乎是一样的。需要特别强调的是，"'德'是对天而言，'孝'是对祖先而言"。③ 以德配天，就是要服从天命。这里的"德"与后来儒家（孔子）哲学中理解为人的一种道德修养和人格是完全不同的。在儒家哲学中，"德"的核心内涵是"孝"，"孝"是人与（先）人之间的关系，而在西周人的思想中，"德"是人与天的关系。"德"首先是与天联系起来，然后体现在人与人之间的关系上；换言之，"德"的根源是天命，德的内容是保民或者兼爱。西周思想中的这两种关系，在孔子哲学中，后者吞噬了前者，消解了前者。这也是陈荣捷所说的人本主义思想成长的过程的结果。

（三）

侯外庐对于殷商和西周的思想的概括准确不准确呢？我们上面已经引用了《诗经》中的《商颂》。这里，我们再引用《诗经》中关于西周的思想，来证明殷商和西周在思想和信仰上没有发生根本性的变化。

侯外庐所说的"上""下"两个世界在《诗经》中究竟是如何说的呢？在《大雅·皇矣》的开头，我们看到，"皇矣上帝，临下有赫。监观四方，求民之莫"。光明伟大的上帝，君临世界，监视整个天下，谋求人民的安定。上帝的"上"，与人类的"下"，是权威的关系，不是空间位置的差异。上帝无时无刻不监管着天下人，为的是谋求人民的幸福。这四句话，实际上与甲骨文中的"天"字的含义是一样的。在甲骨文中，

---

① 侯外庐主编：《中国思想史纲》，上海世纪出版集团 2008 年版，第 24 页。

② 同上书，第 25 页。

③ 同上。

"天"像人之正立形，突出其头部，即最上面的不是一横，而是一个代表
人头的圆圈。这是什么意思呢？天是通过人来表达出来的，天不是指天
空。对于人来说，头是最高的，在人头之上的，显然是比人更高的权威，
这就是"上天"的意思，殷商和西周也称为"上帝"。我们再次提醒，那
种认为从殷商到西周有一个从"上帝"到"天"的转换的说法，是值得
怀疑的，而且这种怀疑是有根据的（文本的和思想上的）。上帝与这个世
界的关系是什么呢？上帝是爱护人民的，即"保民"。如何保民？这就引
申出"天子"与"天命"的观念。天子是负有上帝之命的在这个世界上
的代理人，是为了谋求人民幸福的人。《皇矣》开头的四句话，可以说也
是《墨子》哲学的核心思想："监观四方，求民之莫"，翻译成墨子的话，
就是"兼爱"。保民，或者，兼爱，其根源不是来自某个人，而是来自上
帝或者天。

　　天子的功能就是完成上帝的"监观四方，求民之莫"的任务。上帝
对于人间所发生的一切都一目了然，上帝不是人间中的一员，他可以看到
一切。所以，在《大雅·抑》中，有慎独的思想："相在尔室，尚不愧于
屋漏。无曰'不显'，莫予云觏。神之格思，不可度思，矧可射思。"
（《大雅·抑》）不要以为自己独自处于一个房间，没有人能看到，事实上
神灵能观察一切。神明的降临，无处不在，不可揣测神意，对于神灵不能
有丝毫怠倦。在天子之上，有更高的权威，而且这个权威是时时刻刻在监
视着君王的所作所为，甚至思想。这是多么可怕的负担！"昊天孔昭"
（《大雅·抑》）：昊天在上，明察秋毫。既然天意不可揣测，不可察知，
在这个世界上，"辟尔为德，俾臧俾嘉。淑慎尔止，不愆于仪，不僭不
贼"（《大雅·抑》）。要在行为、容貌、举止等方面符合礼仪，光明正大。

　　天子与某一个统治者是不能画等号的。人可以服从上帝的命令，也可
以不服从。《诗经》和《尚书》对此说得很多。比如，商汤是真正的天
子，而纣则是一独夫，他们两个人的身份的不同是与天的关系的不同造成
的，也就是说，商汤有"德"，而殷纣失"德"。"德"的内容就是天命，
就是保民，就是兼爱。《皇矣》叙述从殷商到西周的天命转换的时候，是
这么说的："上帝耆之，憎其式廓。乃眷西顾，此维与宅。"上帝考察人
间，憎恨殷商奸虐人民，于是钟爱地看着西边的周国，赐予他们土地。为
什么上帝对殷商和西周统治者的态度不一样呢？"帝迁明德"，上帝亲近

明君。"天立厥配",上天扶助明君。(这里再次看到,上帝与上天是通的。)上帝或者上天立有德之人为配,这个"配"或者"配天"就是指与天或者上帝类似,都爱护天下百姓。只有天子才能与天为配,成为天在地上或者天下的代理人。天下是什么意思呢?从某种意义上说,可以指土地。土地是上帝赐予的,所以土地是属于上帝的,土地的功能就是用来供养百姓的。不仅统治者的权威或政权的合法性来自天或者上帝,领土也是属于上帝或者上天的。这也是国际政治的一个基本原则①。《周颂·天作》也表达了类似的意思:"天作高山,大王荒之。彼作矣,文王康之。"上天创造了巍峨的岐山,太王开拓并扩展它。太王已经建立了基业,文王继承了太王的事业。岐山是周建国的地方。这首诗没有赞美太王如何占据了一块土地,依靠自力更生,艰苦奋斗,扩大了疆土,建立了伟业,而是把岐山看作上天赐予的礼物。国家的根基应该是天命,不是个人的智慧和品性。文王继承的既是太王的事业,也是天命。

上帝不仅"监观四方",还直接命令天子②。在《皇矣》中几次提到"帝谓文王"。"帝谓文王,予怀明德,不大声以色,不长夏(夏)以革。不识不知,顺帝之则。"上帝对文王说,我喜欢明德之君。明德的内容是什么呢?对下级,不发号施令,以权势压人;对别国,不依仗武力进行侵略。也就是说,不要利用权力和武力为自己服务。君王不要自作主张,要非常自然地(不识不知)服从上帝的命令。因此,明德有否定和肯定的方面:否定的方面是不以自己为中心,不凌驾于他人;肯定的方面就是要按照上帝的命令去做。"不识不知,顺帝之则",讲的就是,在伦理和宗教方面,最重要的不是自己去指定和发现什么行为规则,而是在自己的行动中实现最为明了、人人皆知的规则。"顺",既是服从,也是贯彻。在"顺"之中,成就一个君王。

《大雅·大明》中表达了从殷商到西周的天命转移。"明明在下,赫赫在上。天难忱斯,不易维王。天位(立)殷适(敌),使不挟四方。"

---

① 在《超越民主:孟子的"民贵"思想》一文中(《比较哲学与比较文化》第二辑),我提到,在《孟子》的政治哲学中,土地或者国家不是属于人类的,是上天赐给人类,为人类谋求福利的。

② 在现象学中,这两种关系被称为"逆意向性"。参看 Merold Westphal, "Inverted Intentionality: On Being Seen and Being Addressed", in *Faith and Philosophy* (2009), Vol. 26, Issue 3。

（《大雅·大明》）这段话的大意是，光明伟大的上帝在上，在下的君王应该勤勉圣明。上天之命难以测定，在位的君王应该如履薄冰，小心翼翼。由于纣王违背了上天的意志，成为上天的敌人，失去了统治四方的合法地位。这里说的与《大雅·皇矣》是一样的，有两个世界，上天与地上，君王应该意识到上天"监观四方"，勤勉执政。上天对于君王的行为无所不知，而君王对于上天的意志却难以测定。"天监在下，有命既集。"（《大雅·大明》）上天监察人间，把命（君王之位）赐予文王。"有命自天，命此文王。"（《大雅·大明》）大命从天而降，赐天命（君王地位）于文王。这与《大雅·文王》中说的"周虽旧邦，其命维新"是一个意思：虽然是古老的邦国，由于承受了天命，建立新朝。文王是如何做的呢？"维此文王，小心翼翼。昭事上帝，聿怀多福。厥德不回，以受方国。"（《大雅·大明》）文王执政后，谨言慎行，侍奉上帝，行事光明（明明在下），因此得到上帝赐予的天禄（君王权利）。牧野之战时，"上帝临女，无贰尔心"（《大雅·大明》）：上帝在天保佑你们，不要怀有二心，要奋勇杀敌（殷商）。西周战败殷商，凭借的不单纯是自己的武力，更重要的是，这是天命的转移。这里我们还注意到，"上帝"与"天"是并列的，没有实质性的区分。

在《大雅·文王》中，有"天命靡常"的著名命题。对于这个命题有一种误解，认为这里面包含了一种对于天命怀疑甚至否定的态度。实际上，这个命题恰恰说明天命本身的特点。"假哉天命"，（《文王》）天命的伟大，就在于它不能等同于任何人的意志，这是天命的超越性。"上天之载，无声无臭"，（《文王》）这与"天命靡常"是一个意思。上天的意志，难测难知。这不是对上天的怀疑，而是强调在上帝面前，要诚惶诚恐，竭尽全力，侍奉上天。如何才能够使得上天满意，这是君王的首要职责。文王对此应有清醒的认识。"无念尔祖，聿修厥德。永言配命，自求多福。殷之未丧师，克配上帝。宜鉴于殷，骏命不易。"（《文王》）殷商之初，以德配天。后因其失德，天命转移。因此要以殷商为镜。

在《大雅·荡》中，是这样表达天命靡常的："荡荡上帝，下民之辟。疾威上帝，其命多辟。天生烝民，其命匪谌。靡不有初，鲜克有终。"（《大雅·荡》）前四句话是以怨恨的口气表达出对于作为最高权威的上帝的惩罚的不可理解；后面的话是说，上天之命，难测难寻，从古到今，天命开始降临，但是没有几个能善终的，意思是说，终被天所弃。上天对人间的恶行是要惩罚的。如何惩罚呢？"天方艰难，曰丧厥国。取譬不远，昊天不忒。"（《大雅·抑》）上天降下灾害，国家灭亡。这样的事例非常之近（殷商的命运）。高高在上的上帝，赏罚不爽。在《大雅·桑柔》中，我们看到此类的哀叹，"我生不辰，逢天僤怒"：我生不逢时，苍天对人间之恶非常震怒。"天降丧乱，灭我立（粒）王。降此蟊贼，稼穑卒痒"：上天降下祸乱，灭我五谷之王。上天降下虫害，庄稼都受害。"倬彼昊天，宁不我矜"：昊天在上，怎么不可怜我的痛苦？此句与"荡荡上帝，下民之辟。疾威上帝，其命多辟"（《大雅·荡》）非常类似。"国步蔑资，天不我将"（《大雅·桑柔》）：国运艰难，无可求助，昊天在上，不相辅助。而在《大雅·板》中，多次提到上帝的惩罚："天之方艰，无然宪宪"（《大雅·板》）：上天降灾，下土之人，无可欢喜。"天之方虐，无然谑谑"（《大雅·板》）：上天降祸，人民无可戏乐。"天之方懠，无为夸毗"：上天将大怒，不能再如以往侍奉君王。"敬天之怒，无敢戏豫。敬天之渝，无敢驰驱。昊天曰明，及尔出王。昊天曰旦，及尔游衍"（《大雅·板》）：对于天之怒，要敬畏，不可当作儿戏。敬畏天意，不能恣意妄为。上天在上，明察秋毫，对于自己所做的一切，都要小心翼翼，不可无度。在《大雅·云汉》中，把大旱（"旱既太甚"）看作上帝的惩罚："昊天上帝，则不我遗"；"昊天上帝，宁俾我遁"；"昊天上帝，则不我虞"；"瞻卬昊天，云如何里"；"瞻卬昊天，曷惠其宁"（《大雅·云汉》）。上天啊，你为什么降下大旱，让我们生活困苦，对我们不管不问，我是多么的忧愁，希望你赐给我们安宁。把自然灾害看作上帝对人的行为的惩罚，以及人与上帝之间的关系是一种被监观和监观的关系，这在《墨子》中有着突出的表达，而在《论语》的主体思想中是没有的。

前面，我们看到，侯外庐认为，"德"是对天而言的。在《大雅·烝民》中有这样的表达。"烝民"是指人类，这里的"民"是人的意思。"天生烝民，有物有则。民之秉彝，好是懿德。天监有周，昭假于下。保兹天子，生仲山甫。"《大雅·烝民》这首诗是赞美仲山甫的，仲山甫是上天赐予周王朝的一个礼物，协助周宣王治理国家，在天与天子之间，天子与仲山甫之间，都是一个"德"字联系起来的。天创造了人类，而世间万事万物都有其遵循的规则或准则。人类应该秉有的是爱好美德。上天监察周王朝，光明之光降临人间，周王承接天命，统治天下。"昭假于下"可以理解为赐给周王天命，周王的统治是建立在天意的基础上的。一人不可能治理整个天下，需要贤良之臣来辅助，仲山甫可以被看作"三公""诸侯"等的代表。在《墨子·尚同》篇中，我们看到，设立天子之后，派"三公"等协助天子治理天下。臣之所以侍奉天子，就其根本原因而言，是侍奉上天。政权的合法性来自上天。美德的体现就在于如何服务人类，而服务人类就是服从上天的命令。"夙夜匪解，以事一人"（《大雅·烝民》）：日夜为政，不敢懈怠，勤勤恳恳侍奉一人。表面上看，这是描述仲山甫如何侍奉周宣王，而事实上，仲山甫对于周宣王的忠诚，就是对于上天的忠诚，因为天子是上天在这个世界上的代理人。

在《大雅·江汉》篇，通过对天子的赞美和祝福，表达的不仅仅是对天子本人的歌颂："明明天子，令闻不已。矢其文德，洽此四国。"（《大雅·江汉》）勤勉的天子，美名远扬，这是因为他用礼乐教化天下，协和万邦。"天子万寿""天子万年"，（《大雅·江汉》）不是指天子本人永生不死，而是指天子之德光芒四射。把"德"与天命联系起来，就能明白人与天之间的关系，可以这么说，"德"的意思是指"得到天命"。既然是得到天命，也能失去天命，失德就失天命。我们今天说的"以德治国"，在《诗经》中，"德"不仅仅是个人修养的品德，更主要的是指来自天的命令。以德治国，就是要把政治权威建立在天命的基础上，不是依赖于政治家的个人品行和修养。对此，在《周颂·昊天有成命》《周颂·维天之命》等诗篇中表达得非常清楚。"昊天有成命，而后受之。成王不敢康，夙夜基命宥密。於缉熙，单厥心，肆其靖之。"（《周颂·昊天有成命》）伟大的上天有其定命，文武而王承而接之。周成王不敢自己安乐，日日夜夜恭恭敬敬侍奉天命。多么光明正大的周成王，诚实而仁厚，因此天下和平安宁。

《周颂·维天之命》是周公摄政五年之末所作，它更能体现西周的核心思想。"维天之命，於穆不已。於乎不（丕）显，文王之德之纯。假以溢（谧）我，我其收之。骏惠我文王，曾孙笃之。"（《周颂·维天之命》）文王受命于天，始能得天下。天命高高在上，从没有停止过，这是因为文王之德纯净无杂，伟大而显赫。国家的安宁是与文王之德分不开的，周王朝的子孙后代应该承接与奉行文王之德。这里，我们看到，对于周公来说，天命是与文王之德联系在一起的。这首诗包含了侯外庐所说的德的三个内涵：敬天、孝祖、保民。周公一开始就表达了对于天命的敬畏，进而赞美文王之德的伟大，表示要继承和奉行文王之德，这是孝祖与保民。

德与孝既区分，又因天命而联系在一起。"我将我享，维羊维牛，维天其右之。仪式刑文王之典，日靖四方。伊嘏文王，既右飨之。我其夙夜，畏天之威，于时保之。"（《周颂·我将》）这是武王出兵伐纣前，祭祀上帝与文王，祈求保佑的乐歌。与《周颂·维天之命》在格式上非常相似，先是敬天，再是孝祖。天在先，祖在后，畏天敬祖。诗词说，我用肥壮的牛羊来祭祀，期盼上帝来保佑周邦。效法文王之德（典），日日谋划平定四方（天下）。敬畏天命，希望上天保佑周王朝。这里武王伐纣，被看作替天行道，继承文王事业，安定四方的战争。这又是一个敬畏天命，孝顺祖先，爱护天下人的德的内涵的展示。

《周颂·思文》是祭祀周人始祖的乐歌，反映的思想也是"德"的三个内涵。"思文后稷，克配彼天。立我烝民，莫匪尔极。贻我来牟，帝命率育。无此疆尔界，陈常于时夏。"后稷祖，其德配天。为我众多百姓谋求安定，万众奉为准则。上天通过后稷祖赐给我们大麦小麦，养育人类。不分彼此之疆界，周王施行农政于天下。这首诗以纪念后稷为引子，表达了天命之德的含义：为人类谋求福利。后稷祖，德配上天：德就是为人类谋福利的。谋天下之大利，不分你我，都是天之臣民。正是在这个意义上，后稷祖的"德"与天之德相似。后稷祖为普天之下之楷模，因为他与上天一样，把天下人看作一家，为人类服务。这与《墨子》中谋天下之大利的意思是一样的。

以德配天，这个德不是指个人修养好，而是指模仿天之养育天下人之德。因此，德在其源初的意义上，适用于天或者上帝，其次，才用于为天的代理人，天子。天命，就是替天行道，就是为天下人谋和平和福利。尽管德是对天而言，孝是对祖先而言，但是，在继承祖先所具有的德或天命的意义上，孝的内容与德是一致的，孝应该基于德。两者不是分开或者并行的。而保民（民指普天下人）则更进一步说出了天命和德以及孝的含义。

在前面，我们看到，即使那些怨骂的诗句也不是在否定天或者上帝，不是无神论思想。恰恰相反，这些怨恨和责骂之所以有意义，必须以天命思想为前提。这里，我们来看几首这样的诗歌。

《小雅·小弁》有这样的诗句："民莫不穀，我独于罹。何辜于天？我罪伊何？"人们的生活都很美好，唯独我在遭受患难，我哪里得罪了上天？我的罪过是什么呢？"不属于毛，不罹于里。天之生我，我辰安在？"没有父亲做依靠，没有母亲来依附。上天你生了我，我的好运在哪里？

《小雅·巧言》："悠悠昊天，曰父母且。无罪无辜，乱如此幠。昊天已威，予慎无罪。昊天大幠，予慎无辜。"高高在上的苍天，就如生我的父母。我没有任何过错，为什么遭受这般的大祸。昊天发怒太可怕，我是真的无罪。昊天真是糊涂，我的确无辜。

《小雅·巷伯》："苍天苍天，视彼骄人，矜此劳人。"高高在上的苍天，难道你没看到骄横之人胡作非为，可怜那些遭受中伤的人啊。

《小雅·小旻》："旻天疾威，敷于下土。"老天真是暴虐，灾难散布人间。

《小雅·节南山》："天方荐瘥，丧乱弘多"（上天正在降灾难，死伤祸乱实在多）；"不吊昊天，不宜空我师"（上天如此不善良，不应该困顿我民众）；"昊天不傭，降此鞠讻。昊天不惠，降此大戾"（苍天如此不公平，降下如此大灾难。上天如此不仁义，降下如此暴戾之人）；"不吊昊天，乱靡有定"（上天不仁慈，动乱没有停止过）；"昊天不平，我王不宁"（上天太不公平，真让我王不安宁）。

《小雅·雨无正》："浩浩昊天，不骏其德。降丧饥馑，斩伐四国。旻天疾威，弗虑弗图。舍彼有罪，既伏其辜。若此无罪，沦胥以铺。"这是一首讽刺周幽王的诗。从字面上看，它的意思是，上天如此不公平，对于有罪之人，熟视无睹，眼看着他们残害那些无罪之人，上天不顾百姓死活，降下天灾人祸，百姓死亡无数。其深层含义可能是说，上天啊，你为何不管百姓的死活，对于周幽王不惩罚，任其蹂躏百姓。在这首诗中，作者对于群臣是这么说的："凡百君子，各敬尔身。胡不相畏，不畏于天"：朝廷内外诸位官员，个个自私自利。你们可以不畏惧他人如何看自己，难道也不畏天吗？这表明，作者对于天的怨言是基于对于天的信仰的。

从上面所说的，我们可以看到，在殷商和西周，人们是相信存在天命

的。天命是政治的基础，是德政的内容。不理解天命，就不理解上古时期
的政治生活。敬畏天命、孝祖、保民，在孔子之后，是谁继承了呢？最明
显不过的就是《墨子》。侯外庐说，"从对待传统文化的态度看，孔子全
盘依据了诗书礼乐而加以改造，墨子则反对礼乐而改造了诗书"。① 孔子
与墨子的区分不在于如何对待诗书礼乐，而在于如何对待天人关系的问
题，天是中心呢还是人是中心？孔子依据"孝"的概念，继承了西周的诗
书礼乐，换言之，孔子依据人本主义，对西周诗书礼乐进行了传述。而墨
子则继承了殷商和西周的政治神学，认为天命是人类生活的核心。这主要
表现在墨子的"尊天、事鬼、爱人"的思想之中。

（四）

下面，我们就《墨子》的主要思想作一个简单叙述，目的就是要表
明殷商和西周思想的继承者是墨子。在论述了《墨子》与殷商和西周思
想关系之后，在本章的第二部分，我们就非常明白地看到，《尚书》是墨
家思想的一个源泉，是墨家经典。

在《诗经·大雅·烝民》中说"天生烝民，有物有则。民之秉彝，
好是懿德"。在《墨子·法仪》篇中，"子墨子曰：天下从事者，不可以
无法仪"。② 在政治上，这个法仪是什么呢？就是天。以天为楷模，因为
天具有不德之德。"莫若法天。天之行广而无私，其施厚而不德，其明久
而不衰，故圣王法之。既以天为法，动作有为，必度于天。天之所欲则为
之，天所不欲则止。然而天何欲何恶者也？天必欲人之相爱相利，而不欲
人之相恶相贼也。奚以知天之欲人之相爱相利，而不欲人之相恶相贼也？
以其兼而爱之，兼而利之也。奚以知天兼而爱之，兼而利之？以其兼而有
之，兼而食之。"（《墨子·法仪》）最后一句与《诗经·周颂·思文》中
说的"贻我来牟，帝命率育。无此疆尔界，陈常于时夏"非常相似。天
之大德就在于兼爱人类，君王应该模仿天之大德，君王之德，在其根源意
义上，就是天之兼爱。所以，兼爱有二重意义，一是天之兼爱，二是人之
兼爱。这两种兼爱，其含义是不同的，天是真正的无私之爱，只有天才能

---

① 侯外庐主编：《中国思想史纲》，上海世纪出版集团 2008 年版，第 38 页。
② 我用的《墨子》版本是王焕镳等注释的《墨子校释》，浙江古籍出版社 1987 年出版。

做得到，人只能模仿天，遵循一个外在的规则。以天为准则，就是天命，天命令人要兼爱。

　　墨子的"尚贤"思想是以兼爱为基础的。"故古圣王以审以尚贤使能为政，而取法于天。虽天亦不辩贫富、贵贱、远迩、亲疏，贤者举而尚之，不肖者抑而废之。"（《墨子·尚贤》）这些古圣王是谁呢？"昔者三代圣王尧舜禹汤文武者是也。""其为政乎天下也，兼而爱之，从而利之；又率天下之万民，以尚尊天事鬼，爱利万民。"（《墨子·尚贤》）尊天事鬼，爱利万民，这与《诗经》中说的是一回事。尚贤的最显著的例子就是天选贤能之人为天子。在《尚同》篇中，墨子论证说，政治制度的起源不可能来自人类本身，因为"一人一义，十人十义，百人百义。其人数兹众，其所谓义者亦兹众。是以人是其义，而非人之义，故相交非也"。"天下之乱，至如禽兽然。""明乎民之无正长以一同天下之义，而天下乱也，是故选择天下贤良、圣知、辩慧之人，立为天子。"（《墨子·尚同》）上天不愿看到人类互相伤害。天子是协助天治理天下的。在《诗经·大雅·烝民》中，上天派仲山甫来辅助天子治理国家（"保兹天子，生仲山甫"）。在《墨子·尚同》篇，我们看到类似的话，"天子既以立矣，以为唯其耳目之请，不能独一同天下之义，是故选择天下赞阅贤良、圣知、辩慧之人，置以为三公，与从事乎一同天下之义"。这里的义就是天意，就是天命，就是兼爱。墨子特别强调，"天下既已治，天子又总天下之义以尚同于天"（《墨子·尚同》）。天志，天意，是政治的基础。

　　《墨子·天志》篇认为有两种政治，一种是"其事：上尊天，中事鬼神，下爱人"，另外一种是"其事：上诟天，中诟鬼，下贼人"。实行前一种政治的是"圣王尧舜禹汤文武"，实行后一种政治的是"暴王桀纣幽厉"。"故昔者三代圣王禹汤文武，欲以天之为政于天子"，准备了很多牺牲品，"以祭祀上帝鬼神而求祈福于天"。① 那么天意是什么呢？"故天意曰：此之我所爱，兼而爱之，我所利，兼而利之。爱人者此为博焉，利人者此为厚焉"（《墨子·天志》）。圣王所做的就是要尊天、事鬼神、爱人。与《诗经》一样，墨子认为，上天对人的行为是赏罚不爽。"顺天意者，

────────────

① 这里我们看到，即使在春秋之末，人们对于上帝和天是不分的。《墨子》在同一句话中把上帝与天同时用。

兼相爱，交相利，必得赏；反天意者，别相恶，交相贼，必得罚。"（《墨子·天志》）所以，要敬畏天意。

墨子讲畏天。《诗经·皇矣》说："皇矣上帝，临下有赫。监观四方，求民之莫。"在《墨子·天志》篇中，墨子说，人们知小不知大，为什么呢？倘若一个人得罪了"家长"，"亲戚、兄弟、所知识共相儆戒"，不能得罪"家长"。倘若在一国之中，一人得罪了国君，人们也会警告他，要敬畏国君。得罪了"家长"，"犹有邻家所避逃之"，得罪了国君，"犹有邻国所避逃之"，但是，人们就警告说，不能得罪这些权威。这仅仅是"知小"。"此有所避逃之者也，相儆戒犹若此其厚；况无所避逃之者，相儆戒岂不愈然后可哉？且语言有之曰：焉而晏日焉而得罪，将恶避逃之？曰：无所避逃之。夫天不可林谷幽门（间）无人，明必见之。然而天下之士君子之于天也，忽然不知以相儆戒。"（《墨子·天志》）得罪了天，是无所逃避的，因为藏身于山林深谷也逃避不了上天的眼睛。人应该自觉到时时刻刻被上天"监观"。用现代哲学的语言，这是一种逆意向性关系，被注视，而看不见对方。

墨子讲圣人之德。"《周颂》道之曰：'圣人之德，若天之高，若地之普，其有昭于天下也；若地之固，若山之承；不坏不崩；若日之光，若月之明，与天地同常'。则此言圣人之德章明博大，埴固以修久也。故圣人之德，盖总乎天地者也。"（《墨子·尚贤》）为什么这么说呢？墨子认为，禹、后稷、皋陶，三圣人，"谨其言，慎其行，精其思虑，索天下之隐事遗利，以上事天，则天乡（享）其德，下施之万民，万民被其利。终身无已"（《墨子·尚贤》）。圣人之德，上事天，下利民，这与前面我们看到殷商西周所讲的德的含义（敬天、孝祖、保民）是非常相近的。换言之，圣人之德就是模仿上天，因为"天之行广而无私，其施厚而不德，其明久而不衰，故圣王法之。既以天为法，动作有为，必度于天"（《墨子·法仪》）。圣人之德与天地同久，在于此德就是爱或者兼爱。

二　《尚书》的政治神学思想

（一）《虞夏书》

在第一部分，我利用思想史的材料和对《诗经》的解读，来说明

《墨子》的思想有其根源，那就是，墨家思想实际上是继承了殷商和西周的主流思想和信仰——天命观。在这一部分，我将论述《尚书》与《诗经》一样，反映的是殷商和西周的政治神学思想，是墨家思想的先驱。有了前面的铺衬，把《尚书》理解为墨家经典就不会感到突兀。

我们先看看《尚书·虞夏书·尧典》①中的思想。《尧典》一开始就对尧的德政给予了高度的赞扬："允恭克让，光被四表，格于上下。克明俊德，以亲九族；九族既睦，平章百姓；百姓昭明，协和万邦；黎民于变（弁）时（是）雍。"对于尧的德的赞美与《墨子》中所引用的《周颂》对于圣王的歌颂是一样的。那么，尧的德主要体现在哪里呢？充溢天地之美德不仅仅是个人人格的魅力，更主要的是显现在政治生活之中。"克明俊德"的含义，就在于"亲九族""平章百姓""协和万邦"，其结果是"黎民"百姓乐美亲善，生活安定，风俗纯美。这一段文字，可以说，与《论语》《孟子》所表达的道德与政治一体的思想是一致的。人的意义就在于道德与政治生活实践之中，政治生活是道德理念的最高体现。但是，在对尧的具体活动进行描述时，我们看到，尧之德体现在敬天、尚贤之中。思维的中心从人转变到天。正是由于这种描述上的转变，我们才能真正理解第一段文字对尧之德的赞美与墨子所引用的《周颂》之间的关系。

对于尧的观象授时活动，今天的学者把眼光只注意到其天文学上的意义，从而失去了在尧的时代，人们对于自然的态度是体现在更大的一个关系之中，即天人关系。"乃命羲和，钦若昊天历象，日月星辰，敬授民时。"我们先看看慕平是怎么翻译这句话的："于是任命羲氏、和氏按照日月星辰的运转来认识天象，把观察、总结出的节令告诉人民，以安排农时，方便耕种。"②直译：于是命令羲氏与和氏，恭敬地按照昊天的历象（日月星辰），恭敬地传授给老百姓节令的知识。在慕平的翻译中，"钦"和"敬"以及"昊天"的意思消失了。正是因为这种故意"消失"，区分出我们现代人眼中的"天"与尧时代人的眼中的"昊天"的区分。"昊天"不仅仅是指天空广大无限的意思。我们前面已经看到，在《诗经》中"昊天"与"天"和"上帝"都是一个意思，比如"天方艰难，曰丧

---

① 我用的版本是慕平译注的《尚书》，中华书局 2009 年版。

② 慕平译注：《尚书》，中华书局 2009 年版，第 4 页。

厥国。取譬不远，昊天不忒"（《诗经·大雅·抑》），昊天赏罚不爽。对于"昊天"，我们必须要以"钦"和"敬"的态度对待，而对于物质的自然之天（自然界），当然无须恭敬了。"敬畏自然"，这是一个自相矛盾的命题：人对于物质是不会敬畏的，因为物质低于人类。在尧的时代，人们对于日月星辰，对于昊天，是怀着敬畏的态度来认识的，不是作为一个纯粹的物质对象（objects）来进行观察研究的。当时的"观象授时"与我们今天的天文学和气象学都不是一个意义，其本质上区分类似于这样的例子：一个父亲在他儿子眼中是作为父亲出现的呢，还是作为解剖台上的尸体出现的？儿子对于父亲的言行的观察都是在敬畏的关系中实现的，他不会把自己的父亲看作一个活僵尸或者机器人。慕平没有把"钦""敬"以及"昊天"翻译出来，是因为戴了当代人的眼镜来阅读文本的，就如在引言中我提到的那个物理学教授。这种区分在关于春夏秋冬的叙述上更加明白。

"分命羲仲宅嵎夷曰旸谷，寅宾出日，平秩东作。"（《尧典》）这句话的意思是，任命羲仲在遥远的东方旸谷这个地方，恭敬地主持对日出的宾礼祭祀，使得春耕有次序。意思是，春天来了，白天与黑夜一样长，阳光给大地送来温暖，万物复苏，春耕季节已到，感谢太阳使得春天农活顺利进行。"申命羲叔宅南交，平秩南为，敬致。"（《尧典》）按照慕平的话说，此句中"敬致"是残文，当在"平秩南为"之前，与前面的"寅宾出日"句型是一样的。大概意思是，又任命羲叔在遥远的南交之地，主持对太阳的敬致之礼，使得夏天的农活井然有序。这句话可能是说，夏天艳阳高照，正是农作物生长的季节，感谢太阳普照大地。也许古人已经意识到强烈的阳光与农作物的生长不可分。"分命和仲宅西曰昧谷，寅饯纳日，平秩西成。"（《尧典》）任命和仲在遥远的西方日落之处昧谷，恭敬地送太阳入昧谷，使得秋天收割季节顺利进行。"申命和叔宅朔方曰幽都，平在朔易。"（《尧典》）又任命和叔在北方很远的幽都，引导冬天的农作活动。在前三句，太阳从明亮的地方（旸谷）出来，到南交（应该是正上方，比较近的地方），到昏暗的地方（昧谷）落下，阳光从温暖，到炎热，到暖和，太阳的移动与季节的交替，已经与农业生产联系在一起。春夏秋，三个季节，都有祭祀活动，感谢阳光的强弱程度与农业生长的一致；而在冬天，当太阳居住在黑暗的幽都的时候，就没有祭祀活动了。农业生产和作物生长与季节有关，而季节与阳光的位置和强弱有关。这说明，在当时人的眼里，太阳从旸谷，到南交，再到昧谷，最后到幽都，与季节变化，作物生长，鸟兽成长等之间有种密切的关联。这种关联，不是我们今天所理解的科学的自然关系。这都与"昊天"有关。自然的关系被理解为一种礼物。祭祀太阳，感谢太阳，就是希望昊天赐予风调雨顺的好季节。春天炎热，夏天温暖，秋天寒冷，这都不正常，不正常的天气变化，被看作惩罚。对于天一定要恭敬，要小心翼翼。这不仅仅体现在人与自然的关系上，还体现在政治管理上。

《尧典》紧接着就对尧的"尚贤"思想作了叙述。在尧的眼里，"德"是与天命联系在一起的。"允厘百工，庶绩咸熙。帝曰：畴咨若时登庸？放齐曰：胤子朱启明。帝曰：吁！嚚讼可乎？帝曰：畴咨若予采？驩兜曰：都！共工方（旁）鸠僝功。帝曰：吁！静言庸违，象恭滔天。"在这段话里，尧问了两个问题，第一个是谁可以被提拔任用？第二个是谁能做天子？当放齐回答说，尧的儿子可以被提拔时，尧说，他的儿子朱愚顽而凶狠，是不能被任用的。这表明，尧在政治上不考虑裙带关系，父子关系不能影响政治，因为政治超越了家庭利益。当驩兜说共工广聚众力，展示事功，可以胜任天子职位的时候，尧认为共工会说好话，行为邪僻，表面恭恭敬敬，实际上不信天命（滔天）。共工不能胜任天子职位，最重要的是他对上天不敬畏。这里可以看出，在尧的眼里，无论是高级官员职务，还是最高领袖，在考虑合适的人选的时候，要超越自己个人的情感和利益，因为这些职位不是属于某个人的，而是上天的。朱与共工，都不符合尚贤（墨子）的标准。

鲧治理洪水的例子，也是与敬畏天命有关的。当尧问谁能治理大水的时候，都说鲧可以。尧认为，此人乖戾，常逆天行事（"方命"）。尽管得到了大臣们的推荐，鲧治理洪水九年无功。为什么呢？在《尚书·洪范》中，我们能找到与之有关的段落："其子乃言曰：我闻在昔，鲧陻洪水，汨陈其五行，帝乃震怒，不畀洪范九畴，彝伦攸斁。鲧则殛死，禹乃嗣兴，天乃锡禹洪范九畴，彝伦攸叙。"（《洪范》）鲧堵塞洪水，把五行搞乱了，天帝大怒，不赐给他洪范九畴，终因失败而被诛。其子禹继承父业，上天把洪范九畴传授给他，天下得到治理。这里，我们可以看出，上天对不敬者不予以协助。其子的话是对武王所不解的"惟天阴骘下民，相协厥居"这句话的解释。而其子的话与《尧典》中尧的话结合起来，我们就更能明白为什么鲧如此行事得不到上天的协助，为何他的儿子禹却能得到上天的恩惠。

尧是如何发现舜的呢？"帝曰：四岳，朕在位七十载，汝能庸（用）命巽朕位。岳曰：否德，忝帝位。曰：明明扬侧陋。师锡（赐）帝曰：有鳏在下，曰虞舜。帝曰：俞！予闻，如何？岳曰：父顽母嚚，象傲。克谐以孝，烝烝乂，不格奸。帝曰：我其试哉。"（《尧典》）尧对四岳说，你能"用命"，可以继承我的位置。这里没有对命的具体含义作解释，或是尧的命令，或是天命。无论是尧的还是天的命令，都一样，因为尧是天子，执行的是天命。四岳认为自己没有德，不能胜任这个职位。那么，这个德是什么呢？下面从推荐舜的语言中，就明白了。众臣推荐民间的舜。舜为什么有名呢？舜的父亲是个盲人，父母以及他的弟弟都愚顽凶狠（他弟弟一直要杀害他），对舜很不好，但是，舜却不计较这些，不记恨，不报复，对于父母兄弟始终很好。最突出的是"孝"：用自己孝的行动感动了家庭。这一段文字一直被认为是体现了儒家的"孝"，被儒家作为典型例子来宣扬孝德。难道尧仅仅是因为舜孝顺亲生父亲和继母、爱自己的异母同父的弟弟而试探着用舜吗？舜的行为实际上超越了孝德。用我们今天的话说，父母兄弟都是道德败坏的人，但是，舜既不计较他们对自己多坏，也不管他们是什么样的人，始终爱着他们，对待父母孝顺，对待兄弟（尽管没有血缘关系）爱护。舜的行为体现了真正的爱：真正的爱是，无论对方是什么样的人，我都爱他们。舜的弟弟一直想害舜，可以说，舜的弟弟是舜的敌人，但是舜却没有因此而减少对他异母同父的弟弟的爱。这与一般人的自然情感是不一样的。以德报德，以恶报恶，这是自然情感，舜违背了自然情感。用墨子的话说，舜体现的是兼爱。兼爱不是不爱自己的父母，而是"爱由亲始"。在《孟子·滕文公章句上》第5章，墨家学者夷之反驳孟子说，"之则以为爱无差等，施由亲始"（5：5）：夷之认为，爱是平等的，没有先后上下厚薄之分，对待任何人都一样，只不过是从爱父母开始①。兼爱是爱所有的人，但是，对不同的人爱的方式不一

---

① 杨伯峻：《孟子译注》，中国书局出版社 1988 年版。下面引用《孟子》将用数字表明篇章，比如 5：5 是指《滕文公章句上》第 5 章。

样。如果说，兼爱是爱邻居的话，爱第一个碰到的人的话，那么，父母兄弟是第一个碰到的人，所以，爱父母兄弟是兼爱实行的第一步。因此，舜的德可以被解释为兼爱，而不仅仅是孝。就如在《墨子》中说的，正因为有了兼爱，子对父孝，父对子慈，弟对兄敬，兄对弟爱。前面我们看到，对于墨子而言，兼爱的根源在于天意、天志。

在舜继承了帝位后，他首先做的是什么呢？"肆类于上帝，禋于六宗，望于山川，遍于群神，辑五瑞。"（《尧典》）首先是祭天（类礼），然后是祭六代祖先（禋祀），然后是祭山川之神（望礼），祀礼遍及群神。祭祀上帝与祭祀祖先是不一样的礼仪，尽管有时会一起祭祀。这就是敬天、孝祖。这与我们前面看到的侯外庐关于殷商人的信仰的论述是一样的："殷人还崇拜一些自然神，如日、风、云、四方、上河等。对于祖先的奉祀也是宗教的重要部分，有时在祀典时对上帝、自然神和祖先是不分别的。"[1]

在《尚书·皋陶谟》中对天命与德政之间的关系的论述就更加明确。皋陶对大禹谈为什么要让具有九德的贤俊之士担任王朝官职（墨子的尚贤思想）："无旷庶官，天工人其代之。天叙有典，敕我五典五惇哉；天秩有礼，自我五礼有庸哉；同寅协恭和衷哉。"（《皋陶谟》）不能让不称职的人旷废官位，因为官位的设置是人来替代天实现天事的（"天工人其代之"），王朝的君位、官位都是人秉天职。官职就是天职。这与《墨子·尚同》篇中说的关于天子和三公等官位的设置是一个意思。五典、五礼都是上天针对人制定的法律制度，因此，君臣上下要一起恭敬地（寅、恭、衷）对待上天的事业。上天对人的所作所为，赏罚分明。"天命有德，五服五章哉；天讨有罪，五刑五用哉；政事懋哉懋哉。"（《皋陶谟》）上天奖励有德者，制定了五服五章。德与天有关。上天惩罚有罪之人，制定了五刑五用。在《诗经》和《墨子》中都有上天赏罚思想。上天给人制定了规章制度，用墨子的话说是法仪，最高的法来自上天。服从天意就奖赏，违背天意就惩罚。那么上天是如何知道一个人做得对不对呢？前面我们看到，在殷商和西周，其政治思想是"敬天、孝祖、保民"，在《墨子》中是"尊天、事鬼神、爱人"，因此，上天所制定的"法仪"的核心

---

[1] 侯外庐主编：《中国思想史纲》，上海世纪出版集团 2008 年版，第 22 页。

内容是爱人类。正是在这个意义上，《皋陶谟》紧接着说，"天聪明，自我民聪明；天明畏，自我民明威"：天的视听是通过天下人的视听来实现的；天的赏罚也是根据天下人的态度来实行的。这句话与《孟子》引用的《尚书》中"泰誓曰：天视自我民视，天听自我民听"（《孟子》9：5）是一个意思。这里不是说人民是第一的，而是说上天爱人类，通过人类来监观君主与百官。《孟子》中另外一句话，也证实了这里《尚书》所表达的意思："书曰：天降下民，作之君，作之师，惟曰其助上帝宠之。"（《孟子》2：3）这里可以看出，"天"和"上帝"在同一个句子里面出现，是没有分别的。君与师的功能就是实行"天工"，就是来"宠""下民"，下民即天下之人。①"达于上下，敬哉有土"（《皋陶谟》）：天意、民意是相通的，四方的诸侯们，要小心行事。意思是，要对民意敬畏，因为它反映了天意。我们在《皋陶谟》的最后，看到舜唱道，"敕天之命，惟时惟几"：要勤劳于上天之命，时时刻刻都要小心翼翼。这就是敬畏天命。

《尚书·虞夏书》中的《甘誓》记载的是夏王启与有扈氏在甘地作战之前对将士的誓师词。"王曰：嗟！六事之人，予誓告汝。有扈氏威侮五行，怠弃三正，天用剿绝其命。今予惟共行天之罚。左不攻于左，汝不共命；右不攻于右，汝不共命；御非其马之正，汝不共命。用命，赏于祖；不用命，戮于社。"夏王启说，诸位将领，我发誓告诉你们，有扈氏上不敬天象，下怠慢朝臣，上天因此要灭绝他的天命（享国之命）。我现在奉行的是天罚，执行的是天的命令。左边军队不在左边攻击敌人，就是不执行天的命令（对天的命令不恭敬服从）；右边的军队不在右边攻击敌人，就是不执行天的命令。奉行命令的，战后，就在祖庙前嘉奖；不执行命令的，就在社坛前杀掉。在《墨子·明鬼》篇中，对夏商周为什么"赏于祖""戮于社"的做法给予了解释："赏于祖者何也？告分之均也；僇（戮）于社者何也？告听之中也"：古人相信鬼神的存在，鬼神对人的行为无所不知，所以，在祖庙前嘉奖，就是要向祖先表明赏赐的公平；在社坛前杀戮，就是要向鬼神表明惩罚的正确合理。人死后成为鬼神，适用于

---

① 我在《超越民主：孟子的"民贵"思想》一文中，论证民贵思想实际上是敬天与爱民思想，与民主是不一样的。《孟子》中的民贵思想可以被理解为孟子一个阶段的思想，或者是自我解构。民贵思想是与儒家核心思想矛盾的。

所有的人。墨子引用《诗经·大雅·文王》中第一段"文王在上，於昭
于天"至"文王陟降，在帝左右"，来证明古人相信人死后，到天上去，
在上帝的身边。天或者上帝与祖先是不混淆的。舜继承帝位之后，"肆类
于上帝，禋于六宗，望于山川"，三种祭祀的方式，针对的对象是不一
样的。墨子说，"故古圣王必以鬼神为赏贤而罚暴，是故赏必于祖而僇
必于社"（《墨子·明鬼》）。墨子认为，上天与鬼神都在赏罚上具有同
样的功能。墨子对上帝与鬼神是不混淆的。同样的，古人也是如此。夏
王启的话，与《尚书·周书》中提到的"命"是一个意思。用今天的
话说，夏王启发动的讨伐战争是正义之战，不是因为夏王自己这么看，
而是因为有扈氏对天不敬畏，上天命令夏王启"行天之罚"，替天行
道。夏王启的权威不是来自他自己的王位，而是来自天或者上帝。夏王
启也是在执行命令。我们看到，《墨子》与《诗经》以及《尚书》的内
容是如此之雷同。同是圣王，在儒家哲学思想中，与在墨子以及《尚
书》《诗经》中就不一样：儒家的圣王把自己作为天下人的楷模和中心
（"为政以德，譬如北辰居其所而众星共之"①），而墨家、《尚书》、《诗
经》把上帝或上天看作世界的中心，天子仅仅是执行天意或天命。

（二）《商书》

在《尚书·商书·汤誓》中，商汤对夏桀的控诉，就是桀自己招致
了"天之罚"的罪行。"王曰：格尔众庶，悉听朕言。非台小子敢行称
乱，有夏多罪，天命殛之。"（《汤誓》）商汤说，敬告各位，都要听我讲
话。不是我敢于发动战争，而是因为夏桀罪孽太重，上帝命令我去除掉
他。这就是"革命"。商汤讨伐夏桀，是革命，是上帝命令商汤这么做
的。这里非常重要的是，对于夏桀的罪恶的惩罚，不是因为商汤认为自己
有资格和权威这么做，他仅仅是执行更高的权威。所以，商汤接着说，
"今尔有众，汝曰：我后不恤我众，舍我穑事而割正夏？予惟闻汝众言，
夏氏有罪，予畏上帝，不敢不正。"（《汤誓》）你们也许会说，我不爱护
自己人民的生命，不收割自己的庄稼，而割（革）夏桀的命（征讨夏
桀）。但是，因为夏桀有罪，我畏惧天命，不能不征讨他。商汤的意思

---

① 《论语》2：1。

是，他也意识到，征讨夏桀，就如荒废自己的田地，而去管别人的庄稼，好像是多管闲事（"舍我穑事而割正夏"）。而且这种闲事是要出人命的，要有代价的。是不是商汤不爱护自己的百姓？商汤说，他自己并非没有意识到这一点，但是，天命难违。他的职责就是执行天命。在夏桀面前，他没有权利和权力去征讨他，因为他们是平等的。但是，上帝利用商汤去征讨夏桀，这就不是多管闲事。这里，商汤的话很明白，征讨夏桀，他自己的人民是要付出代价的，而这种代价不是为了扩展自己的疆土和增加自己的人口和财富。①

夏桀究竟犯了什么罪？"今汝其曰：夏罪其如台？夏王率遏众力，率割夏邑，有众率怠弗协。曰：时日曷丧？予及如皆亡！夏德若兹，今朕必往。"（《汤誓》）夏桀搜刮民力，为害于夏国，百姓苦不堪言，说"你这个太阳（夏桀自比太阳）什么时候要完啊，我恨不得与你同亡"。夏桀的德如此之糟糕。我必须前往征讨。前面我们看到，天命的具体内容是"保民"；"天视自我民视，天听自我民听。"从百姓诅咒夏桀灭亡的语言中，可以看出夏桀祸害民众，这是违背天命的。君王是上天派来爱护（宠）天下人的。"尔尚辅予一人，致天之罚，予其大赉汝。尔无不信，朕不食言。尔不从誓言，予则孥戮汝，罔有攸赦。"（《汤誓》）商汤说，如果你们协助我完成上帝对夏桀的征伐（天之罚），就赏赐你们。如果不服从，我就让你们受刑辱，绝不放过一个。

侯外庐说，"史称商人尊天事鬼"②。在《尚书·商书·盘庚》的上中下三篇③中，汤十世孙商王盘庚在迁都时对他的百官所讲的三次话中，充分印证了侯外庐的论断。把"天"（上帝）和"鬼"（祖先）作为高于自己的权威，作为政治生活的根基，这实际上也是墨子的思想。在《盘庚上》中，有这样的句子。"古我前后罔不惟民之承保，后胥戚鲜，以不浮于天时。殷降大虐，先王不怀厥攸作，视民利用迁。汝曷弗念我古后之闻？"盘庚说，过去我们先王没有一个不是保民的。对于天下百姓是如此

---

① 请参看拙文《超越民主：孟子的"民贵"思想》中关于"以大事小""以小事大"的命题的论述。

② 侯外庐主编：《中国思想史纲》，上海世纪出版集团 2008 年版，第 25 页。

③ 这里的分篇是按照慕平的译注版本，与传统的不一样。根据时间顺序，慕平所采用的分篇清晰明白。

厚爱，从不违背"天时"，即不违背天所赐给的良机。每当有大的自然灾害，先王并不留恋自己已经建立的东西，而以民的利益为根据来迁徙。盘庚的意思是说，国家的首都在什么地方，不以自己的利益和爱好为根据，而是以百姓的利益为准则。《墨子》中有"兴天下之利，除天下之害"之说。迁都损失最大的是君王与大臣，因为他们的财产最多。盘庚批评那些大臣"具乃贝玉"，贪婪财宝。如果不迁都，先王就会责罚，说"曷虐朕民？"为何虐待我的民众？把保民作为迁都的核心理由，这与《墨子》的思想是完全一致的。盘庚说"汝不谋长，以思乃灾，汝诞劝忧。今其有今罔后，汝何生在上？"（《盘庚上》）你们不作长远打算，不考虑不迁都会带来的灾难，你们是在增加困扰。你们只想到今天，而想不到以后会怎么样，上帝（或先王在天之灵）怎么会给你们生存的活路呢？这里的"上"，无论作为"上帝"还是"先王在天之灵"都是说得通的。"自上其罚汝，汝罔能迪？"（《盘庚上》）你们一旦存有二心，上帝（或先王在天之灵）绝不会饶恕你们，你们也无法逃避。《墨子》认为，上天与鬼神对人间发生的一切非常清楚，无论躲到哪里，都会在上天和鬼神的眼皮底下。因此，对这里的"上"的理解，"天"与"鬼"都可。

在盘庚刚刚迁都以后，他对百官说的话中有这样的句子。"无戏怠，懋建大命。"（《盘庚中》）你们不要贪图享乐，要努力继承天命。"尔谓朕：曷震动万民以迁？肆上帝将复我高祖之德，乱越我家，朕及（汲）笃敬共承（拯）民命，用永地于新邑。"（《盘庚中》）这句话的意思：你们对我说，为什么惊动万民迁都？这是因为上帝将在我们这一代复兴我先祖之德，我勤勉而恭敬地拯救民命，这样才能长久地居住在新都邑①。这里有三个概念很重要：上帝、先祖、民命。我们对照一下前面所说的"敬天、孝祖、保民"，就一目了然。先祖之德在于敬天，孝祖就是要敬天。上帝是与先祖不同的，上帝不是祖先在天之灵。迁都之举，即使是孝祖的行为，也是敬畏天命的举动。其内涵是什么呢？就是拯救天下百姓，避开灾祸（水灾）。"及笃敬共承民命"，对于拯救百姓之命，要恭敬地去做，要努力地去做，这种"保民"的态度，显然是敬天和孝

---

① 对于此句的理解还参考了孙星衍《尚书今古文注疏》，中华书局 2004 年版，第 240 页。

祖的体现。迁都，作为一种政治举动，被理解为上帝的命令，这是宗教的关系，而其内涵则是保民，这是伦理和政治行为。宗教是政治和伦理的基础。

盘庚说，他不是没有考虑到反对迁都的人的意见，而是由于"吊由灵各（灵格）"，即由于上天通过神灵告诉我们迁都的好处。不能违背上天的命令。盘庚要求百官服从神灵的启示。"予其懋简相尔，念敬我众。朕不肩好货，敢共生生，鞠人谋人之保居叙钦。今我既羞告尔，于朕志若否，罔有弗钦。无总于货宝，生生自庸。式敷民德①，永肩一心。"（《盘庚中》）这些话的意思是：我将认真考察你们，看谁能重视和关爱民众（敬我众）。我不屑于聚集财富，为家业奋斗，我只尊重和任用那些为百姓谋幸福的人。今天我把我的意志告诉你们，无论你们是否同意，都要服从。你们不要总是聚集家业。"要使百姓得到实惠，时刻保持心灵的洁净。"② 盘庚这里的话，仔细揣摩，是很有意思的。他警告百官，民生（用我们今天的话说）是大事，这与聚集自己家业是不同的。背后的含义是，人人都是自私的，都考虑如何使自己富有，而关爱民众，这是外在的命令，是上帝的命令。"念敬我众"之所以可能，就是因为上帝的命令。天下人的利益是盘庚首先要考虑的。

盘庚迁都以后，民众不悦，盘庚召唤许多贵戚大臣，让他们传达给民众如下的话。"曰：我王来，既爰宅于兹，重我民，无尽刘。"（《盘庚下》）我们君王到这里，让你们居住在这个地方，是以民为重，使得你们不会死于水灾。在孙星衍的注释中是这么说的，"言我民若为水所害，是我杀之。所谓思天下有溺，由己溺之"③。根据孙星衍的注释，"无尽刘"是对于"重我民"的解释。为什么不让民众死于水灾呢？天下人死于水灾，这对于君王而言，不是纯粹的自然灾害，而是因为自己造成的，也就是说，民众之死，是因为自己没有尽到"保民"之责。"天下有溺，由己

---

① 孙星衍的书中是"明德"（孙书第 241 页），不是"民德"。其含义就是，广施厚德，不要二心。慕平书中的意思就与此不同。

② 引用慕平翻译。

③ 孙星衍：《尚书今古文注疏》，中华书局 2004 年版，第 223 页。

溺之",这与《墨子》的思想是一致的①。"先王有服,恪谨天命,兹犹不常宁;不常厥邑,于今五邦。今不承于古,罔知天之断命,矧曰其克从先王之烈。若颠木之有由蘖,天期永我命于兹新邑,绍复先王之大业,底绥四方。"(《盘庚下》)先王在官事上,就是要敬遵天命,不贪图安逸。这里是说,先王之德就在于敬天、事天。先王五次迁都。如果今天不继承先王的前例(敬天而迁都),难保天将断绝我们的天命,怎么谈得上继续先王之大业呢?就如倒断的树木可以发新芽,上天要让我们在新的地方继续我们的天命,复兴先王之大业,安定四方。这里的话,明显把"孝祖"与"敬天"联系在一起,"孝祖"就在于"敬天",而"敬天"就在于"保民"。更为重要的是,把天下人受灾的责任看作自己造成的,这是天子的含义之一:上天委派天子来"宠"(关爱)民众。民众死于非命,死于自然灾害,这是君王(我)的失责。这是第一人称说出来的话,表达自己对上天、祖先的承诺,对民众的责任。②

盘庚迁都遭到了绝大多数人的反对,不仅包括贵戚大臣,还有普通民众。盘庚坚持迁都,是因为敬畏天命。不迁都,从眼前的利益看,民众将死于水灾,从长远来看,将会中断殷商之天命。这是与我们今天所说的"民主"完全相反的。不是民意与盘庚的对立,而是人意与天意的对立。人为了眼前的财产和享乐,看不到将要发生的灭顶之灾。反对迁都,这表明人的智慧与天的智慧相比,具有无限的差距。所谓"天壤之别",可以用来形容这一点。③

"肜祭"是甲骨文中常见的殷朝祭祀先王之礼。《高宗肜祭》记载的是商朝祭祀高宗武丁之时,出现了"雊雉"的异象时,祖己对商王说的话。"高宗肜日,越有雊雉。祖己曰:惟先格王,正厥事。乃训于王曰:

---

① 参看拙文《墨子是功利主义者吗?——论墨家伦理思想的现代意义》,《中国哲学史》2005 年第 1 期。该文主要内容见本书的第七章。

② 在当今西方分析哲学界,这种伦理学的观点被称为"第二人称"哲学,即我如何对"你"负责。这是为了与第三人称哲学区分开来。西方欧陆哲学传统称之为第一人称哲学,其含义与分析哲学是一样的。在伦理学和宗教哲学中,真理的特性不是与己无关的,真理就在自己的行为之中。真理不是简单的客观与主观的符合。克尔凯郭尔所说的真理就是主体性,指的就是真理在自己的行为之中体现出来。没有实践者,就没有真理。真理构成了实践者的自我。

③ 参看拙文《神权政治与民主政体——论苏格拉底和墨子的神权思想》,《现代哲学》2010 年第 1 期。该文主要内容见本书第四章。

惟天监下民，典厥义。降年有永有不永。非天夭民，民中绝命，民有不若德，不听罪。天既孚命正厥德，乃曰其如台。呜呼！王司敬民，罔非天胤，典祀无丰于尼。"（《高宗肜祭》）对于祭祀中出现野鸡鸣叫的现象，祖己是这样解释的：上天监观天下（下民），并主持人间之义（上天对于人间是非明了于心，赏罚不爽）。上天赐予人的寿命有长有短。（为什么上天会给予某些人短命呢？）不是上天使得人们短命，而是人自己中途自绝于命。人们有不德（敬天）者，也不认为自己有罪。上天已经赐予了天命，规定了人类之德（"典厥义"与"正厥德"应该是一个意思），可有人竟然说，能把我如何！这些话的意思是说，上天统治着天下，是人类"法仪"的根源。"天生烝民，有物有则。"虽然人的自然寿命有长有短，但是有人短命却是因为抛弃了天命，还不以为然，受到了上天的惩罚。这种短命是自己招致的，不是上天无缘无故让他们短命的。"天既孚命正厥德"应该是对"惟天监下民，典厥义"的重复。这两句话的含义与《墨子·法仪》篇是相同的。最后一句话讲的是君王把"敬民"作为政治的核心内容，而"敬民"与"天子"（天胤）有关，其含义是天子的职责就是替天保民，敬民就是敬天。天子在祭祀大典中，不能过分亲厚父庙。这里明确区分开了孝与德之间的不同，并认为按照礼节，天是高于自己父庙的。把天作为最高的权威。

　　根据前面我们看到的很多资料，我们可以很明白地看到，"革命"这个词，在殷商就是指失去天命，而失去天命的原因是自己造成的，因此，所谓"革命"就是自己革（割）去自己的命。我们用中文"革命"来翻译英文的"revolution"，而英文中"revolution"来自拉丁文的"revolutio"，其含义是"转过来"，是指政治或权力机构的变化。无论是英文还是拉丁文，看不出发生变化的内涵和原因。但是，在中文中，"革命"的含义是很明确的，是天命的变化，是失去天命。《尚书·商书·西伯戡黎》中包含的革命思想是非常明显的。这个篇章的独特性在于是从被革命的一方来看革命的。我们在《尚书·周书》的篇章中将看到革命者是如何看待革命的。

　　"西伯既戡黎，祖伊恐，奔告于王曰：天子，天既讫我殷命，格人元龟，罔敢知吉。非先王不相我后人，惟王淫戏用自绝，故天弃我，不有康食，不虞天性，不迪率典。今我民罔弗欲丧，曰：天曷不降威！大命不挚，今王其如台?"(《西伯戡黎》)周文王攻下了殷诸侯国黎，殷商的贵族祖伊对辛纣说:"天子，上天快要终止我们殷朝的天命了，懂得天命的贤人与懂得天意的宝龟，都不敢说有好兆头了。"一开始，祖伊就称呼殷纣为"天子"，这里是表明，天子的职位是与天命联系在一起的。在其位不谋其政，就是不称职，就是名实不符。周文王攻打殷朝，为什么说是上天要结束殷商的天命呢，而不是周文王呢？真正结束殷商天命的是殷纣自己。祖伊说，不是我们的祖先不保佑我们，而是君王你淫虐过度，自绝于天命，所以上天抛弃了无德之人。纣王已经失去了民众的支持，因为天下人无不希望殷商灭亡，都说，天为什么还不降下惩罚呢！天命已经失去了。从祖伊的话我们看出，纣王失去了民心，他之所以失去民心，就在于他成了"独夫"，一个自私自利的人。他抛弃了天下人，也就抛弃了天命，因为天设立天子的职位是为了让天子来关爱"下民"(天下人)的。天下人是属于上天的。周文王攻打殷商，只不过是服从天命、顺从民意而已。

但是，纣王不理解天子的含义，觉得自己天生就是天子，怎么能失去这个地位呢?"王曰:呜呼!我生不有命在天?"难道说，我不是生来就已经被天决定是天子的吗？他把天命理解为一种简单的地位和职位，而不是责任。"祖伊反(返)，曰:呜呼!乃罪多参在上，乃能责命于天？殷之即丧，指乃功，不无戮于尔邦?"(《西伯戡黎》)祖伊的意思是，你犯了滔天罪行，还责备天降下惩罚?"殷之就于丧亡，是纣事所致，我将被刑戮于此邦也。"[1] 在《尚书·商书·微子》篇中，对纣王统治下的殷商的罪行有比较详细的描述，比如"我(指纣王)用沉酗于酒，用乱败厥德于下。殷罔不小大好草窃奸宄。卿士师师非度。凡有辜罪，乃罔恒获。小民方兴，相为仇雠"。纣王沉迷于酒，葬送汤王之大业。殷朝上上下下都作奸犯科。有罪的人得不到惩罚[2]。民众相互仇怨。"天毒降灾荒殷邦，方兴沉酗于酒，乃罔畏畏。"(《微子》)上天降下严重的灾害，灭亡殷朝，但是，沉迷于酒的纣王却对天威不惧怕。

---

① 孙星衍的解释。参看孙星衍《尚书今古文注疏》，中华书局 2004 年版，第 252 页。

② 在《牧誓》中，有这样的话:"乃惟四方之多罪逋逃是崇、是长、是信、是使，是以为大夫卿士，俾暴虐于百姓，以奸宄于商邑。"这句话的意思是，纣王对那些有罪之人不但不惩罚，还任用他们担任要职，危害百姓，在商国作恶。

西周虽然取代了殷商，但是，在思想上继承了殷商的天命观。联系以上我们看到的，《尚书·周书》中的篇章的天命观就不是周文王的创造。朝代可以变化，但是上天或者上帝是不变的，是超越的。

（三）《周书》

在《尚书·周书·牧誓》中，武王说，"今商王受惟妇言是用，昏弃厥肆祀弗答，昏弃厥遗王父母弟不迪；乃惟四方之多罪逋逃是崇、是长、是信、是使，是以为大夫卿士，俾暴虐于百姓，以奸宄于商邑。今予发惟共行天之罚"。周武王列举了殷纣的罪恶：听信宠妇之言，背弃祖先宗庙，不举行祭祀，抛弃同宗兄弟，任用罪恶多端的人，危害百姓。殷纣犯的罪，按道理说，应该是殷商的祖先进行惩罚。"天之罚"的"天"是不是殷商的祖先呢？显然不是。殷商的祖先不会命令周的后代来惩罚自己的子孙。"天之罚"就是上帝的惩罚，是高于任何祖先之灵的。上帝为什么要惩罚纣王呢？"昏弃厥肆祀弗答，昏弃厥遗王父母弟不迪"，这是不孝，是对祖先的不孝。"暴虐于百姓"，这是与"保民"相违背的。这两者实际上就等于对上天不敬畏。那么，天之罚是谁造成的呢？是纣王自己的行为[①]。周武王执行天命，来惩罚纣王，这就是革命。革命就是天之罚。与《尚书·周书》其他篇章比较起来，这一段话表面显得平凡，但其中却包含了夏商周的核心宗教思想。

在当今的关于中国哲学史的教科书以及典籍选读中，一般都会提到《尚书·周书·洪范》，并把它作为中国上古时期关于唯物主义思想的杰出篇章来看待。"洪范"，是指大法。那么，这个"大法"究竟是什么意思？是我们今天哲学教科书上所说的范畴吗？我们来看看《洪范》开篇是如何说的。"惟十有三祀，王访于箕子。王乃言曰：呜呼！箕子。惟天阴骘下民，相协厥居。我不知其彝伦攸叙。"十三年，周武王访问了箕子（纣王的叔父）。周武王说，箕子，上帝荫庇着天下百姓（下民），使他们和平地生活。我不知道上天的"彝伦攸叙"。周武王的问题就是关于"洪范"的问题，可见"洪范"指的是天之法，是"彝伦"。彝伦的目的是什

[①]　在《泰誓》中有这样的话，"今殷王纣乃用其妇人之言，自绝于天"。参看孙孙星衍《尚书今古文注疏》，中华书局 2004 年版，279 页。

么呢？就是上一句所说的"阴骘下民，相协厥居"。很显然，就是为了保民。所谓"洪范"，与墨子的"法仪"有其相似之处。《法仪》开篇即说，"子墨子曰：天下从事者，不可以无法仪；无法仪而其事能成者，无有也。虽至士之为将相者，皆有法。虽至百工从事者，亦皆有法"（《墨子·法仪》）。墨子的话可以用来理解箕子在回答周武王时，对于洪范的来源和重要性的陈述。"箕子乃言曰：我闻在昔，鲧陻洪水，汩陈其五行，帝乃震怒，不畀洪范九畴，彝伦攸斁。鲧则殛死。禹乃嗣兴，天乃锡禹洪范九畴，彝伦攸叙。"（《洪范》）① 前面我们在《尧典》中已经看到，鲧是一个"方（放）命圮族"的人，即违背天命，伤害同族的人。箕子说，鲧堵塞洪水，搞乱了五行，天帝大怒，没有赐给他"洪范九畴"，治理洪水失败。后来大禹治水，上天赐给大禹"洪范九畴"，洪水得到了治理。这里的"彝伦攸斁""彝伦攸叙"应是指治理洪水，不是泛指治理天下。"洪范九畴"不是我们今天所理解的自然界规律等，而是上天所赋予人的大法。《洪范》，就其形式上来看（当然，这对我们来说，也是最重要的），告诉我们一个根本的道理：人在这个世界上所有的重要活动所应遵循的法则，都来源于天。换言之，我们在考虑我们与世界上其他事物（"事物"指在最广泛的意义上）的关系时，必须以天与人的关系为基础。比如，在当今世界，无论是讨论环境保护、经济发展、科学进步、贫富差距、世界和平问题，还是种族、性别、出身歧视问题，所有的问题，都必须放在天人关系上来审视。

"革命"的思想是与天命观联系在一起的。周王朝推翻了殷商，作为胜利者，周朝的统治者是如何看待朝代的更替呢？在《尚书·周书》中，周朝统治者不仅对夏商周之间朝代的更替有着明确的认识，对天命与周朝统治者之间的关系也有着清醒的态度。其基本观点是这样的：殷商替代夏朝，周朝替代殷商，这是天命所致，是天命的更换，天命是超越于具体的王朝的。正因为如此，周朝统治者意识到，如果自己所作所为不符合天命，自己也将会失去统治地位。这就是天命靡常的含义。下面我们看看有关篇章的对这个观点的论述。

《尚书·周书·多士》篇是周公代成王向殷商旧臣发布的诰辞。"惟

---

①　这里有必要提醒读者，"帝"与"天"在本篇中意思是一样的。在《墨子》中也是如此。

三月，周公初于新邑洛用告商王士。王若曰：尔殷遗多士！弗吊旻天①大降丧于殷。我有周佑命，将天明威致王罚敕，殷命终于帝。"周公为了说服殷商的旧臣接受新的朝代，指出西周替代殷商的原因。他说，上天降下灾祸于殷朝。西周仅仅是辅助上天行命（替天行道），以刑罚和警诫奉行上天显赫的威严，殷朝的天命终结于上帝。周公对殷朝的旧臣说这些话是想表明，真正灭亡殷朝的不是周国，是上帝利用周国来惩罚殷朝。周国没有权力和权利来取代拥有天子地位的殷朝。"肆尔多士，非我小国敢弋殷命，惟天不畀，允罔。固乱弼我。我其敢求位！惟帝不畀，惟我下民秉为，惟天明畏。"（《多士》）这几句话的意思是：不是我们小小的周国敢于夺取你们殷朝的天命（革命），只是因为上天不再把天命给你们了，确定要你们灭亡（政治上）。因此，上天不停地帮助我们周国。我们哪里敢奢求王位呢？只是因为上帝不再给予你们天命，我们这些天下人要奉行上天的意旨，只有天的威严是最高的。周公说这些话，一方面是想表明，你们殷商这些旧臣不要记恨我们，不是我们要取代你们；另一方面，也说明，天命是任何人都不能抗拒的。上天是第一的（"惟天明畏"），天下人必须服从上天的意志。

对殷商的旧臣来说，对我们当代人也一样，很自然地会有这么一个问题：周公是不是利用上天来为自己辩护呢？也许周公意识到这个问题，接着就对天命与天下之间的关系作了论述。"我闻曰：上帝②引逸，有夏不适逸则，惟帝降格于时（是）。夏弗克庸帝，大淫泆有辞。惟时天罔念闻，厥惟废元命，降至罚。乃命尔先祖成汤革夏，俊民甸四方。"（《多士》）上帝不让人过度放纵，夏桀却不节制自己的行为，于是上帝降下灾祸以示警告。但是，夏桀不听从上帝的命令，更加淫逸，并表现在各个方面。因此，上帝不在顾惜夏朝，废除了夏桀的天命（元命），降下惩罚。命令你们的先祖成汤革去夏朝的统治地位（革夏），任用贤人治理国家。殷纣有先例，那就是夏桀。当初，殷商之所以能得到天下，那是因为上帝利用殷商来完成推翻夏朝的使命的。这说明，殷商不是一直都秉有天命。

---

① 孙星衍引用马融的话，"秋曰旻天，秋气杀也"（《尚书今古文注疏》第424页）。旻天是指天将惩罚犯罪者。"弗吊旻天"，是指上天惩罚时的无情。

② 这里再强调一下，《周书》中上帝与天是同时用的。《多士》如此，其他篇章也如是。这充分说明，认为从殷商到西周有一个从"上帝"到"天"的转换是没有根据的。

既然天命得之于天，也就有可能被收回去，会失去天命。如何才能保天命，如何会失去天命呢？周公讲了殷商保天命的秘诀，以及殷纣失天命的原因。"自成汤至于帝乙，罔不明德恤祀，亦惟天丕建，保乂有殷。殷王亦罔敢失帝，罔不配天其泽。"（《多士》）从成汤到帝乙，没有一个不注重修德（德代表的是与天的关系）和谨慎祭祀的，上天也帮助殷商建立了商朝，使得殷商治理有序。殷王不敢失去天命，没有不以德配天，因此，王业才能得到传承。保持统治地位，就意味着要服从天命，以德配天。

殷商如何失去天命的呢？"在今后嗣王诞罔显于天，矧曰其有听念于先王勤家。诞淫厥泆，罔顾于天显民祗。惟时上帝不保，降若兹大丧。惟天不畀，不明厥德。凡四方小大邦丧，罔非有辞于罚。"（《多士》）到了殷朝末年，纣王根本不敬畏上天，更不要说学习先王勤政之事。大肆淫乱，不顾天命与百姓。上帝也就不再保佑殷商，降下灭亡之灾。上天不赐给那些不修德之人以天命。世界上大大小小的国家，没有一个不是因为相应的罪而得到惩罚的。

周公用殷商的例子试图说明，天命不是属于任何一个国家、家族、群体的。一个人能够得到天命，其必要条件是德，即以德配天。有了必要条件，不见得就一定能成为天子。① 既然天命本来就不属于某一个家族，某一个国家，失去天命就是很自然的事情。就如汤王革夏一样，周武王革命，革的是商纣的命，是替天行道。周国没有任何权利说自己应该继承天命。上天指定了周国来继承天命，安定百姓，协和世界。因此，周国替代殷商，不是一个国家反对另外一个国家。"王若曰：尔殷多士！今惟我周王丕灵承帝事，有命曰：割殷。告敕于帝。惟我事不贰适（敌），惟尔王家我适（敌）。予其曰：惟尔洪无度，我不尔动，自乃邑。予亦念天即于殷大戾，肆不正。"（《多士》）这里的意思是，现在只有我们周王顺承上帝事，上帝命令我们去"消灭殷朝"，我们这样做了，把结果祭告上帝。我们灭殷不是与你们为敌，而是与殷王为敌。你们的武庚太无法度，我们

---

① 《孟子》中对于"天降下民，作之君，作之师，惟其助上帝以宠之"的解释，特别是对伊尹等人在政治上如何实现天命的观点，非常重要。参看本书第五章："超越民主：孟子的'民贵'思想"。

没有采取行动，你们自己已经内变。我看上天已经降下了大祸，也就不再讨伐你们这些人了。

那么，如何对待殷商旧臣呢？"惟尔知：惟殷先人有册有典，殷革夏命。今尔又曰：夏迪简在王庭，有服在百僚。予一人惟听用德，肆予敢求尔于天邑商。予惟率肆矜尔。非予罪，时惟天命。"（《多士》）这段话的意思是，你们都知道，殷先王的历史典册中记载着殷革夏命的故事。你们又说，殷商选拔了很多夏朝的人（旧臣）进入朝廷，让他们担任各种要职。我用人是以德为标准。因此，我要在商都中找到你们中间的贤人。现在我只是先赦免你们。这不是我的过错，这是上天的命令。在这段话中，我们可以看出，周公是想说，你们也知道，殷朝推翻了夏朝（殷革夏命），而且任用夏朝的旧臣，这表明，臣民不是仅仅服务于某一个人的，而是服务于上天的。谁能代表上天，就服务于谁，这不涉及变节问题。百官对君王的忠诚是建立在君王对上帝的敬畏的基础上的。殷商之人完全可以服务于周王朝。在周朝做官有一个条件，就是"德"。这里，周公表达的意思是劝说殷商旧臣服务于周王朝，与《诗经·大雅·文王》中"侯服于周，天命靡常"是一个意思：天命不会一直停留在殷商，它已经转移给周国，你们就勤勉地服务于周朝吧。这就是顺从天命。

周公在《多士》篇中的关于夏被殷替代，殷被周替代的话，虽然是对殷商旧臣说的，同时也是对自己说的。因为周王朝很可能步夏商的后尘。在《诗经》中所表达出的"靡不有初，鲜克有终"（《诗经·大雅·荡》）的危机感，周公深有体会。在《尚书·周书·君奭》篇中，开头是这么说的，"周公若曰：君奭，弗吊天降丧于殷，殷既坠厥命，我有周既受。我不敢知曰厥基永孚于休。若天棐（匪）忱，我亦不敢知曰其终出于不祥"。根据孙星衍的解释，"不祥"可能是"不永"的意思①。这段话的大意是，上天降灾祸于殷朝，殷商失去了它的天命，由我们周国接受下来。我不能够肯定地说周朝刚刚开始的大业将永远美好。不能（盲目地）相信天命在己。我也不敢肯定地说我们的国运将不久。

周公在这里对"天命"的思考可以说具有非常重要的哲学意义。周公一方面认为，由于殷纣无德，天命终止，由周国替代；另一方面对周朝

---

① "祥亦永也。"参看孙星衍《尚书今古文注疏》，中华书局2004年版，第447页。

所秉有的天命是否会长久表示出不可知的态度。这种态度看似矛盾的，实则表明周公对天命有着深刻的认识。天命与人是有着本质性的区分的。周公不认为自己国家的先王具有高尚的道德就一定能得到天命。天命与人在这个世界上的所作所为有一定的关系，但是，人的所作所为不能决定天命。这种关系不能颠倒过来。即使自己尽了最大的努力来完成自己认为的天命，人也不能肯定自己的所作所为与天命是一致的，达到了天命所要求的。所以，在天命面前，要如履薄冰，小心翼翼。殷纣所说的"我生不有命在天"（《西伯戡黎》），实际上是根本不信天命，因为他把天命理解为一种血统或者社会地位的承继。在这个意义上，"若天棐（匪）忱"不是指天命不可信赖，或者不能相信上天。说天命不可信，实际上就是指为什么天命不在我的手中，为何天不和我站在一边？"若天棐（匪）忱"是指人永远不可能真正理解天命，人只是执行天的命令，而不知道其最终意义，就如小孩子服从父母的命令，可以做这个，不能做那个，但是小孩子对于为什么如此，其认识是懵懂的。在天命面前，骄傲自满，怡然自得，这些态度都是对天的不敬畏。因此，"若天棐（匪）忱"表达的是对天的敬畏。

对于天命，人所能做的就是尽职尽责。所以，周公说，"君已曰时（是）我，我亦不敢宁于上帝命，弗永远念天威越我民①。罔尤违，惟人在"（《君奭》）。孙星衍的版本的断句是"君已曰时（是）我，我亦不敢宁于上帝命，弗永远念天威。越我民罔尤违，惟人在"②。前半部分的意思比较明确：即使你信任我的做法，我也不敢对上帝之命视之为当然，不敢不永远地在天威面前诚惶诚恐。后半部分，按照孙星衍的解释，意思是不辜负天下百姓。换言之，就是敬天、保民。如何敬天？不是觉得自己负有天命，傲视一切，而是战战兢兢，唯恐做错事情。对天下百姓，永不背违。

"我后嗣子孙大弗克恭上下，遏轶前人光在家，不知天命不易，天难谌，乃其坠命，弗克经历嗣前人恭明德"（《君奭》）：假如我们后代子孙

---

① 这里，同一句话中，"上帝"与"天"一起用。这种用法，与殷商和后来的《墨子》没有什么不同。

② 孙星衍：《尚书今古文注疏》，中华书局 2004 年版，第 447 页。

不能够恭敬地承顺天地之命，丢掉了先王的光辉业绩，不知道天命得之不易，天命靡常（"天难谌"），从而丧失了天命，也就无从谈起子孙后代继承前人的光辉德业了。这里，周公把敬天命与孝祖联系起来：先王所承受的天命不是一劳永逸的东西，需要后代子孙兢兢业业，敬畏天地，不出差错。天命不是前人传给后代的；天命是直接从上天那里得到的责任。后代子孙对先王负责，就是首先要对上天负责，不能把天命作为私有财产一样的东西看待。那么，后代子孙能不能做到这一点呢？这里，周公就引申出了"作之师"的含义。圣贤之师，虽然不能成为天子，但是，他的责任就是要辅助天子来敬畏天命，完成天命所赋予的职责。"在今予小子旦，非克有正，迪惟前人光，施于我冲子"（《君奭》）：现在我姬旦，只是要继续前人的光辉传统，使得它延续到年幼的成王身上。这里周公很明显，把自己比喻成伊尹一样的人物，圣王之师。"又曰：天不可信，我道惟宁王德延，天不庸释于文王受命"（《君奭》）：又说，不能把天命当作生而具有的；我们只有继承发展文王之德（与天的关系），上天才不至于收回文王所接受的天命。这句话的意思是说，不能把统治地位作为祖先的财产来继承；要想延续天命，必须发扬的是"德"。接着周公就列举了伊尹等例子来说明圣贤之师对辅助天子继承天命的重要性："公曰：君奭，我闻在昔成汤既受命，时则有若伊尹，格于皇天。在太甲，时则有若保衡。在太戊，时则有若伊陟、臣扈，格于上帝"等等。在列举了一系列例子后，周公说，"君奭，大寿平格，保乂有殷，有殷嗣，天灭威。今汝永念，则有固命，厥乱明我新造邦"（《君奭》）。意思是，正是因为上述诸位贤臣的辅助，上天赐给殷朝平安，但是，殷纣继位后，因其恶，上天消灭了他。要永远记住这些，才能获得上天的固命，治理我们这个新建的国家。接着，周公讲述了文王之德与文王的五位贤臣之间的关系如何使得文王"冒闻于上帝，惟时受有殷命"（《君奭》）。由于五位贤臣的辅助，文王的政绩显著，上帝闻知，使得文王接替了殷朝的天命。在《君奭》的最后，周公说，"君，予不惠若兹多诰，予惟用闵天越民"：我不想这么多话，我只是忧虑（失去）天命和我们的百姓。天命与民（天下人）是联系在一起的。

周公在《君奭》中所讲的革命与《多士》篇中劝说殷商旧臣的话是有区别的：《多士》篇中讲的如何革别人的命，而《君奭》中提醒的是自己如何不被革命。

最后，我们来看看周公如何理解"民主"与天命关系的。《多方》与《多士》非常相似，《多士》是周公用"革命"的道理来劝说殷商旧臣接受天命的安排，服务周朝；《多方》记载了周公对诸侯各国以及殷商旧臣讲授"民主"的含义。什么是民主？民主的合法性来自哪里？"洪惟图天之命，弗永寅念于祀，惟上帝降格于夏。有夏诞厥逸，不肯戚言于民，乃大淫昏，不克终日劝于帝之迪。乃尔攸闻。厥图帝之命，不克开于民之丽，乃大降罚，崇乱有夏，因甲于内乱。不克灵承于旅，罔丕惟进之恭，洪舒于民。亦惟有夏之民，叨懫日钦，劓割夏邑。天惟时求民主，乃大降显休命于成汤，刑殄有夏。"（《多方》）夏桀败坏天命，对于祭祀大礼也不敬重，上帝降下了警告。首先是夏桀与天命的关系，与天的关系。他对天不敬畏。其次是夏桀与民的关系。夏桀大肆享乐，对百姓不顾惜，昏庸无道，不能勤勉于上帝的命令。周公说，有关夏桀的这些事情，你们都已经听说。他败坏天命（帝之命），"不知天之爱民，不能开释于民之丽于罪纲者，乃大诛罚，终乱夏邑"[1]。夏桀不知道自己是天命与民之间的桥梁，不知道夏朝应该是属于上天的。他反而给夏朝增添混乱，淫泆狎习。他"不能好好接受上天的美命，他和臣下无不大力搜刮财货，荼毒百姓"[2]。因此，夏朝整个社会风气极为败坏，严重损害了夏朝（天下）。天下大乱，其原因在于夏桀。夏桀与普通百姓一样，自私自利，整个天下就无法无天。治理天下大法不是来自下，而是来自上，上帝的命令。这和墨子的观点是一样的。天子是用来统一天下之"义"的，最终"同"于天。夏桀抛弃了天命，天下无主。正是在这个意义上，上天寻求民之主，降下大命于成汤，消灭夏朝。"民主"就是"天子"，是代表天来统治天下人的。成汤是被上天选中的，是天子，是民主。民主是天下人的最高权威，因为他不代表任何人，他代表天。设立民主的原因就是上天爱民。

因此，周公接着就讲了"民主"的含义或者职责就是"保民"或爱民。"惟天不畀纯，乃惟以尔多方之义民，不克永于多享。惟夏之恭多士，大不克明保于民。乃胥惟虐于民，至于百为，大不克开。乃惟成汤克

---

① 孙星衍的翻译。参看孙星衍《尚书今古文注疏》，中华书局 2004 年版，第 461 页。

② 这是慕平的翻译。

以尔多方简代夏作民主。"（《多方》）这几句话的意思是，上天不赐予夏桀大富，这就是为什么你们这些贤者（义民）不能永远享用福禄。夏朝任用的官员不能够安民（保享于民），却大肆虐待百姓，无所不至，夏朝陷入了不可救药的地步。成汤得到了多方贤士的支持，取代了夏桀，做了"民主"①。政治的基础是天命，而天命是不属于某个人、某个家族的。被选择做"民主"，不等于说是永恒不变的，不符合"民主"的条件，就要失去政治地位。"王若曰：浩告尔多方，非天庸释有夏，非天庸释有殷，乃惟尔辟以尔多方大淫，图天之命，屑有辞。乃惟有夏，图厥政，不集于亨；天降时丧，有邦间之。乃惟尔商后王，逸厥逸，图厥政，不蠲烝，天惟降时丧。"（《多方》）不是上天首先抛弃了夏朝，不是上天首先抛弃了殷商，而是你们君主率领多方首领大肆作恶，败坏天命。夏桀败坏其政，不进行祭祀活动，上天这才灭亡了他，让你们商王替代他。但是，你们商王的后代纣王贪图享乐，败坏政治，不洁净地举行祭祀（对天不敬畏），上天不得不灭亡了他。这些话的含义是，上天赋予某个政体以天命，而这些统治者可以以德服从天命，也能够因为恶而拒绝天命。"民主"仅仅是天命的工具。

对于殷商纣王如何失去天命，《多方》篇中作了详细的叙说："天惟五年须暇汤之子孙，诞作民主，罔可念听。天惟求尔多方，大动以威，开厥顾天，惟尔多方罔堪顾之。惟我周王灵承于旅，克堪用德，惟典神天。天惟式教我用休，简畀殷命，尹尔多方。"（《多方》）上天用五年的时间来等待你们殷商纣王，真正成为"民主"，但是，他对天的警告置若罔闻。上天还对你们多方人士通过灾异降下谴告，希望开发出仰承天意的人，但是，你们这些多方人士没有人顾及天意。只有我们周国，善承天命，能够施行德政（"德政"本义应该是以天命为基础），主持祭祀天的活动。上天把美好的迹象告诉我们，把殷朝的天命转给了我们，治理了多方诸侯。用本篇的词语，可以说，夏桀、殷纣是触犯了"天之威"，导致了"天之罚"。

---

① 这里我们看到，"为民做主"与"做主人"是两个不同的概念。所谓"为民做主"，就是要为民负责，要服从天命，要保民、爱民，因为天下与天下人是属于上天的。"推翻旧社会做主人"，是说天下不是属于少数人的，而是属于大众的。

在《多方》篇，周公的核心思想是，天命是政治的基础，而天命是被上天赋予有德之人的。"民主"就是上帝在地上的代表。违背了上帝的意志，就失去了"民主"的资格。

本文的第二部分所要论述的就是，在夏商周的政治生活中，天命观是非常突出的，是体现在各个方面的。一个很自然的问题就是，这样的天命观，在孔子（《论语》）的思想中得到继承了吗？①

结　语

本文以孔子的"人本主义"思想开头。在文章的结束的地方，我们有必要再看看《论语》中是如何看待《诗经》，如何论述政治的根基的。下面的几句话很有概括性。

"子曰：诵《诗》三百，授之以政，不达；使于四方，不能专对；虽多，亦奚以为？"（13：5）孔子的意思是，即使你能全部诵读《诗经》，如果在处理实际事务中，你不能运用所学到的，那学得再多也无用。学以致用，学习是为了贯彻到实践中的。"子曰：小子何莫学夫诗？诗，可以兴，可以观，可以群，可以怨。迩之事父，远之事君；多识于鸟兽草木之名。"（17：9）学习《诗经》，可以帮助人孝顺父母和侍奉君主。"子曰：诗三百，一言以蔽之，曰：思无邪"（2：2）。孔子对《诗经》的总结是"思无邪"。无论我们如何理解这三个字，我们都很难看出天命思想。可见，孔子对《诗经》的取舍是很明确的。

在《诗经》中，我们看到，天命是政治的基础。那么，在《论语》中，孔子是如何看待这个问题的呢？"有子曰：其为人也孝弟，而好犯上者，鲜矣；不好犯上，而好作乱者，未之有也。君子务本，本立而道生。孝弟也者，其为仁之本欤！"（1：2）这是《论语》中有关孔子伦理思想最好的概括和总结：仁之本，道之始，在于孝悌。孝悌是儒家伦理道德思想的核心。政治以道德为本、为基础、为根源。一个孝悌的人，是不会犯上作乱的。主张孝悌，也是从政，是为政治立根基。

① 参看拙文《孔子：无神论者抑有神论者？》，《儒林》第五辑，上海古籍出版社2016年版。

根据我们以上的分析，我们可以得出这么一个结论：墨子的思想与孔子思想一样，都根源于夏商周的文明之中，而墨子继承了夏商周文明的天命思想，孔子继承的主要是礼义思想，是孝顺父母、忠于君主。这可以证明，《墨子》的思想不是在历史上突然出现，然后又消失的。墨子有其思想根源，而且对墨家思想的继承一直没有停止过，只不过是以不同的形式存在于普通人的思想和生活之中，并与其他思想和信仰交织在一起①，构成了中国文化精神的核心。

---

① 不仅存在于人们的生活中，也在很多文献甚至是与天命观相违背的文本中出现，比如在《论语》《孟子》《中庸》《春秋繁露》等很多儒家的文献中也有。儒家给予天人关系自己独特的解释，把人放到了至少和天是一样的地位上。仔细梳理和分析儒家哲学中的天人关系与上古时期的天命观的根本区分，是非常必要的。

关系与伦理

第七章　墨子是功利主义者吗？

——论墨家伦理思想的现代意义[①]

在 20 世纪 30 年代，冯友兰在他早期的两卷本《中国哲学史》里说"墨子哲学为功利主义"，理由是与儒家相比，"儒家'正其谊不谋其利，明其道不计其功'。而墨家则专注重'利'，专注重'功'"[②]。换句话说，儒家重视道德本身的纯洁性，而墨家注重功利的实用性。半个世纪以后，李泽厚在《中国古代思想史论》里是这样论述墨家的："墨子把道德要求、伦理规范放在物质生活的直接联系中，也就是把它们建筑在现实生活的功利基础之上"，"儒家的'爱'是无条件的、超功利的；墨家的'爱'是有条件的而以现实的物质功利为根基的。它不是来自内在心理的'仁'，而是来于外在的互利的'义'。基于'利'和'义'是小生产劳动者的准则尺度"[③]。儒家只讲道德里的无条件的爱，对于利不屑一顾；而墨家把义或他们的道德与功利联系起来，因而儒家的道德是真诚的，而墨家的道德是虚伪的。冯友兰和李泽厚对墨子道德理论的看法似乎在当今时代仍占主导地位。我的问题是，墨子真的是功利主义者吗？

我写这篇文章的目的是想为墨子正名：由于受冯友兰、李泽厚的宣扬和影响，墨子的伦理思想一直被误解为类似于西方 18 世纪出现的功利主义伦理学。这种观点是和传统儒家批评墨家一致的：儒家认为自己的伦理思想核心是仁义，而墨家主张的是互利。按照儒家的观点，君子言仁不言

---

① 本章内容发表在《中国哲学史》2005 年第 1 期，后被吸收到《政治与人：先秦政治哲学的三个维度》。

② 参看冯友兰《中国哲学史》（上），中华书局 1961 年版，第 115 页。

③ 参看李泽厚《中国古代思想史论》，人民出版社 1986 年版，第 58—59 页。

利。义是高尚的，为义而义的伦理学，是最纯粹的伦理学。这样看起来，儒家的伦理境界显然高于墨家。但是，问题并不是那么简单，义和利的概念不是抽象的。当人们说义或利的时候，我们要问：谁之义？谁之利？针对这个问题，我将把墨子的利与义的思想与西方功利主义伦理学以及儒家的仁义学说进行对比，看看他们之间究竟有什么不同点。文章的最后，我将论述，如果把墨子与当代西方杰出伦理现象学家列维纳斯相比较，那么，我们就会发现他们之间有着惊人的相似性。

一　功利主义（Utilitarianism）："我"的概念

为了弄清出墨子到底是不是功利主义者，我们必须先弄明白功利主义伦理学到底是什么样的理论。我们不能望文生义。功利主义伦理思想的主要创始人是边沁（J. Bentham，1748—1832）、密尔（J. S. Mill，1806—1873）。边沁是这样定义"功利"（utility）的："就功利而言，它指的是这样一种性质，靠它能在任何问题上给利益相关的当事人带来利益、好处、快乐、善或幸福……或……阻止损害、痛苦、邪恶或不幸福的发生。"[①]他们的基本思想是这样的，一个行为的正确与错误是由这个行为的后果所决定的：正确的或善的行为是能够给我们带来快乐（pleasure）和幸福的行为，而错误的或恶的行为是产生痛苦（pain）的行为。在道德上正确的行为应该是那些在所有的选择里，能产生最大的快乐、减低到最少的痛苦的结果的行为。每个人关心的是如何获得快乐（pleasure），避免痛苦（pain）。快乐就是善本身，而痛苦是恶。根据摩尔的观点，对密尔来说，"快乐是我们应该作为目的的唯一的事物，唯一的本身就是目的而且是为了自身的善的事物"。[②]正是在这个意义上，摩尔把功利主义看作享乐主义（hedonism）伦理学里的一种主要流派。

如何获得快乐是功利主义的核心问题。而这个问题是与"当事人"有关的，也就是说，如何获得快乐总是一个"当事人"所关心的自己的

---

① 参看［英］尼古拉斯·布宁、余纪亮编著《西方哲学英汉对照辞典》，人民出版社2001年版，第1046页。

② G. E. Moore, *Principia Ethica*, edited and with an introduction by Thomas Baldwin, Cambridge：Cambridge University Press, 1993, p. 116.

事情。密尔说，"每个人的幸福是对于那个人的善，而普遍幸福，因此，是对于所有那些人加在一起的善"。① 把这句话和边沁在《道德与立法原则导论》里的话联系起来："自然已经把人类置于两个最高的主人的统治之下，即痛苦与快乐。正是它们决定了我们将要做什么以及我们应该做什么。"② 从密尔和边沁所说的，不难看出，他们所指的道德主体的行为原则是自己如何获得最大的快乐与尽量远离痛苦。他们认为，我们应该选择的行为是能给我们自己带来最大快乐的行为。我们很自然地会帮助别人获得幸福，因为这样做的话能使得我们自己的幸福得到保证。我之所以帮助别人首先是为了我自己的幸福考虑的。也就是说，如果每个人都只追求满足自己的快乐的话，他们之间的冲突反而不利于实现个人的幸福。在不损害自己的快乐的前提下，帮助别人也是间接地保护自己的快乐。

所以，密尔认为，从社会的角度看，关心他人主要是通过社会机构，包括道德规则和法律，来尽量协调个人利益与整体利益的关系。社会对人们的道德教育是建立在这样一个信念上的：教育可以使得人们认识到每个人自己的幸福是与社会整体的幸福不可分开的，促进公共利益的发展也是间接地发展自己的利益。也就是说，整体利益是实现个人幸福的手段。在所有的道德计算考虑内，我，作为个体，是坐标的中心点。边沁的著名的"快乐—痛苦演算"法则背后所隐含的思想就是对个人的利益要斤斤计较。在采取每个行为之前我要计算一下快乐与痛苦的程度范围等谁多谁少。由于只有快乐和痛苦赋予了我们的行为以价值，因此，在私人和公众生活里，最终我们所关心的是如何尽可能地扩大幸福。

但是，在我们的快乐与他人的快乐不仅不是相互和谐，而是互相矛盾、互相冲突的情况下，我如何做呢？功利主义的"快乐—痛苦演算"法则不是适用于他人的，而是帮助我或我们来衡量如何取得最大的幸福。当我很穷的时候，我想到要去偷他人的东西。从别人那里拿到东西当然能增加我快乐的程度，但是增加了别人痛苦的程度。在这个时候，我如何做

---

① G. E. Moore, *Principia Ethica*, edited and with an introduction by Thomas Baldwin, Cambridge: Cambridge University Press, 1993, p. 118.

② Samuel Enoch Stumpf and James Fieser, *Socrates to Sartre and Beyond*: *A History of Philosophy*, 7th edition, New York: McGraw – Hill Higher Education, A Division of the McGraw – Hill Companies, 2003, p. 335.

呢？功利主义能够告诉我的就是：为了解决这个冲突，我要计算一下什么样的行为能带来最大的幸福。我将在下面几种选择里考虑：（1）如果我现在不偷别人东西，我将不能增加我的快乐；（2）如果我偷别人的东西，我目前将会增加快乐，减少痛苦；（3）但是，如果每个人都这么考虑的话，从长远的角度看，我就不能保证我的幸福的安全性；（4）我目前的快乐重要呢，还是将来的快乐的保证更重要？在这些选择的背后，始终是以"我"为中心。

另外一个问题是，如何根据功利主义的原则，来衡量社会整体利益与个人利益之间的关系？增强整体利益同时也是增加个人利益。如果把整体看作一个个体，那么，整体行为的决策必然是用数学的方法来计算如何增强它的最大利益。凡是不符合增加最大利益的行为都应该避免。比如，社会上的老弱病残者，是社会财富纯粹的消耗者，严重影响整体利益的优化原则。功利主义的原则是把这些人从社会里清除出去。这是一位当代西方功利主义哲学家的观点。从这个例子我们可以看到，功利主义的整体观念是一个"我们"的观念，是社会大多数或社会主要财富权利占有者的集团概念，不是涵盖每个人的。所以，当功利原则表达为，一个善的行为就是能给社会的最多成员带来最大的幸福的行为的时候，这里的成员整体显然包括我自己在内。而且，更准确地说，整体概念是以我为中心的概念，是我的一部分。这是从快乐或利益方面考虑的以自我为中心的小我与大我的关系问题。我们将会看到在儒家伦理学里也存在着类似的小我与大我的关系问题。

下面我们先看看墨子是不是符合以上我所说的功利主义的标准。

二　墨子的兼爱："他人"的概念

墨子伦理的中心思想是什么呢？让我们先引用孟子对于墨子思想的概括："孟子曰：'杨子为我，拔一毛而利天下，不为也。墨子兼爱，摩顶放踵利天下，为之。"[①]这里孟子用相当形象和精练的语言对杨朱和墨子的哲学思想作了相当精确的概括。由于杨朱把自己和天下（他人或社会）

---

① 杨伯峻译注：《孟子译注》，中华书局 1960 年版，第 313 页。

对立起来看，因此，损害自己的利益、减少自己的快乐的事情是绝对不干的。由于其中心思想是"为我"，所以，并不排除杨朱可以做有利于他人的事情。当然，前提是给我带来更大的快乐。与之相反，墨子是以他人为中心的。在这里"天下"不是社会大多数人，而是他人。为了他人的快乐，自己情愿受苦受难。"摩顶放踵"显然与功利主义的伦理思想相矛盾。"兼爱"不是爱自己，而是强迫自己去为别人服务。在自然状态下，没有人愿意吃苦，没有人愿意接受痛苦。孟子给"兼爱"的定义是很准确的：我"摩顶放踵"，我吃苦，是为了"利天下"，为了让他人获得更大的快乐。

在这里孟子不仅是把两个人的思想对立起来看，更重要的是，他点明了杨朱与墨子的思想的相同与相异之处。他们的共同点是把自我与他人分开来看。这一点在后面第四部分论列维纳斯的时候就会看到它的重要性了。他们的区别在于，在看待我和他人的关系上，一个以自我为中心，一个以他人为中心。

这样看来，杨朱更接近功利主义思想，而墨子则是功利主义的对立面。孟子不赞成他们的思想的原因是，杨朱仅仅认识到自己的个体存在，而没有认识到自己是生活在家庭与社会里面的。家庭和社会是自我的一部分。或者说，杨朱的脑子里没有"我们"这个概念。对孟子来说，墨子思想的危害更大，因为他没有把自己的父母看得比任何其他人都重要。人对自己的父母的自然感情要比对其他人的感情更深厚。爱有差等是儒家仁爱思想的核心。而墨子哲学则是对这一人类的自然情感的挑战。那么，墨子的"兼爱"思想真的像孟子所说的"墨氏兼爱，是无父也。无父无君，是禽兽也"吗？[①]

孟子敏锐地看到，墨子的"兼爱"思想是反自然的。但是孟子把反自然的思想与必然导致不爱自己的父亲联系起来，显然是不合逻辑的。"兼爱"思想之所以是反自然的，就因为它把他人（包括自己的父母兄弟）的需求看成自己的需要。视人如己，爱人如己。这是与人的自然状态下的爱的心理相矛盾的。就像功利主义所说的，人本能地爱自己，人本能地趋利避害。墨子说，"虽至天下之为盗贼者也然：盗爱其室，不爱其

---

① 杨伯峻译注：《孟子译注》，中华书局 1960 年版，第 155 页。

异室，故窃异室以利其室。贼爱其身，不爱人，故贼人以利其身。此何也，皆起不相爱"。①"不相爱"指的是人都以自我为中心，把满足自己的快乐作为行为的唯一标准。按照墨子的观点，如果人人都像功利主义者所说的那样，这个社会连最基本的人际关系也难以维持下去。"臣子之不孝君父，所谓乱也。子自爱，不爱父，故亏父而自利；弟自爱，不爱兄，故亏兄而自利；臣自爱，不爱君，故亏君而自利，此所谓乱也。"同样的，"父自爱也，不爱子，故亏子而自利；兄自爱也，不爱弟，故亏弟而自利；君自爱也，不爱臣，故亏臣而自利"（同上）。这里墨子提出了一对很重要的范畴，自爱与相爱。自爱的思想是与功利主义的思想一致的。如果把功利思想贯彻到底的话，人就不可能有真正稳定的社会生活，因为每个人都像原子一样堆积在一起。那君臣、父子、兄弟的关系，即国家与家庭，也是不稳定的。在这一点上，墨子与孟子对杨朱思想的批判是一致的。墨子主张兼爱，并不是不要君臣、父子、兄弟等关系（国家与家庭），而是为它们寻找真正的根基。孟子在这一点上是歪曲了墨子思想的。"若使天下兼相爱，爱人如爱其身，犹有不孝者乎？视父兄与君若其身，恶施不孝？犹有不慈者乎？视弟子与臣若其身，恶施不慈？"②这些话好像是墨子对孟子讲的。墨子从来没有否认当时国家与家庭的基本关系的道德准则。他们之间的根本不同点是对"爱人如爱其身"里面的"人"的不同理解：墨子是指任何一个人，而孟子指的是自己的父母兄弟等亲近的人。

兼爱与自爱的区分就在于人能否做到把他人作为目的的本身来看待，而不是把他人或社会作为满足自己的快乐的保障，即间接的手段。这是墨子与功利主义区分的另外一个重要方面。功利主义者把满足自己的快乐或避免自己的痛苦作为行为的唯一目的。因而，满足他人的快乐是表面的，是手段，因为其真正目的是间接地满足自己的快乐。

但是，把墨子说成是功利主义者主要是因为墨子说"欲天下治，而恶其乱，当兼相爱、交相利，此圣王之法，天下之治道也，不可不务也"（同上，第116页）。"兼相爱、交相利"。人们把这句话解释为兼相爱是

---

① 王焕镳：《墨子校释》，浙江古籍出版社1987年版，第105页。
② 同上书，第106页。

手段，而交相利是目的，因而墨子是功利主义者。这是对墨子的误解。兼相爱是本是源，而交相利是末是果。"兼相爱、交相利"说明墨子的伦理思想是非常之深刻的。其表现为下列两个方面。第一，"兼相爱、交相利"说的是两个不同层次的关系，前者是伦理的，而后者是政治的。道德是政治的基础。在伦理关系上，我爱他人就像爱我自己一样，别人的痛苦也是我的痛苦。所以我应该关心他人的疾苦就像关心我的一样。在这种伦理关系里面，考虑得更多的是他人的利益或幸福。但是，在政治的层面上，也就是说，在客观的立场上，对我自己的利益或幸福的考虑是平等概念的一部分。这完全是合理的。如果说，兼相爱是伦理的问题，那么，交相利就是政治上平等的问题。这种平等关系不是建立在以自我为出发点的观念上的，也不是建立在社会契约的基础上的，而是建立在我把他人看作目的本身的伦理关系上的。

　　第二，道德伦理概念从来都不是抽象的，是有具体内容的。利害的概念是在道德伦理概念"兼相爱"的关系下讨论的。对墨子来说，道德概念从来都是存在于关系之中的（你和我的关系），是有实质性内容的（痛苦与快乐、饥饿与贫困等）。道德上的善与恶的概念不是存在于抽象的道德主体的本质特性或客观世界里面的。我们来看看墨子的典型语言："子墨子言曰：'仁人之事者，必务求兴天下之利，除天下之害'。然当今之时，天下之害孰为大？曰：'若大国之攻小国也，大家之乱小家也，强之劫弱，众之暴寡，诈之欺愚，贵之敖贱，此天下之大害也'。又与为人君者之不惠也，臣之不忠也，父者之不慈也，子者之不孝也，此又天下之害也。又与今人之贱人，执其兵刃毒药水火，以交相亏贼，此又天下之害也。"（同上）在这段话里，我们首先看到的是，道德概念中"惠""忠"是君臣之间的关系，"慈""孝"是父子之间的关系。墨子不仅没有否认君臣父子关系，而且强调了道德概念必须体现在人与人之间的关系之中。同样的，恶也不是什么抽象的东西。恶就是某人或某些人对另外的人造成的伤害。用功利主义的语言说，是给他人以痛苦。"执其兵刃毒药水火，以交相亏贼"。互相残害，就是恶。其次，我们要看到的是，墨子与儒家的最大的不同点是强调"利"与"害"的道德内涵。墨子不是不讲仁义，而是把仁义理解为利害。这也是把墨子看作功利主义的一个主要原因。我们的问题是：难道满口仁义的人就一定是道德的人，而处处讲利害的人就一定是功利主义者吗？当一个富人对一个乞丐说"饿死是小、失节是大"的时候，这个富人就一定是一个为道德而道德的人吗？就一定高尚吗？难道他不是在用道德的力量来保护自己的既得利益吗？当我仅仅在口头上说我爱一个穷人，而不用实际行动来改善他的处境的话，我能够说我真的是一个有道德的人吗？墨子的兼爱就在于他不是空洞地说教。兼爱要落实到实处，就必须体现在行为上。毛泽东的"毫不利己，专门利人"的话中"利己"还是"利人"的概念体现的就是墨子哲学的利害思想：真正的仁义是以他人为中心的道德行为。他人的物质利益或快乐就是我的精神享受。用"利害"的概念来充实抽象的仁义的概念，在以他人为中心的思想框架里，就表现为真正的仁义，真正的道德内涵。我不能空着手去爱他人。这也是列维纳斯伦理思想的一个重要的方面。

三　儒家的仁爱："我们"的概念

孟子之所以把杨朱和墨子对立起来看，并进行批判，主要是因为在他们两个人的哲学里缺乏一个很重要的概念"我们"：我的父母、我的兄长、我的家族、我的朋友、我的邻里、我的国家等。"我"的生活是和"我们"的生活分不开的。"杨氏为我，是无君也；墨氏兼爱，是无父也。无父无君，是禽兽也。"[①] 孟子之所以觉得墨子的兼爱的结果是无父，是因为他是作了如下推理的：人在自然状态下是不爱陌生人的，而墨子主张如果把自己的父亲和陌生人一样看待的话，其结果必然是把自己的父亲看成陌生人，从而导致不爱自己的父亲。这个推理背后的思想是以自己为中心，而这恰恰是杨朱的为我的思想，是为墨子所批判的思想。墨子的兼爱思想是爱陌生人要像爱自己一样。同样的，爱自己父亲也是如此。那么，墨子和儒家思想的区分究竟在哪里呢？孟子很清楚地意识到，在杨朱和墨子的思想里，所缺少的是把家庭（父子关系）和国家（君臣关系）看作伦理思想的核心。而墨子，作为第一个批判孔子哲学的人，也是针对儒家的"我们"的概念的。如果对杨朱和墨子之间的争论来说是"我和他人的关系"问题的话，那么，对儒家与墨子的争论便是"我们与他们的关

---

① 杨伯峻译注：《孟子译注》，中华书局 1960 年版，第 155 页。

系"问题。

对儒家来说，爱有差等，始于父母，这是一个坚实的自然与形而上学基础。父子关系作为一种自然关系是永恒的。从功利主义或杨朱的哲学出发，必然把社会实体理解为建立在互利的基础上的契约式的组织，例如，个人与公司之间的关系。儒家对功利主义的批判就在于我们不能把家庭与国家看作类似于公司的组织。家庭与国家，作为社会的基本单位和核心，是个人自我特征的根本组成部分。父母不会等和我谈判达成一致协议后，再把我生下来。同样的，我也不能像可以随意撕毁公司合同一样与我的父母断绝关系。儒家把理想的国家理解为一个大的家庭：国家的兴衰与荣辱是与个人紧紧联系在一起的。孟子敏锐地观察到杨朱的功利主义思想在国家问题上必然把自己与国家两者之间的关系看作是可有可无的。"杨氏为我，是无君也。"

儒家的仁义道德不是抽象地存在于道德主体里的特性，而是存在于家庭关系里面的。"仁之实，事亲是也；义之实，从兄是也。"（同上，第183页）侍候双亲与听从兄长是仁义的真实内涵。这是理解儒家的"正其谊不谋其利，明其道不计其功"的为道德而道德的思想钥匙。杜维明，当代的儒家代表人物之一，说："孝是人的感受性的不可避免的结果，因为它是同情之心自然流露的过程。既然作为子女，我们爱我们的父母，他们便是我们情感的直接对象。当我们意识到我们的幸福，事实上我们的存活，在很大程度上都是由于他们的不断支持时，我们就感受到一种回报的需要。这样一种需要是自然的和自发的。"①杜维明的这段话很耐人寻味。

第一，我爱我的父母是一种自然之爱。这种爱是建立在一种血缘关系上的。我和我的父母不是陌生人。可以这么说，在我的身上存有我的父母的痕迹。爱我的父母在很大程度上也是爱我自己。同样的，我父母爱我也是由于血缘关系，也是因为在我的身上看到了他们的影子。他们爱我在很大程度上也是爱自己。我对我父母的伤害，也是对我的伤害。在杜维明看来，杨朱或功利主义者只看到了自己与父母的身体上的分离，而没有看到在精神上是同一的，是连续的。他们没有认识到什么是真正的自我，从而，把一个抽象个体的肉体作为唯一自我的概念来看待。"父亲活在儿子

---

① 杜维明：《论儒学的宗教性》，段德智译，武汉大学出版社1999年版，第128页。

的记忆中，他通过儿子继续活着。"① 这种父子之间的爱，就像杨朱的爱自己一样，是一种自爱，是以自我为中心的。他们之间的不同之处是对什么是真正的自我的不同理解。

第二，实际上，功利主义的功利原则是建立在人的趋乐避苦的自然倾向上的。而儒家也把爱父母建立在同样的自然倾向上："认为我们的'身体'作为人性的具体表现，是父母赐予的；这一点不仅是一种伦理方面的选择，而且也是一种形而上学的方面的抉择。"（同上，第129页）杜维明的话在这里是有问题的：在伦理行为上是有选择的，而在形而上学上（实际上对他来说是自然的心理状态）是没有选择的。这里他遇到了功利主义所遇到的同样的问题：既然我们人会自然而然地趋乐避苦，为什么一定还要在伦理上建立规则让我们一定这么做呢？自然的东西是不需要强求的。② 如果说杜维明的话有意义的话，那么，我们只能作如下解释：人并不总是有意识地增强自己的利益。自发的东西需要进一步地加强。例如，杨朱或功利主义者就没有认识到爱不仅是爱自己的身体，也是爱赐予自己身体的父母。杨朱的自我的概念是狭隘的，需要被扩充。因此，功利主义的"我"的概念与儒家的"我"的概念没有本质的区分，只有大小之分。这是大我和小我的问题。

第三，儒家不提"交相利"，但是，儒家提倡"回报"。父母给予了我养育之恩，不报非人也。投以桃李，报以木瓜。"养子防老"实际上就是这个意思。这显然是一种利益的交换。如果说，"交相利"是功利主义的话，那么，这种"养育"与"回报"之间的交换不是功利主义，又是什么呢？当然了，儒家的"交相利"更重要的是表现在另外两个方面：（1）父子之间的关系是家族大生命延续的核心链条；（2）生物上的生命延续是家族的名声延续的基础。家族的概念是一个以"我"为中心的在时间上和空间上不断延伸的同心圆的概念。我始终是一切关系的中心。"真我，作为一个开放的系统，不仅是关系的中心，而且也是一个精神和身体成长的动态过程。创造性转化中的自我是人际关系的不断扩张着的网

---

① 杜维明：《论儒学的宗教性》，段德智译，武汉大学出版社1999年版，第122页。

② Frederick Copleston, *A History of Philosophy*: *Modern Philosophy*, *Bentham to Russell*, Vol. 8, Garden City, New York: Image Books, A Division of Doubleday & Company, Inc., 1967, p. 25.

络的具体'体现',而这种'体现'本身也在不断扩展和深化;我们可以把这一网络看成一系列的同心圆。"① "我们不仅对先人负有责任,而且对后代也负有责任,他们也将传承我们的希望,并继承和推进我们的事业。"(同上,第123页)对儒家来说,"他们"不是真正的他们,是我们的一部分。我们是通过他们,即子孙后代,来继续存在下去的。

第四,这种以我为中心的思想,显然是排斥异己的,并把他人作为实现自我的手段。女人在这种网络关系里是被作为手段来看待的,是可有可无的:"夫妻关系与父母子女或兄弟姐妹的关系不同,是社会契约的产物。" "夫妻关系是可以切断的。" "孔子本人不止一次地离婚。"(同上,第130页)请注意:契约关系是什么意思?是典型的公司性质的概念,是利益关系。对于我来说没有利的女人就可以解除婚姻关系。女人就是用来为丈夫生孩子和养育后代的。但是,杜维明是用这样的道德语言来掩盖男性社会的自私自利的本性的:"儒家伦理在夫妻关系方面强调的是社会责任而非浪漫的性爱。" "儒家把夫妻间的恰当的关系规定为'劳动分工'(即'夫妇有别')。"(同上,第131页)用经济学上的名词来解释夫妻之间的关系其含义至少有两个:一是把夫妻关系理解为手段与目的的关系,二是企图把这种男性社会所理解的妻子是工具的思想变为自然的关系,从而把自己的目的掩盖在所谓的理性的面纱下。实际上,杜维明也是这么做的,"'别'的观念,传达了一种'区别'的意义,是根植于阴阳力量之间的既相互区别又彼此补充这种矛盾的互补关系。只要性别的生物学上的现实的性的区别继续存在,则'别'的社会的、文化的和宗教的意义也就不可能轻易地被消解掉"(同上)。用自然的关系来理解人与人之间的关系,这也是功利主义的典型的思维方式。当然,杜维明在这里的目的是企图给以男性为中心的社会披上绝对的外衣。

"人性是天的自我彰显、自我表达和自我实现的形式。"② 这种处处以自我为中心的思想所追求的不是自己的利益还是谁的利益?在墨子看来,正是这种时时刻刻不忘自我的自私自利的思想,才是天下之大害。这种唯我主义者不能包容他人(包括自己的妻子),更谈不上包容与自己不同的

① 杜维明:《论儒学的宗教性》,段德智译,武汉大学出版社1999年版,第132页。
② 同上书,第117页。

上天与鬼神了。

到此，我们把墨子的"爱人如爱其身"的兼爱思想和儒家的仁爱思想同功利主义相比较，谁更接近功利主义是很明白的了："我们"的概念距离"我"的概念更近。

四　列维纳斯：我与他人的关系的不对称性

如果说在墨子所论述的"我与他人"的伦理关系里"他人"是中心与重心的话，那么，这个关系必然包含着如下的含义：一是在伦理责任的关系里，我只能要求我自己去服务于他人；二是我不能要求他人以同样的方式回报我，因为回报是一个政治的计算概念，不是伦理的。这两层含义所说明的是我与他人的关系是不对称的，即不是处于同等水平上的。换言之，对我来说，他人高于一切。

在《墨子·贵义》篇里，我们看到如下的故事："子墨子自鲁即齐，过故人。谓子墨子曰：'今天下莫为义，子独自苦而为义，子不若已'。子墨子曰：'今有人于此，有子十人，一人耕而九人处，则耕者不可以不益急矣。何故？则食者众而耕者寡也。今天下莫为义，则子如劝我者也，何故止我？'"①墨子所说的"义"就是利害关系问题，是他人之利或幸福与他人之害或痛苦的问题。李泽厚没有很好地理解墨子的"义"的伦理思想。如果墨子的"义"是对别人说教的话，就是虚伪的，是动机不纯的。但是墨子明确地说，对于这样的"义"，我只能要求我自己去做，去实践，哪怕世界上没有人这样做。正因为这样做的人少，我的责任更重大。"自苦"不是喜欢自虐，不是喜欢别人和我一样吃苦，而是为了别人的快乐和幸福。如果说墨子的思想与功利主义相似的话，那么，其相似性也恰恰体现了他们的不同之处：对墨子而言，作为道德主体的我成为这个世界的中心，唯一可能性是作为道德义务和责任的负担中心，是世界的最低点；而对功利主义者来说，我是世界的最高点，是世界利益的获得者，一切都是为了我。正是因为如此，墨子才说，"杀一人以存天下，非杀一人

---

① 王焕镳：《墨子校释》，浙江古籍出版社1987年版，第347页。

以利天下也。杀己以存天下，是杀己以利天下"。① 杀一人有利于世界的话，这不叫有利于世界。因为在这背后隐藏的是，我是这个受益的世界的一部分，而我要求他人来为我牺牲。然而，我为了世界而牺牲我的生命，这才真正是有利于世界。因为我不是那个世界的一部分。

在我引用的《墨子》的上面的故事里已经包含了我的责任的紧迫性和不求回报性的概念。不管他人如何待我，我对他人有着不可推卸的责任。在《墨子·公输》篇里，墨子冒着生命危险去说服楚国和公输盘放弃攻打宋国的计划。当墨子完成任务以后，"子墨子归，过宋，天雨，庇其闾中，守闾者不内也。故曰：'治于神者，众人不知其功；争于明者，众人知之'"。② 墨子为了宋国冒自己的生命危险，他不仅不求对方回报（对方实际上也没有回报），而且，没有让对方知道。这才是真正的爱：无私的爱就是不仅不要求对方回报自己的爱，也不要求对方知道自己的爱。因为对方知道了以后，在表示谢意的时候，这种爱就已经不是无私的了。对方的谢意和对自己的赞美也是一种精神上的回报，是一种利益。有两种爱：一种希望对方知道自己爱他；另外一种是，在爱对方的时候，就像爱已经去世的人或将来的人一样，不为对方所感知。哪一种爱更纯洁，更没有条件呢？同样的，我爱我的父母有两种原因，一种是因为他们是我的父母而爱他们，另一种是不管他们是不是我的父母我都默默地爱着他们。哪一种爱更无条件呢？与儒家的爱相比较：在儒家看来，我之所以爱我的父母兄弟姐妹是因为他们与我有直接的血缘关系，我爱我的朋友是因为我们有共同的爱好，我爱我的上司是因为我们有着共同的利益。在这种爱的关系里，我的爱不仅是有条件的，而且是爱我自己的，爱我的影子。我们不禁要问李泽厚：什么样的爱是无条件的呢？

墨子的伦理思想与当代的法国著名伦理现象学家列维纳斯有着根本性的共同之处。列维纳斯认为，在自然状态下，正如功利主义者所认为的那样，人关心的是自己的享乐与幸福，是充分地享受生命，是生活在"'我们死后管它洪水滔天'的王国"。③ 这种自我主义的本质就是享乐，是分

---

① 孙诒让：《墨子闲诂》，中华书局 1986 年版，第 368 页。

② 王焕镳：《墨子校释》，浙江古籍出版社 1987 年版，第 406 页。

③ Immanuel Levinas, *Totality and Infinity*: *An Essay on Exteriority*, trans. Alphonso Lingis, Pittsburgh, PA: Duquesne University Press, 1969, p. 145.

离的状态，是感觉到自由自在。这种对生命的热爱（"再等一分钟，刽子手先生！"［同上，第149页］）表明了自我的内在性、人的个体性。正是这种个体性的分离状态使得他人作为无限的观念或呼唤成为可能。"内在性必须是同时关闭和开放的。"（同上，第149页）当他人出现在我的面前的时候，他人的面孔对我来说是无限的概念。我既不能像吃食物一样把他人的面孔变为我的一部分，也不能通过反映把他人的面孔变为我的知识的一部分。在他人面前，"他人的确召唤这个分离的存在者，但是这种召唤不能减为成为关联的呼唤。它给这个从自身推演出来的存在的过程留下了空间，也就是，保持分离，并能够无视引起它的注意的那个祈求，把自己关闭起来，但是也能够用它的自我主义的所有的财产欢迎这个无限的面孔：经济意义上的"（同上，第216页）。用普通的语言说，面对一个陌生的面孔，我既可以装作没有看见，把自己封闭在自己的世界里面，也可以用自己的所有财产来欢迎这个陌生人。这种欢迎就是"我—他"的关系，是"'从我自己出发'向着'他人'不可避免的倾向性"（同上，第215页）。对他人的责任不是抽象的道德品质，而是体现在具体的经济帮助上的。我"不是空着手欢迎这个面孔"的（同上）。这和墨子的思想是完全一样的。

列维纳斯认为，我和他人的关系就是伦理的关系。纯粹的自我享受是一种本体论的存在，是自然的存在。我对他人来说是既多也少："少，因为这个面孔唤起我的义务并评价我。""多，因为我的地位是以我出现的，它的存在就在于能够对于他人的本质性的贫穷产生反应，而且自己发现资源。因而，在他的超越性里统治着我的他人，是陌生人、寡妇、孤儿。对于他们我有义务。"（同上，第215页）我和他人不是平等关系，"他是作为主人来命令我的"（同上，第213页）。与儒家不同，这个高高在上的主人不是首先是我的父母和兄长，而是一个毫不相干的人。没有利益之间共同分享的关系。但是他也不是什么抽象的存在或存在者，而是实实在在的人，是社会的边缘人，是陌生人、寡妇、孤儿。这种伦理关系是单向性的，是不可逆的。也就是说，我不能对他人作为他者而存在。这种不对称性还表现在我的责任的不可推卸性，我必须自己用我的一切来满足他人的需要。从我自己出发，没有人能代替我，就像没有人能代替我的死亡一样。这种伦理关系的唯一性、不可推卸性、不可逆转性就在于我不能跳出这个我和他人的关系来衡量利害得失。列维纳斯用挟为人质来表达这种不对称性："一个主体是一个人质。"① 作为人质意味着"对于所有的人负责所有的一切"，尽管"我没有做错任何事情"（同上，第114页）。当然，列维纳斯在很多地方也谈到我和他人的政治关系即平等关系，但是他强调政治关系必须建立在伦理关系的基础上。用墨子的话说，交相利以兼爱为基础。

五　本章结语

西方的功利主义思想是以个人为主体的伦理学，它考虑的是如何满足我个人和这个社会多数人的利益。儒家的伦理学是以家族为中心的伦理学，它的基本问题是大我与小我谁优先的问题。它的仁义概念下隐藏的是家族的名声与利益。这两种伦理思想都以"自我"（我作为个体或家族）为中心。而墨家的伦理思想则与他们恰恰相反：墨家所倡导的利益不是我个人或我的集团的利益，而是他人的利益。墨子的仁义不是空谈：满足别人的物质利益是我的道德使命。仁义或利益从来都不是抽象的实体，不是高高挂在空中的，而是存在于具体的人际关系之中的。正是在这一点上，墨家思想却与后现代伦理思想家列维纳斯找到了共同之处。尽管列维纳斯强调了物质利益的重要性，但是没有人认为他是一个功利主义者。这种对比从正面证明了墨子不是功利主义者。

以墨家和列维纳斯为代表的伦理学与以功利主义和儒家为代表的伦理思想之间的根本差别是，前者所说的爱是与自己的利益相矛盾的无私的爱，是被强迫的爱，而后者的爱是建立在人的自然感情上的爱，是自爱。一个强调他人是我的世界的中心，一个坚持我或我们是这个宇宙的中心。谁的爱是无条件的，谁的爱是有条件的，对这个问题，李泽厚给了颠倒性的回答。

通过以上的对比，我们可以清楚地看到墨子不仅不是功利主义者，而且是功利主义的对立面。如果说有谁和功利主义比较接近的话，儒家是一

① Immanuel Levinas, *Otherwise Than Being Or Beyond Essence*, trans. Alphonso Lingis, Pittsburgh, PA: Duquesne University Press, 1998, p. 112.

个很好的例子，因为"我"和"我们"的两个概念不是相差很远。爱自己和爱我们是一种类型的爱，是自然之爱。与之相反的是爱他人，爱陌生人，是反自然的爱。墨子的伦理思想不仅把伦理概念落到实处，有具体的内涵，而且对伦理责任的绝对性的强调是远远超越了所谓儒家的"正其谊不谋其利，明其道不计其功"。儒家的为道德而道德是以父子的血缘关系为基础和条件的，而墨子的爱则是无条件的，是真正超越个人或家庭利害关系之上的。正是在这一点上墨子的伦理思想与当代西方著名的后现代哲学家列维纳斯找到了共同的语言。如果用西方的标准来衡量墨子的哲学的话，墨子应该被称为列维纳斯主义者。

第八章　对于价值的形而上学根源的分析①

一　问题的提出

"价值"概念在西方哲学史上是从 19 世纪才出现的。它的原初的应用主要是在经济学领域。马克思的使用价值与交换价值的区分主要限制在他的社会经济理论之内。但是，价值这个概念后来变得越来越广泛，而且，对于它的含义也主要转移到道德理论的领域之中了。关于价值的理论（axiology），在哲学里，主要是指道德理论。价值的含义也主要是指道德上的"善"（good）或"值得尊重"（worthiness）。人们用"价值"这个概念来思考从古希腊以来的道德问题。当然，在逻辑和数学等领域的含义是不同的。在本章，我所讨论的价值主要是指道德和宗教价值。我所讨论的主要问题是价值的形而上学根源问题，更准确地说，我的问题是，用形而上学的或本体论的思考方式来探讨价值的根源问题是不是合法。

一般来说，针对价值的形而上学的或本体论的地位有两种主要观点。一种是价值实在论：根据这种观点，价值是事物本身所具有的客观本质特性，是事物内在的本质部分。即使没有人或价值选择者的存在，对于价值或价值的拥有者即事物也没有任何影响。它是独立于价值的选择行为与选择主体的。它甚至是独立于价值的承担者，就像柏拉图的理念或形式是独立于个别事物一样。另一种是价值唯心论：根据这种观点，价值是道德主体情感意向或选择的结果。价值不是客观世界的一部分，是人的主观行为所造成的结果。因而，价值是被下列的诸多的主观因素决定的：不同的个

---

① 本章内容发表在《人文论丛》2005 年卷，收录到本文集时个别地方略有改动。

人，不同的团体，不同的民族，不同的文化，不同的历史阶段，等等，所有这些主观因素决定了人们不可能有共同的价值观。这两种有关价值的理论，实际上所反映的恰恰和西方哲学史上形而上学里的共相问题和认识论里的真理问题是一致的。

在价值论里，有两个中心问题，一个是内在价值与外在价值问题，另一个是事实与价值的区分问题。这两个问题实际上就是上面两种价值理论的反映。内在价值与外在价值的区分是来源于人们对于事物的内在特性与偶然特性的区分。在理论上把内在价值与外在价值区分开来的主要目的是强调价值的客观性。这个理论的主要代表是摩尔（G. E. Moore）。事实与价值的区分是建立在人的理性与情感区分的基础上的。这种区分类似于事物的第一特性与第二特性的区分。这个理论的主要代表是休谟（Hume）。

在有关价值的问题上，上面的两种理论表面看好像水火不相容，而实际上它们根植于同一个形而上学传统。它们的理论是建立在抽象的主体与世界的关系的思想基础上的。而这种抽象却与人们的实际的道德生活相差很远。在下面我将用休谟和摩尔作为例子来讨论这两种理论。

在本章的第二部分，我将提出一种超越传统的形而上学观点并接近人们的道德生活的有关价值的新理论。在这种新的视野下，不是抽象地讨论道德主体、道德品质、道德行为、道德规范，不是把它们作为一种类似于什么实体的东西来看待的，而是在一种单一的关系里面讨论价值。价值总是表现为一方对另一方的评价。无论是赞许还是指责，在价值关系里面，对方总是高于被评价的一方。价值就体现在被审视的关系之中。这是超越主观与客观的认识关系的真正的道德关系。或者说，被审视的关系恰恰体现了真正的"客—观"，即以客为中心的审视，而不是以我为主的观察。传统形而上学的认知的客观性是以认识主体为中心的，是抽象的；而价值的真正客观性是以客为中心的，以他人或神圣为中心，超越了主体与客体的对立。准确地说，价值的源泉是外在的。在这一部分，我将讨论奥古斯丁（Augustine）、黑格尔（Hegel）、萨特（Sartre）、列维纳斯（Levinas）对这种关系的论述。

二　形而上学的价值观

（一）摩尔

在《伦理学原理》（*Principia Ethica*）一开始，摩尔（G. E. Moore）就强调，伦理学作为一门科学必须首先确定它的研究对象。他认为，伦理学，像其他科学一样，应该研究最基本最普遍的东西。伦理学不应该把自己局限在研究人类的善的行为里面，而应该研究什么是善。善要比善的行为更广；理解了什么是善也就很容易理解什么是善的行为。因为除了善的行为外，还有其他的善的事物，所以，"善所指的是某种性质（property），是行为与其他事物所共有的"。① 研究所有的善的事物所具有的共同的特性，即什么是善，是伦理学真正的任务。他说，"科学伦理学"，是不研究这样的事实的，即那些"独特的、个别的、绝对的特殊的事实"。② 也就是说，科学的伦理学不关心某一个具体的事物或行为的善恶问题，它所关注的是所有的事物——如果它们是善的话——的共同的普遍的善的本质是什么。用柏拉图的话说，科学的伦理学的对象是善的理念或形式，是善自身。伦理学之所以是科学就因为它和其他的自然科学一样，探究的是事物的本质特性。

所以，伦理学唯一的研究任务就是如何定义善，这是伦理学的最基本、最重要的事情。什么是善的问题应该与判断什么东西是善的问题严格区分开来。在摩尔看来，很多伦理学家的错误就在于把某一个东西定义为善以后，进而主观地认定这个东西就是善本身。比如功利主义者边沁（Bentham）和密尔（Mill）就把快乐认为是善的本身，而没有看到快乐仅仅是一种善。那么什么是善呢？摩尔的回答就是"善就是善"；善是不可定义的。③ "我的观点是，'善是一个简单的概念，就像'黄色'是一个简单的概念一样；就像对于一个不知道什么是黄色的人，无论你用什么办法，你是不可能给他解释清楚什么是黄色一样，你不能够

---

① G. E. Moore, *Principia Ethica*, Cambridge：Cambridge University Press, 1993. p. 54.

② Ibid. , p. 55.

③ Ibid. , p. 58.

解释什么是善。"① 摩尔的意思是说，事物有很多简单的不同的性质和特性，我们对于它们只能思考和看，但是，我们不能通过定义使得那些不能看到和思考的人知道它们是什么。"但是，黄色和善，我们说，不是复合性的：它们是这样的简单概念，即定义是从它们形成的，而且用它们来做进一步的定义就会停止。"②"因为它们是这样的最终的词汇，即利用它们那些能够被定义的事物一定要被定义。"③对我们来说，摩尔的这些话重要的地方就在于他对于善和黄色用同一个角度来看待：就像在认识论里讨论黄色究竟是事物本身具有的内在特性还是我们认识的主观印象的问题一样，摩尔显然是把善的问题等同于传统形而上学或认识论里的事物的特性或本质问题来看待了。而形而上学里的有关事物的内在本质特征与外在偶然特征的思维方式必然决定了在他的伦理学里的有关内在价值与外在价值的区分问题。

摩尔认为，正是基于"善"——这个本身不能被定义——的基本概念，我们对于其他的事物做出了伦理学或道德的判断。而道德判断可以被划分为两种："它们可能断言，这个独特的性质总是附着在所指的事物，或者，它们可能断言，所指的事物仅仅是这个独特的性质所附着的事物存在的一个原因或必要条件。"换言之，前一种判断是有关"善本身"或"内在价值"的判断，而后一种则是有关"作为手段的善"或"作为手段的价值"的判断。④一个事物或行为可以是作为别的事物而存在的手段。在这种情况下，它就是作为手段的善或外在的善。因为它本身不是行为的目的。它之所以是善的是因为由它所产生的结果——另外一个事物——所具有的善间接决定的。例如，相对于房子来说，一块砖本身不具有内在的价值，因为它的价值是体现在作为一座房子的材料上的。那么什么是内在价值呢？"说一种价值是'内在的'，仅仅是指对于一个事物是否拥有它以及在什么程度上拥有它的问题完全依赖于这个事物的内在性质。"⑤ 也

---

① G. E. Moore, *Principia Ethica*, p. 59.

② Ibid., pp. 59 - 60.

③ Ibid., p. 61.

④ Ibid., p. 73.

⑤ Ibid., p. 286.

就是说，一个事物是不是具有内在价值，完全是取决于这个事物的内在本质。① 它是与外界的任何因素的变化无关的。对两个事物而言，除非它们在内在本质上不同，否则的话，它们是不应该有不同的价值的。这里的价值指的就是内在价值。② 而外在价值，或工具性价值，是受环境或整体决定的，不是受具有工具性的价值本身的本质特征决定的。例如，砖头的价值不是由砖头的内在本质决定的，而是由房子的价值决定的。而房子作为一个整体所具有的内在价值不是由组成房子的不同部分的价值简单相加而得到的。房子本身具有一种其他所有部分所没有的价值，这主要是由于房子本身的内在本质决定的。这种关系和形而上学里的一个事物的内在特征与外部特征的关系是很类似的。

但是，摩尔也敏锐地注意到，事物的内在特征与内在价值之间的关系问题不是一个简单的问题。他说"内在特征好像是描述拥有这些内在特征的事物的内在性质，而价值的属性从来都不能以同样的方式这样做。如果你列举了一个被给予的事物的所有的内在特征的话，那么，你就已经对该事物的内在特征进行了完全性的描述，而不必要提起它所拥有的任何价值属性。但是，对于任何一个事物的内在特征的描述的疏漏都不被看作一个完全的描述"。③ 一个事物的内在价值对这个事物的是其所是的问题没有任何影响。在对事物的本身进行考察时，价值问题完全可以被忽略。同样是属于一个事物的内在的特征或属性，一个缺一不可，另一个完全可以没有或忽略。而这种内在性究竟是什么样的内在呢？可以被忽略的内在，无论在什么样的意义上，都不是内在的。这种内在特征与内在价值的不平等性已经表明了休谟所说的事实与价值的区分问题。摩尔不知不觉地走向了自己的反面，对自己的价值概念进行了解构。这是典型的德里达所说的文本自身的解构运动。摩尔反对把伦理学建立在形而上学的基础上，反对混淆什么是真的与什么是善的判断，认为对于善的本身的判断不能归约为对实在的判断。但是，他对善的本身的思考方式完全类似于形而上学家对什么是实在本身的思考方式。尽

---

① G. E. Moore, *Principia Ethica*, p. 287.

② Ibid., p. 290.

③ Ibid., p. 297.

管摩尔的"科学的伦理学"不同于他所说的传统的"形而上伦理学"之处就在于把善本身看作独特的特性来考察，但是，这并不表明他的思维方式不是形而上学的。

（二）休谟

同样的，休谟是极力反对形而上学的。但是，在伦理学上，他的关于事实与价值的区分恰恰是建立在洛克的有关事物的第一特性与第二特性的形而上学理论之上的。休谟认为，人的理性与事实相对应，而人的情感与价值相对应。真理与错误是人的理性对概念之间的一致或不一致以及概念与事实之间的一致性所作的判断。① 我们可以说，人的理性所关心是人的概念或观念与事实之间的关系，它所作的判断是认知判断。但是，道德或伦理判断则是关于我们的行为是否值得称赞或受谴责，是关于品德与恶的问题。真理与谬误的问题与善和恶的问题应该区分开来。休谟认为，对事实所作的纯粹的认识性判断的结果只能在真理与谬误之间选择，而不可能得出善与恶的问题。他给了几个例子来说明道德上的善恶问题是人类情感的问题，不是有关自然事实的问题。他说，"为什么在人类之中乱伦是罪恶，而在动物之中，同样的行为与同样的关系却没有道德上的卑鄙与丑恶？"② "品德与恶行不是事实。" "拿任何一个丑恶的行为为例：例如，故意杀人。从所有的角度来考察它，看看你能不能发现你可以称为恶的事实或真实的存在。无论你从什么方式来看它，你只能发现一定的欲望、动机、意志与思想。在这个例子里没有其他的事实。只要你只考虑事实的话，恶会完全地逃过你的眼睛。你是永远不会发现它的，直到你对于自己的胸怀进行反思，从而发现从你之中升起一种对于这种行为不赞同的情感。这是事实。但是它是情感的对象，不是理性的对象。它存在于你之中，不是在对象之中。"③ 他的意思是，对谋杀的事实，从纯粹的理性眼光来看，你永远不可能得出谋杀的结论。因为你所看到的仅仅是这个事件的每个部分之间的关系，是对这个事件发生的时间、地点、所用的枪等因

---

① David Hume, *A Treatise of Human Nature*, Oxford: The Clarendon Press, 1955, p. 458.

② Ibid., *p.* 467.

③ Ibid., pp. 468 – 469.

素进行的客观描述。即使你把所有的这个事件的细节弄得很清楚，你也不可能从中得出谋杀的结论。有关善和恶的结论是在知道所有的事实以后所作的另外一种判断。从纯粹的休谟所说的理性来看，你是不可能知道同一个行为是谋杀还是自卫，或者是执行死刑。道德上的善和恶是与人的欲望、情感、动机等联系在一起的。作为自然事实的本身是无所谓善或恶的。

摩尔也同意把价值的特性与事物的内在的自然本质区分开来。但是，摩尔好像是把善作为与事物的内在本质相并列的东西，认为内在价值是存在于拥有内在价值的对象之中的。但是，休谟的观点不同。他说："恶与善，因此，可以和声音、颜色、热和冷相比。根据现代哲学的观点，它们不是对象之中的特性，而是人心之中的知觉。"①这里休谟赞同洛克的观点，认为有两种特性，一种是真正地存在于事物之中的第一特性，一种仅仅是人心里所产生的观念，是在对象之中与之相对应的第二特性。在上面我们看到，摩尔把黄色与善本身看作在本体论上是一样的，而这里休谟则认为善与颜色一样在本体论上不是如洛克所说的事物的第一特性。也就是说，摩尔根据常识观点把颜色等看作与洛克的第一特性一样的东西，而休谟仅仅是作了两种区分。他们在思维方式上是一样的：都是用关于事物的形而上学的思考方式来探讨价值问题。他们的不同点是在休谟所区分的地方摩尔认为是没有必要的。或者更准确地说，摩尔认为价值与内在本质是存在于事物之中的区分，而休谟认为是客观对象与认识主体之间的区分。

休谟认为，他的这种有关事实与价值的区分尽管在实践里没有什么影响，但是在理论上是一个重大的进步。他认为很多哲学家把"是"或"不是"的事实判断与"应该"或"不应该"的判断混淆在一起了。把本来是主观的东西当作客观的东西来对待。根据休谟的认识论观点，真理与谬误是有关观念与印象之间的关系问题，是与人的感知行为有关的，而在道德领域里面，善与恶的问题则是与情感有关，与人的快乐和痛苦的感受有关。引起快乐的东西或行为是善的；引起痛苦的东西或行为是恶的。但是，休谟也认识到，把善和恶的问题与人的情感（sensation）或感受

---

① David Hume, *A Treatise of Human Nature*, p. 469.

（feeling）联系在一起，其结果是在道德问题上的相对主义和主观主义。休谟对这个问题的回答是，人在作善或恶的判断时，不是根据自己的个人利益或个人爱好。道德情怀可以在所有的人之中发现，即人们对同一个行为的赞许或谴责是一致的，不是出于个人的爱好或利益的结果。"一个敌人的善的品质对于我们是有害的；但是，［这些品德］仍然博得（command）我们的赞许与尊敬（The good qualities of an enemy are hurtful to us；but may still command our esteem and respect）。这只有当一个品质不是根据我们的个别利益而是从一般的角度来看待时才可能的，而且，它引起了在道德上所说的善与恶的情感或感受。"① 也就是说，公众的道德情感保证了道德判断的客观性和普遍性。然而，休谟也承认，在实际生活里，个人的利益和爱好很难与一般的道德情感区分开来。而且我们往往把个人的兴趣与爱好看成是普遍的。但是，尽管我们在事实上倾向于把出于个人利益和爱好的判断看成是普遍的，然而，这并不影响道德情感本身的独立性。例如，一个对人的声音的音质相当敏感的人，不会因为对方是自己的敌人，而听不出对方的悦耳的声音：他会命令自己，不要把自己的个人情感掺杂进去，给予对方所应该得到的赞许。②

　　尽管休谟对我们的善的感觉的来源感到困惑，不知道我们对善的感觉是自然的还是人工的或外在的，③ 但是，他已经给予了他自己所没有看到的答案。休谟对在道德判断和个人的特殊情感上所作的区分很重要：道德判断的客观性是依赖于公众世界的，是主体间的关系决定的。而且，更重要的是，道德判断应该超越于个人所感受到的快乐和痛苦。对方命令自己的道德情感，从而使得自己的道德情感命令自己不要把个人的爱好与利益掺杂进来：道德上的善与恶是超越了个人世界的，是对方命令自己。在这种命令过程里，道德主体不是主动的和自主的，而是被动的。休谟由于受到传统的形而上学和认识论里的主客关系思维方式的影响，不可能做出上面我们从他的哲学里引申出的含义。也就是说，他的哲学包含了自身所不

---

①　David Hume, *A Treatise of Human Nature*, p. 472.

②　Ibid. , p. 472.

③　Ibid. , p. 475.

能容纳的东西：道德上的善恶问题既不存在于不以人的意志为转移的客观世界（抽象世界）里面，也不存在于人的主观的情感世界里，而是存在于人与人的主体之间的关系之中。本文的第三部分，将详细讨论这种关系究竟是什么意思。

三　面对他人的眼睛

对于道德问题的探讨，关键就在于如何理解汉语里所说的主—客关系，或者客观性关系。对于客体的认识决定了对于主体的认识。如果说，把客体看作具有诸如颜色、形状、重量等物体对象的话，这个认识主体必然是与客体相对应的观客：把自己与对象所处的世界隔离开来，对象的世界与己无关。但是，隐藏在这种客观或观客的态度之下的是以自己为标准或尺度来衡量对象的思维方式。但是，如果把对象理解为一个我们所说的客人，把对象作为客来对待，那么，这种思考问题的重心必然转移：客观就成了客人如何看待我，我在客人的眼里是什么样的问题。不是我来赞许和谴责别人，而是别人来赞许我和谴责我。我把我置于对方的眼睛之下。价值的根源的客观性既不是存在于自然的实体或事物之中，也不是在认识主体的情感之中，而是在他/她人的眼睛之中。这种新的关于价值的思考方式是为了理解我们所生活的道德世界。它不是哲学家书房里思辨出来的产物。下面我们来看看奥古斯丁、黑格尔、萨特、列维纳斯是如何论述这种新的关系的。

（一）奥古斯丁

奥古斯丁在他的《忏悔录》的第二卷里讲了一个很著名的故事：少年奥古斯丁和他的伙伴在偷邻居的梨时，不是因为饥饿或贫穷，而是为了偷窃而偷窃。奥古斯丁反复地问自己，他为什么那个时候乐于做恶事呢？他的答案是："如果我是自己一个人的话，我是不会干那种事情的。""因此，在那种行为里面我所爱好的是与那个帮派厮混在一起，而且是在他们的陪伴下我做了那样的事情。""但是我的快乐不是在享用那些梨，而是在那个与一个有罪的团伙的陪同下所犯下的罪本身。""但是，只有我自己的话，我是不会干的，也不能想象我自己会干这种事情。"① "然而，如果我是自己的话，它将绝对不会给我任何快乐，我也不会犯这种罪。友谊可能成为危险的敌人。"②当中年的奥古斯丁回忆自己少年时的恶作剧的时候，他认识到，自己当时之所以为了恶而作恶并不是因为恶的行为本身是快乐的，而是因为对当时的他来说，他的行为在他的伙伴眼里是值得骄傲和"尊敬"的。没有这种人与人的团伙关系，奥古斯丁也就没有做这种行为的动机（休谟），而这种行为本身也不会有内在的价值（摩尔）。这种行为的价值既不是来源于梨的本身，也不是来源于个人的情感，而是来源于他人的眼光，他人的评价。而勇敢作为一种道德品质，在少年的奥古斯丁的团伙里，是一种好的品质。但是，他当时的勇敢在成年人的眼里，或者在另外的人的关系里，却表现为是恶的品质，是没有价值的，是人们所反对的。判断善与恶始终是他人的眼睛，不是自己的道德情感或事物的内在本质。

而最具有典型意义的是奥古斯丁在第四卷里所叙述的他是如何看待自己的《论美与适宜》一书有关价值的观点的故事。与摩尔关于内在价值与外在价值的观点一样，奥古斯丁把"美"定义为本身就是愉悦的事物，而把"适宜"定义为因为它适合于别的东西而愉悦的事物。③ 但是，奥古斯丁如何才能肯定自己的有关美的价值的观点有价值呢？他认为，当时在罗马的一个著名的演说家希埃利乌斯（Hierius）对自己的研究的评价将是至关重要的，因为当时的人把他"赞美到了像天空一样高"。④ 奥古斯丁是从当时的大众人的眼里或评价里，得知这个人是很有才学、很有权威的。所以，他说，"使得这个人知道我的论述和我的研究，对我来说是很重要的。如果他赞扬我的工作，我将会无比兴奋。但是，如果他不赞许我的工作，我的心……将会受到伤害"。⑤ 在这里，我们可以看到，奥古斯丁在他的书里对价值的问题是形而上学的思考方式，而在他的现实生活

---

① St. Augustine, *Confessions*, trans. Henry Chadwick, Oxford: Oxford University Press, 1991, p. 33.

② Ibid., p. 34.

③ Ibid., p. 67.

④ Ibid., p. 65.

⑤ Ibid., p. 66.

里，对自己的工作或研究的价值（worthiness）却以他人的眼睛为标准：首先以大众的眼睛判断这个演说家的价值，其次想通过这个演说家的眼睛确立自己的价值。我们应该看到的是，在整个《忏悔录》里奥古斯丁并不认为某一个人或整个人类的眼睛是价值的绝对的来源或判断标准：永恒的眼睛是永恒的价值的真正的判断标准。奥古斯丁哲学里所包含的这种观点在他以后的哲学家那里得到了更进一步的论述。

（二）黑格尔

黑格尔在他的《精神现象学》里明确地论述了人的价值是一个自我意识通过另一个自我意识的认可（recognition）而得到确定的。他说，"当并且是通过这样的事实，即它也是为了另外一个自我意识而存在的时候，自我意识才能自在自为地存在"。他把这种过程称为一种"认可的过程"。① 对黑格尔来说，正是在自我意识的对象里自我意识看到了自己的价值。自我意识的对象越高，自我意识被认可的程度就越高，价值就越大。黑格尔是通过他著名的奴隶主与奴隶之间的辩证关系来说明主体之间的互相认可是价值的来源。在黑格尔看来，在摩尔与休谟的哲学里，对自我的肯定是最贫乏和低级的：面对感觉材料，动物也不会沉思它的实在性，而是毫不犹豫地把眼前的绿草吃掉。肯定感觉对象的实在性的哲学家应该"学习吃面包和喝葡萄酒的秘密意义"。他说，"即使动物也不会把自己封闭在这种智慧之外，相反地，表明它们自己非常深刻地进入了这种智慧；因为它们不是在感性事物面前悠闲地站立着——好像［感性事物］拥有内在的存在一样，而是对于它们的实在性的绝望，并完全肯定它们的虚无性，很不客气地低头把它们吃掉"。② 感性事物的他在性在吃喝行为里很快消失掉了。但是，这种动物式的自我肯定随着感性事物的消失而消失。吃喝的对象虽然比感性材料具有更大的独立性，但是，意识在吃喝对象里所获得的自我肯定是很小的。意识的自我肯定程度是随着对象的独立性的增加而增加的。"自我意识的更高阶段只能是通过对于一个更加完全

---

① G. W. F. Hegel, *Phenomenology of Spirit*, trans. A. V. Miller, Oxford：Oxford University Press, 1977, p. 111.

② Ibid. , p. 65.

独立的对象的占有之中取得的。"① 黑格尔认为，具有更高的独立性的对象必然是具有意识的存在者。由此而演变出来了黑格尔的主奴关系。首先，在两个独立的自我意识之间所进行的必然是一场生死战斗。他们必须经历这场战斗来肯定自己："只有通过冒着生命危险，才能赢得自由；只有这样才能证明对于自我意识来说，它的本质性存在不仅仅是存在。"② 自由的内在价值就在于"不自由，毋宁死"，而这种内在价值是通过两个自我意识之间的生死决斗来肯定的。

但是，在生死决斗之后，对方的消失或死亡，对于胜利者来说，在自我肯定的同时，也是自我的否定。而对于失败者或弱者来说，自由诚然是很宝贵的，但是，没有了生命也就没有了自由可言。对于胜利者来说，面对死亡了的尸体自己是不能再肯定自己了，但是，在一个情愿服务于自己的意识里，对方所保持的相对独立性恰恰是自我意识肯定自己的先决条件。对于失败者来说，失去自由虽然不是高级阶段的自我肯定，也不是完全的自我否定。由此，而产生了奴隶主与奴隶的统一体："一个是独立的意识，它的本质特征是为了自己；另外一个是依赖性意识，它的本质特征是仅仅存在或者为了另外一个人的存在。前者是奴隶主，而后者是奴隶。"③ 在这种关系里面，奴隶主对奴隶的统治是通过对方对自己的服从，来肯定自己的力量，从而确立了自己的地位与价值。一方面，奴隶主对奴隶有生杀权力，把对方作为物来看待，从而肯定自己的优越性。另一方面，奴隶不同于其他的东西就在于他的他在性，即他是有意识的，是比其他的东西要高级的。在奴隶身上所体现的高级的存在也证明了奴隶主的价值。因而，奴隶主的意识是本质性的，是纯粹的意识，而奴隶的意识则是非本质性的，是不纯粹的意识。

然而，辩证的关系就表现在事物往往走向自己的反面。奴隶主对自己所肯定的概念与实际是不相符合的，因为他所赖以肯定自己的对象不是一个独立的意识，而是一个依赖性意识。他对自己的认识或真理是体现在

---

① Merold Westphal, *History and Truth in Hegel's Phenomenology*, 3rd edition, Bloomington：Indiana University Press, 1998, p. 127.

② G. W. F. Hegel, *Phenomenology of Spirit*, p. 114.

③ Ibid. , p. 115.

"奴隶的被奴役的意识"里的。他在比自己低的意识里看到了自己。① 同样的，在被奴役的意识里，却反而是自为的意识，因为他对奴隶主的恐惧实际上是对"死亡的恐惧，这个绝对的奴隶主"的恐惧。这种恐惧渗透到他的存在的每一细节之中，而这种恐惧表明的却恰恰是"纯粹的自为的存在"。② 这种被奴役的意识里所暗含的独立意识体现在它的对象身上。在这里黑格尔所证明的是，真正的价值关系是体现在主体之间的关系之中的。在《精神现象学》里，黑格尔所要论述的就是，人是在绝对精神里面肯定自己的，而绝对精神是"作为我们的我和作为我的我们"，是完全互相独立、完全自由的自我意识的绝对实体。③ 这个绝对实体就是家庭和国家。

（三）萨特

萨特在《存在与虚无》里，对黑格尔的"认可"概念是通过对羞耻与傲慢的现象学描述来阐述的。他的基本观点是："他人拥有一个秘密——我是什么的秘密。"④ 在他人面前我是被评价和被审视的。他人是我和我自己的中介，即我是依赖于他人来确定自己的存在的。"正是在每天的生活里，他人出现在我们面前。"⑤ 我与他人的日常生活里的关系应该是像这样的："我刚刚做了一个不雅或粗俗的姿势。这个姿势紧贴着我；我既不评价它也不责备它。我就生活在它之中。""但是，现在，突然我抬起我的头。某人就在那里，而且一直看着我。突然间我意识到我的姿势的粗俗，而且我感到了羞耻。"⑥ 我之所以感到羞耻是因为他人出现在我面前。正是他人使得我意识到了我自己的行为。"只有自己的话，没有人会觉得粗俗的。""羞耻是在他人面前对于自己的羞耻；这两个结构是分不开的。"⑦ 两种结构指的是：我必须在他人面前才能够意识到自己的

---

① G. W. F. Hegel, *Phenomenology of Spirit*, pp. 116 – 117.

② Ibid., p. 117.

③ Merold Westphal, *History and Truth in Hegel's Phenomenology*, p. 129.

④ Jean – Paul Sartre, *Being and Nothingness: An Essay on Phenomenology of Ontology*, trans. Hazel Barnes, New York: The Philosophical Library, Inc., 1993, p. 364.

⑤ Jean – Paul Sartre, *Being and Nothingness*, p. 253.

⑥ Ibid., p. 221.

⑦ Ibid., p. 222.

行为或存在。在抽象的人与世界的关系里面，是没有道德可言的。换句话说，在一个完全的纯粹的科学家的世界里，是没有道德这个术语的。萨特认为，在传统的哲学里面，往往把这种最基本的道德关系忽略了。他作了如下三种区分。

第一种观点，当我看到一个人在公园里散步的时候，"如果我把他仅仅当作一个木偶来看待的话，我应该是用我一般对于时—空的'事物'的分类的范畴应用到他的身上"。这样的话，"他与其他对象的关系就是纯粹的增［减］关系；这就意味着我可以让他消失，而看不到他周围的其他对象的关系的变化"。因而，在我的宇宙里的事物之间没有因为他的出现而有新的关系。① 萨特所说的这种观点实际上是在哲学里有关主—客关系的占主导地位的思考方式：我是这个宇宙的中心。他人的存在对我来说只不过是一种假设，一种可能性。他人很可能和我一样是一个有意识的存在者。但是，即使作为一个有意识的存在者，他人也不影响或改变我的世界或宇宙。

第二种观点，把对象作为一个人来看待。如果认为他人不是一般的对象，那么，在我所看到的东西与他人的关系之间尽管没有发生客观性的变化，但是，在他人与他周围的事物之间发生了我所看不到的关系：所有的事物都以他人为中心而具有一种新的关系，比如，新的空间性，而这种新的空间性不是我的空间性。所有的事物"不是朝着我而组合的，现在有一种逃离我的方向"。② 他人和这个世界的关系是什么样的，我是完全被排斥在外的，因为"我不能把我自己放到它的中心"。③ 这种新的关系是对我与这个宇宙的关系的分解。"面对着他人，这片绿色有一张逃离我的新面孔。我把这片绿色与他人的关系理解为一种客观的关系，但是，我不能看到出现在他人面前的绿色。因此，一个对象突然出现，并把这个世界从我的面前偷走了。"④ "因而，与在这个世界上他人的出现所对应的是整个宇宙的固定的倾斜，是这个世界的非中心化，破坏了我同时所产生的中

---

①　Jean – Paul Sartre, *Being and Nothingness*, p. 254.

②　Ibid..

③　Ibid., p. 255.

④　Ibid..

心化。"①萨特在这里所描述的实际上是胡塞尔在《笛卡尔式的沉思》的"第五沉思"里所讲的其他的先验自我如何可能的问题。萨特认为，这种有关他人的观点仍然是抽象的，因为，"他人对我来说仍然是一个对象"。②"我的宇宙的分解是限制在同一个宇宙的界限之内的。"③因此，萨特把这种对我的中心的破坏称为"内出血"："正是由于这样的事实，这个世界是朝向他人流血的，但是，我把那个他人固定为我的世界里的一个对象，所以，血的流动［实际上］是被存住和被局部化了的。这就是原因所在。因此，没有一滴血丢失；都被恢复了，包围了，和限制在局部，尽管是发生在我不能穿透的存在者之中。"④也就是说，尽管我承认他人的存在，但是，这个存在没有彻底改变我是这个世界的中心的地位。因为他人在我面前仍然是一个客体、一个对象。

　　第三种观点，在别人看我的时候，别人成了看的主体，而我成了被看的对象。这是一种彻底的转变，因为，"被另外一个人所看到的存在""代表了这样一个不可减约的事实，它既不能从他人作为对象也不能从我作为主体的存在里演绎出来。相反地，如果他人作为对象的概念有任何意义的话，那么，它只能是这个原初关系的转变和降格的结果"。"'被他人看到'是'看到他人'的真理。"⑤萨特的意思是，被别人看到或别人看我是根源性的关系，而我看别人则是抽象的关系。被别人看"是我每个时刻所经历到的具体的日常的关系。在每个时刻他人都在看着我"。⑥但是，当别人看我的时候，他不是用看一片草的眼光来看我的。他是在对我审视和评价。他的眼光代表了他的整个的存在：当我注意到他看我的时候，我马上意识到了自己是在另外一个人面前的，是被别人评价的。我则马上意识到了自己的存在。我成了他人评价的对象：我不知道别人是如何评价我的，正是这一点使我感到局促不安。"不管是什么样的眼睛，眼睛所显现的看是纯粹地指向我的。当我听到在我后面的树枝的沙沙响声的时

---

①　Jean – Paul Sartre, *Being and Nothingness*, p. 255.

②　Ibid..

③　Ibid., p. 256.

④　Ibid., p. 261.

⑤　Ibid., p. 257.

⑥　Ibid..

候，我所立刻想到的不是有人在那里；而是，我是易于受伤害的，我有一个可以被伤害的身体，我占有着一个地方，而且我怎么也不能从我不能自卫的空间里逃跑——简而言之，我被看到了。因此，看首先是使得我转向我自己的中间项。这个中间项有什么样的性质？"①萨特用他著名的有关钥匙孔的例子来说明。

萨特说，"让我们想象，出于嫉妒、好奇或者恶把我的耳朵贴在门上，并通过一个钥匙孔来看"。在这种行为里面，我是被所看到的东西占有着，我所意识到的仅仅是钥匙孔的另外一端所发生的一切。我沉浸在被看到的事件和被听到的对话之中。我的意识是"一种在世界里丢失自己的纯粹的状态"。② 由于我就是我的行为本身，我是绝对的虚无。因为在这种行为里我不仅不能知道自己，而且我的真正存在也逃避了我。③

但是，"突然我听到在大厅里有脚步声。某人在看着我！""这意味着，突然间，我意识到自己逃避了自己，不是在我是我的虚无性的基础的方面，而是因为我有了在我之外的我的基础。"④ 他人的出现使得我意识到了自己的龌龊行为，并为自己的行为感到羞耻。"是羞耻或傲慢向我揭示了他人的眼光，以及在眼光的这一端的我自己。是羞耻或傲慢使得我生活在，而不是知道，被注视的情景之中。"羞耻"是认识到这样一个事实，我确实是他人注视和评价的对象"。⑤"被注视着就是把自己理解为不可知的评价——特别是价值判断——的不可知的对象。但是，同时，在羞耻或傲慢里面我也承认了这些评价的正义性。"⑥ 萨特的意思是，我被一个不可知的他人评价，而他人是如何评价我，我是不知道的。也就是说，我是什么对我来说是一个秘密，而这个秘密是在他人的手里面的，其原因是，他人的出现造成了这样的情景，我不是其中的主人，而这种情景是为了他人的，是在原则上逃避我的。⑦

---

① Jean – Paul Sartre, *Being and Nothingness*, p. 259.

② Ibid. .

③ Ibid. , p. 260.

④ Ibid. .

⑤ Ibid. , p. 261.

⑥ Ibid. , p. 267.

⑦ Ibid. , p. 265.

在羞耻或傲慢里面，我认可了别人对我的评价，我是完全被动的。对于我的行为所作的价值判断不是我自己能够做的而且也不是我能够左右得了的。"一个判断是一个自由的存在者的先验行为。因此，被看到［这个关系］构成了我——为了另外一个不是我的自由的自由——作为一个毫无抵御的存在者。正是在这种意义上，我们可以把我们看作是'奴隶'，只要我们出现在他人面前的话。""我的存在是依赖于一个不是我的自由的自由的中心的，而且它是我的存在的真正条件，正是在这种程度上我是一个奴隶。只要我是用来评价我的价值的对象，而我又不能够做这样的价值判断甚至知道它的话，那么，我就是被奴役。"① 也就是说，我的存在与价值完全是依赖于他人的。对于我的自由的评价，对于我的存在的肯定，不是来源于我本身，而是根植于另外一个人。在这里，萨特对于黑格尔的主奴关系作了新的界定。

而萨特下面的话则预示着列维纳斯："他人的注视使得我超越了在这个世界里的我的存在，并把我放置在一个同时既是这个世界也超越于这个世界的世界之中。"② 正是由于他人的关系，我才有了超越于这个世界的意义。而这个世界既是为我的世界（因为我在其中），也是为他的世界。

（四）　列维纳斯

我们可以说，列维纳斯几乎应该接受我们上面所说的萨特的观点。与萨特不同的是，列维纳斯用他人的面孔代替了萨特的看或注视。对列维纳斯而言，如果摩尔所说的内在价值与休谟所说的价值与事实的区分有意义的话，那是因为在我面前的他者的面孔：他者的面孔客观性就在于它超越了我所有的概念与感觉的范围，是对我的自由的质疑或否定；而这个面孔的不同于一般的形而上学里的事实或实体之处就在于它是会表达自己或说话的，这才是真正的价值与事实的区分。价值的内在性与价值与事实的区分表现在他者的面孔的超越性。这种超越性是什么意思呢？我先借用萨特的话来表达："作为看的他人仅仅是这样——我的超越性被超越了。"③

---

① Jean – Paul Sartre, *Being and Nothingness*, p. 267.

② Ibid. , p. 261.

③ Jean – Paul Sartre, *Being and Nothingness*, p. 263.

"因此，作为看的他人出现在我的面前既不是一种知识，也不是我的存在的投射，也不是一种统一性的形式，也不是一个范畴。它存在而且我不能从我之中推演出来。"① 对于他者的他在性，或内在性（用摩尔的语言），列维纳斯是这样表达的："他者的陌生性，对于我、我的思想以及我的拥有的不可减约性正是在对于我的自发性的质疑之中完成的。" 这就是伦理学。② 列维纳斯对于伦理学的定义既回答了摩尔的有关价值的内在性的问题，也回答了休谟的善或道德感觉的外在性的问题。他者的内在价值不是什么抽象的概念或事物的特性，而是对于我来说具有命令的权威的面孔。作为超越于这个世界的价值，是对于我的存在、我的事实的质疑。对于他者的欢迎才真正地在休谟的意义上超越了个人的利益与爱好。"他者显现的方式，是超越了在我之中的对于这个他者的概念的，我们把它称为面孔。"③ 这好像是对摩尔说的。他人的面孔的超越性是比内在价值的客观性更加客观的和内在的。"出现在一张面孔面前，我对于他人的态度失去对应于〔我的〕注视的贪婪的惟一条件是转变为慷慨，不能空着手去接近他人。"④这好像是对休谟说的。道德情感在服务于他人的行为之中就超越了个人的主观性。

列维纳斯认为，在知识里面，我们总是试图通过中介——概念与感觉——来理解和把握被认知的对象，从而消除对象的他在性。⑤ 而在现实生活里面，我们用力量或权力来征服他人。这两种自我与他人的关系形式所反映的是以自我为中心的本体论思想，是自我主义。但是，当这种自我面对的是一张面孔的时候，它就失去了自己的力量。就像在黑格尔的主—奴关系里所描述的，一个人对于另一个人的征服，试图通过谋杀对方来证明自己，从而获得自己的自由。但是，在列维纳斯看来，这样的事实恰恰说明，"谋杀不是统治而是消灭；它是绝对地放弃理解。谋杀是对于逃避力量的东西行使力量"。"我只想杀害一个绝对独立的存在者，一个无限

---

① Ibid. , p. 272.

② Emmanuel Levinas, *Totality and Infinity: An Essay on Exteriority*, trans. Alphonso Lingis, Pittsburgh, PA: Duquesne University Press, 1969, p. 43.

③ Ibid. , p. 50.

④ Ibid. .

⑤ Ibid. , p. 42.

超越了我的力量的存在者，但是他不是反对我的力量，而是使得力量的力量瘫痪。他者是我想杀害的惟一的存在。"① 最后一句话的含义是与黑格尔所论述的对方的独立性越大我就越能获得认可有关的。但是，在列维纳斯看来，对方的超越性不在于对方的力量，而在于他能对我说"不"。面对枪口或刀刃，他者的面孔所说的是："你不应该犯谋杀罪！"面对毫无抵抗力的眼睛，"这里不是与一个非常强大的抵抗发生关系，而是与绝对的他在的某物：没有抵抗的抵抗——伦理抵抗"。② 在杀害对方的时候，对方的眼睛里所发出的命令，在对方的面孔所表达的"不"，是无限地超越了我的力量的。我在对方的面孔或眼睛里，看到了对方对我的审判。而这种审判将永远像幽灵一样伴随着我：我不能用任何力量把这个审判、把对方的赤裸裸的毫无抵抗的眼睛消灭。恶不是事物的肯定的或否定的特性。恶是对方的眼睛对我做出的有罪的审判。

同样的，善也不是什么事物的内在特性，而是对方对我所发出的责任的命令。他者的面孔不仅是毫无抵抗力的，而且是饥饿与贫穷的面孔。"表达自己的存在者强加自己，但是，正是通过以它的贫穷与裸体向我求助——它的饥饿——来表达的，而我不能够对于这种求助充耳不闻。"③面对他者的面孔，我无法逃避自己的责任。他者的面孔所表达的就是对我，不是别人，发出的道德的召唤：我的任何拒绝都构成了自己的罪过，而我对这种召唤的响应是表现的不是空手地走向他者。那么，什么是他者呢？特殊地说，他者是孤儿、寡妇、穷人。一般地说，他者是邻居。对列维纳斯而言，邻居不是与自己住在一起的熟人，而是第一个遇到的人，无论是陌生人还是熟人。

四　本章结语

我们可以看到，上面对价值的两种理论态度对应于马丁·布伯所说的

---

① Emmanuel Levinas, *Totality and Infinity*, p. 198.

② Ibid. , p. 199.

③ Ibid. , p. 200.

"我与它"和"我与你"的关系。① 在"我与它的关系"里面体现的是以我为中心的我与事物的关系；而在"我与你"的关系里体现的是以"你"为中心的我与他的存在性关系。两种态度表明了两种关系和两个中心。从其根本上来说，价值是一种关系，是一方以另一方为存在根基的关系。价值的问题是有关自我的形成的问题。人不是在自己的世界里、在我与世界的关系里形成自己的。人的自我是在人与他者的关系里，在对于他者的无限的责任里，形成自己的。所以说，我与他者的单一的伦理关系是价值的真正的形而上学根源：价值体现的我的自我与对他者的责任是分不开的；他者的超越性是价值的真正来源。

---

① Martin Buber, *I and Thou*, trans. Ronald Gregor Smith, New York：Charles Scribner's Sons, 1958.

科学与宗教

第九章　科学与宗教:和谐还是冲突?[①]

导　言

　　"世界是如何来的? 世界是永恒的还是有开端的?""人类是如何产生的?"对于宇宙的奥秘以及人类自身产生的疑惑,在现代科学兴起以前,西方文明中以希伯来文化为根源的宗教给出了回答:上帝在大约10000年前创造了世界和人类。而具有现代科学知识的人对于上面的问题可以给出完全不同的回答:宇宙起源于140亿年前的宇宙大爆炸,它不是永恒的;同样的,人类是进化而来的。在人们看来,宗教给人类提供的是关于宇宙和人类自身问题的初级的愚昧的解答,是人类幻想的产物。从宗教到科学是人类的进步。科学与宗教的关系似乎是一个历史的问题,是一个已经解决了的问题,即宗教是现代科学技术出现以前人类对于自然的初级的错误的认知形式。科学与宗教因而也被看作进步与落后的关系、真理与错误的关系。人类的近代历史也被理解为科学与真理战胜宗教与愚昧的过程。然而,在西方学术界,有关科学与宗教的关系的研究最近成了一个学术热点,而且,很多著名的科学家和哲学家都参与进来。这种现象是不是说明科学与宗教的问题并非那么简单呢?

　　科学与宗教作为一种交叉性的学科与研究者的知识和社会背景有着密切的关系。在本章中,所谓的科学指的是现代西方自然科学,所谓宗教指的是基督教和犹太教。在英语世界中,研究科学与宗教的人大多数都是基

---

　　① 本章内容以《科学与宗教:和谐还是冲突?——最新科学与宗教研究述评》为题发表在武汉大学《海外人文社会科学发展年度报告2010》(武汉大学出版社),收录到本文集时个别地方略有改动。

督教徒或者无神论者。我将着重讨论两个互相对立的观点：一个是以世界
著名基因学家法兰西斯·考林斯（Francis Collins）为代表的宗教与科学
调和论，认为自然科学为信仰上帝提供了新的证据，科学与宗教可以相
容，是和谐的关系；一个是以牛津大学著名生物学家理查德·道肯斯
（Richard Dawkins）为代表的无神论，认为当代宇宙论和生物学证明上帝
存在的可能性是很小的。为了更好地理解这两种观点，在本文的第一部
分，我将主要依据伊恩·G. 巴布拉（Ian G. Barbour）的具有里程碑意义
的著作《宗教与科学：历史与当代的争论》（*Religion and Science*：*Historical and Contemporary Issues*）一书对科学与宗教研究的基本模式作一个简
要的概述。

一　四种模式

伊恩·G. 巴布拉曾是美国卡尔顿学院（Carleton College）的物理学
教授、宗教学教授以及科学技术与社会的讲席教授。他在《宗教与科学：
历史与当代的争论》① 一书中，提出了科学与宗教研究的四种模式：冲突
模式、独立模式、对话模式、整合模式。每一种模式对科学与宗教的关系
界定一种基本的态度，而且在每一种模式中又区分出不同的思路。需要特
别提出的是，巴布拉对科学与宗教的关系的系统性梳理、对科学与宗教研
究的基本框架的概括，仍然适用于最近几年的研究成果。也就是说，最近
的研究成果在某个方面对某些观点作了进一步的探讨。

（一）冲突模式

在普通人和很多科学家学者头脑中，对科学与宗教的关系一般都理解
为冲突的，认为两者是不相融的。在这种思维模式中，有两种极端的互相
对立的观点，即科学唯物主义和圣经实解主义（biblical literalism）。

1. 科学唯物主义

科学唯物主义尽管有不同的派别，但基本上可以用还原主义（re-

① Ian G. Barbour, *Religion and Science*：*Historical and Contemporary Issues*, New York：Harper
One, 1997.

ductionism）来概括。这种还原主义认为所有现象归根结底都是以物理科学和化学所揭示的基本事实为根基的。在认识论上，它认为所有的科学理论都在原则上可以还原为物理学、化学的理论和规律；在形而上学上，它认为物理学、化学所研究的对象是最终的实在。因此，它认为所有的现象都可以在原则上用物理学、化学来解释。它的极端而又生动的表达方式就是"人是机器"。DNA 结构的发现者之一弗朗西斯·克里克（Francis Crick）说，"在生物学中，当代发展的最终目的就是要在事实上用物理学、化学来解释所有的生物学"。[1]著名的社会生物学家爱德华·O. 威尔逊（Edward O. Wilson）曾宣称，社会学、社会科学以及人文学科将会最终成为生物学的分支学科。[2]将物理学、化学以及生物学的研究对象作为最终实体，把人的心理、心智、精神等活动理解为物理现象或者伴随现象，这对于宗教和道德的起源问题的回答，必然是否定上帝和道德的超越性。科学唯物主义在对待宗教和道德问题上，一方面是否定传统神学和道德理论，另一方面试图用进化论生物学以及进化论心理学来解释人类社会的宗教道德现象。牛津大学的生物学家道肯斯的观点就属于科学唯物主义。本章的第三部分将讨论他的理论。

2. 圣经实解主义

所谓圣经实解主义就是把圣经中所说的当作宇宙和人类历史中实际发生的事情来理解。一些基督徒认为，与当代宇宙物理学和进化论不同，在圣经中我们可以发现一种"创世科学"。世界不是宇宙大爆炸而来的，是由上帝创造的，人类也是上帝创造的，不是进化而来的。美国一些基督徒主张在中学应该同时讲授进化论和创世科学。

对于创世科学，也有不同的理解。劳伦·哈斯玛（Loren Hassma）是这样概括的：年轻的地球创世主义者可以说是持有对于圣经采取字面的和非历史的解读。他们认为，地球和所有的现代生命形式是在几乎 10000 年前的六天中创造、成熟和完全正常运行的。这一信念来自对圣经《创世记》第一章的特定解读。在过去 30 年里，他们试图科学地证明他们的观

---

① 引自 Ian Barbour, *Religion and Science: Historical and Contemporary Issues*, New York: HarperOne, 1997, p. 79.

② Ibid., p. 80.

点是正确的，试图构造无数的科学论证来说明地球只有数千年的历史，他们对天文学和地质学有关宇宙和地球有数亿年历史的证据和数据进行辩驳。但是，他们的论证在主流的科学文献中没有得到出版。这是一种极端的"智能设计"（Intelligent Design，ID）流派。[①]与科学唯物主义一样，他们也认为科学与宗教是冲突的，因为圣经和现代科学对宇宙和人类产生给出了不同的甚至是矛盾的结论。

这里，需要特别注意的是，"智能设计"流派之下，有不同的比较弱的版本。这些比较弱的观点不能算是圣经实解主义，但是也与之有某些关系。比如，渐进创世者接受数十亿年来在生命历史中的进化模式的观点，不过他们不认为达尔文在他的进化论中所提出的机制能够描述这一模式，因为他们相信在生命历史中不同的时间点上，上帝肯定有奇迹的指导或干涉才产生了现代生命形式；进化论创世主义者接受进化模式理论并认为达尔文的进化论是对生命史的科学的描述，但是他们相信上帝使用进化论的自然过程以产生现代的生命形式，就好比上帝如何使用重力的自然机制来让地球围绕太阳的固定轨道运行一样。[②]这种迂回的策略虽然严格意义上不属于圣经实解主义，但是，它们之间微妙的关系也是值得讨论的。巴布拉也提到，这里所说的四种模式仅仅是粗略的概括，有的观点很难说仅仅属于某一种模式。

（二）独立模式

有学者认为宗教与科学是互相独立的，各自都有自己的研究领域和独特的研究方法，它们之间不是矛盾的。也有学者认为宗教与科学研究领域相同，只是研究的视野不同。

1. 方法不同

"根据卡尔·巴特（Karl Barth）及其追随者的观点，只有在基督之中上帝显现自身并被认知，在信仰中获得认可。上帝是超越者，是完全的他者，除自我显现，别无其他途径可以认知。自然神学之所以不可靠，就是

---

① ［美］梅尔·斯图尔特、郝长墀：《科学与宗教的对话》，郝长墀译，北京大学出版社2007年版，第176—177页。

② 同上书，第175—176页。

因为它依赖于人的理性。宗教信仰完全依赖于神圣的开启，而不是依赖于如在科学之中所发生的发现。上帝活动的领域是历史，而不是自然。""科学依赖于人类的观察和推理，而神学是建立在神圣的显现之上的。"①巴特的观点与圣经实解主义不同，他认为，圣经是人的理性对神迹显现的见证的记录，但人的理性是有限的和有罪的，是先天"有缺陷的"。对圣经的解读不应该是作字面意义上的理解，而应把它看作对神迹的象征性的描述。这样，圣经中的创世说就与宇宙论区分开来了。圣经中没有创世科学。圣经中所讲的是人与上帝之间的关系，而不是人与自然界之间的关系。这种观点与科学唯物主义也不同，因为它认为神学的源泉和权威来自上帝而不是人的理性，而科学主义认为人的理性是一切事物的根基。

巴特的启示神学观点与存在主义有着相似性，即科学与宗教处理的对象不一样，一个是人的自我的问题，而另一个是没有人格的自然对象。关于自我的问题，应该是在人的行为和参与中得到实现，而不是采取旁观者的态度。科学所寻找的是抽象的一般概念和规律，而人的生命的意义不是现成的，是在人的信念和行为之中实现的。这实际上暗含了两种真理观：一种真理观是人在行为中实现真理，而另一种真理观乃真理是反映外在世界的对象。

2. 语言不同

两种真理观决定了宗教和科学的语言不同。宗教的语言是比喻和象征性的，就如路标一样，只有在具体的存在者的生活实践中，其含义才能表达和实现出来。"宗教是人生的导向。它们表达的是人生道路，是通过实践而学习的道路。"② 而在自然科学中，概念的功能是反映自然实在对象，其理想状态是与外界对象一对一的关系。其语言是命题性的语言。科学理论是用来表达所观测的现象中的规律性和规则性，是可以用来进行预测和控制现象的。科学与宗教因其语境不同，功能也相异。

独立模式的思维方式并非说宗教和科学没有关系。它强调的是两者之间的独特性，强调各自的领域和界限。我们应该尊重各自的独特性，把它们混淆起来是犯错误的根源。

---

① Barbour, *Religion and Science: Historical and Contemporary Issues*, New York: HarperOne, 1997, p. 85.

② Ibid., p. 88.

但是，问题是，独立模式是不是就意味着科学家在实验室把宗教忘掉，而出了实验室把科学抛到脑后呢？巴布拉指出，如果宗教处理的是上帝与人的关系，而科学处理的是自然界，那么，谁来关心上帝与自然的关系，自我与自然的关系呢？在科学和宗教之间如何有对话呢？巴布拉没有意识到的是，事实上，独立的模式不等于把科学与宗教孤立起来看。独立模式认为科学所处理的是人和自然之间的抽象的关系，而宗教则在具体的语境下讨论人和上帝、上帝与自然之间的关系。科学技术的意义应该在具体的宗教语境下讨论，而不是在科学的语境中讨论宗教关系。后期海德格尔的思想值得借鉴。

（三）对话模式

对话模式与整合模式的区分就在于前者讨论科学或者自然界的一般特性与宗教的关系，而后者用具体的科学理论探讨宗教问题。

1. 假设与域限问题

域限问题是对科学整体领域提出的本体论问题，与科学方法无关。很多历史学家问，为什么在世界文化中，现代科学产生于基督教的西方？巴布拉与当代其他研究科学与宗教的基督徒学者都认为，创世说为科学活动奠定了基础。古希腊人虽然相信世界的次序性和可理解性，但是，他们把世界看作必然的，是可以从第一原理推出来的。而创世说则把世界看作有条件性的、偶然的，因此，我们必须通过实验才能理解世界。对世界的去神圣化也使得人们消除了对世界的神圣感，把自然作为物体来研究和利用。当然，这也包含了对自然的破坏。这一点似乎是当前绝大多数研究科学宗教问题的基督教学者的信念，包括第二部分我们要讨论的考林斯。

尔楠·麦克姆林（Ernan McMullin）认为，上帝是这个世界的第一因，而科学研究的是第二因，这是两个不同层次的问题。科学本身是自足的，是没有缝隙的。这并不意味着科学和宗教是互相独立的。但是，麦克姆林反对利用科学解释不了的现象来推论上帝是存在的论证。这是本末倒置的做法。他还认为，大爆炸理论并没有证明世界在时间上有一个开始，因为当前的扩张可能是一个摇摆或者循环的宇宙的第一阶段。他说，"我们不能说，第一，基督教的创世说'支持'大爆炸模式，或者，第二，大爆炸模

式'支持'基督教的创世说"。①我们将看到麦克姆林所批评的正是考林斯
所要论证的。

其他学者如卡尔·拉纳（Karl Rahner）、大卫·崔西（David Tracy）都
认为，现代科学的发展有助于我们对传统神学观点进行新的叙述和修改。

2. 方法论上的平行问题

有的学者认为，科学研究中的方法在宗教研究中也有类似现象。科学
研究中的素材和数据的收集背后充满了理论和假设，而且对这些素材的分
析不是纯逻辑的，创造性的想象力扮演了很重要的角色。同样，宗教研究
的素材包括宗教经验、礼仪、圣典文本，这些素材更是具有理论假设背
景。虽然宗教信念不能通过严格的经验性试验进行修改，但是，在宗教思
想中，同样具有科学领域所表现的一致性、完整性、富有成果等特点。

巴布拉认为，库恩关于科学范式的理论同样适用于宗教研究。宗教团
体就如科学共同体一样，具有一系列的概念上、形而上学上以及方法论上
的假设。宗教传统比科学更适合用范式理论来解释。斯蒂芬·特欧敏（Ste-
phen Toulmin）认为，量子力学关于观察过程中观察者与被观察对象的不可
分性，这种变化是从纯粹的旁观者的假设到对观察者参与性的认可的变化。
观察者与观察对象之间的不可分性与宗教中的关系很类似。迈克·珀兰伊
（Michael Polanyi）指出，参与一个研究共同体，这是克服主观性的保障，
当然，它并没有减少个人责任的负担。在宗教团体中更是如此。② 著名剑桥
物理学家约翰·珀金洪（John Polkinghorne）认为，人们对光的理解以及量
子力学的发现过程非常类似于基督学中关于基本教义的理解，都经历了五
个阶段：新理论代替旧的并吸收旧观念中的合理因素；新旧之间互相对立
紧张的关系；新综合新理解；对未解问题和新理论的继续探索；对新理论
所包含的不可预见东西的认识。③

3. 以自然为中心的精神追求

有一些作者根据个人的经验，认为科学所揭示的宇宙和万物令我们感

---

① Barbour, *Religion and Science: Historical and Contemporary Issues*, New York: HarperOne, 1997, p. 91.

② Ibid. , p. 94.

③ John Polkinghorne, *Belief in God in an Age of Science*, New Heaven & London: Yale University Press, 2003, pp. 25 – 47.

到惊奇和赞美，我们对自然的神圣性应该用歌唱、舞蹈、艺术等来表达。尽管其他模式范畴中有很多流派，这个模式下的作者背景更是非常不同；但是，最为突出的是环境伦理学。

（四）整合模式

整合模式主要包括自然神学（natural theology）、神学自然和谐论（theology of nature）、系统综合论。自然神学从科学出发，试图依据科学所解释的"设计"证据来推出上帝存在。神学自然和谐论与自然神学不同，它的出发点是宗教信仰，认为科学理论会影响我们对传统信条的重新叙述，特别是关于创世说和人性。而系统综合论认为，科学与宗教都有助于建立一个更加综合的形而上学，比如过程哲学。

1. 自然神学

自然神学有着非常悠久的历史，中世纪的阿奎那，近代的牛顿，都属于这个范畴。自然神学在当代最著名的代表是牛津大学哲学家理查德·斯温伯恩（Richard Swinburne）。斯温伯恩认为，上帝的存在一开始仅仅是一个假设，而世界的秩序性的有力证据增加了这个假设的可能性。他还认为，科学不能解释为什么这个世界有具有意识的存在者，意识的出现需要外在于物质世界的根据。他的结论是，有神论的可能性比其不可能性要高。

在宇宙论中，科学家发现，如果在宇宙早期某些物质常量和条件与它本来所具有的值有非常非常之细微的不同的话，生命在宇宙中的出现将是不可能的。这就是有名的"人择原理"（the Anthropic Principle）。这个原理给传统的"设计论证"思想注入了新的生命。在神学意味比较强的语境下，它也被称作有关上帝存在的可能性的"微调论证"（the fine‑tuning argument），宇宙好像收音机一样被"微调"了一下，以便生命出现，似乎宇宙背后有一个"设计师"。需要注意的是，很多基督教学者认为"微调论证"是令人信服的，包括考林斯。

2. 神学自然和谐论

与自然神学不同，神学自然和谐论认为宗教和科学在起源上相对独立，但某些领域是重叠的。神学教义必须根据科学的新发现而重新叙述，并与科学证据保持一致。著名生化学家、神学家阿瑟·皮考克（Arthur Peacocke）认为，上帝是通过规律和偶然性进行创世的，而不是在自然过程间隙之间进行干预，即上帝是通过科学所揭示的自然世界过程并在其中进行创造的。他讨论了规律和偶然性在宇宙学、量子力学、非平衡态热力学以及生物进化论中是如何协调的。神学自然和谐论可以理解为试图把科学理论和观念与宗教传统的信念综合起来。其结果之一就是科学的新发展可以进一步修正我们对上帝的观念。但是，这并不证明上帝观念是从科学理论中演绎出来的。这是神学自然和谐论与自然神学之间的本质区分。

3. 系统综合论

形而上学试图建立一套普遍范畴来解释不同的经验。一个涵盖一切的概念系统可以反映所有事件的所有特征。形而上学是哲学家的任务，不是科学家或神学家关心的。科学和宗教有助于建立一个完整的形而上学体系。过程哲学就是在科学与宗教的影响下建立起来的。过程哲学把实在看作一个互相联系的动态网络系统，自然界充满了变化、偶然性、创新性以及规律性。过程哲学实在观与生物学和物理学的影响是分不开的。过程哲学家查理斯·哈特少恩（Charles Hartshorne）、查理斯·伯奇（Charles Birch）、约翰·考伯（John Cobb）等试图把过程哲学和神学联系在一起。上帝与自然界所有不同层次的存在者的关系可以这么理解：上帝既是创新与秩序的根源，也是创造性—感应性的爱。在人和自然的关系上，过程哲学认为，所有的存在者都是在与其周围更大的环境的作用下形成的，所有的存在都是人类经验的对象。人与自然是连续性的，是自然的一部分，因此，人的经验可以用来作为解释其他存在者经验的线索。过程哲学克服了传统哲学中的二元论思想所遇到的难题。

我们看到，上面所说的四种模式之下又包含有不同的思路和派别。四种模式思想仅仅是对科学与宗教研究提供一个系统性的图解。每个思想家对科学与宗教的理解不能用一个或两个模式来套，因为在具体的论著中我们往往碰到某种模式思想占主导地位，同时也交织着其他的模式。

二　上帝存在的科学证据

目前，在研究科学与宗教关系的学术界，很多具有基督教背景的学者普遍公认这么一个假设：科学的兴起和科学研究是与圣经创世说分不开的。创世说所包含的自然世界的偶然性决定了通过科学实验认知事物的必然性，同时，上帝创世的次序性和规律性又决定了自然世界的可知性。古希腊思想不可能成为现代科学兴起的充分条件，这是因为古希腊人把事物看成是必然的，是可以从第一原理推出来的。实验与观察的科学方法是在基督教思想中产生出来的：只有通过实验与观察的方法才能认识一个有意志的造物主所创造的自然世界。因此，宗教与科学是相互有关系的：宗教首先为科学提供了思想上的条件，同时，科学也进一步证明了上帝创世的伟大性。两者从而构成了一个解释学（hermeneutics）的圆圈。关于这一点，可以参看美国科学哲学教授戴尔·莱奇（Del Ratzsch）的《科学的宗教根源》一文。①这是一种科学宗教协调论的观点。

世界著名基因学家考林斯在奥巴马政府担任重要职务，任美国国家健康研究所（National Institute of Health，NIH）主任。他被视为当代非常有成就的科学家之一。2006 年他出版了一本《纽约时报》畅销书：《上帝的语言：一位科学家为信仰提供证据》（*The Language of God：A Scientist Presents Evidence for Belief*）。从标题上看，这本书要讲的是一个科学家认为信仰上帝是有科学根据的。他的观点具有代表性。下面，主要依据这本书，讨论一下考林斯是如何把现代物理学与生物学和宗教信仰联系在一起的。

（一）宇宙起源

考林斯指出，科学活动本身是不断发展、不断超越的过程。科学家在面临科学素材中无法解释的现象的时候，就会提出新设想，然后用实验来验证自己的假设。科学家总是幻想能有一天颠覆现有的理论，改变目前的研究领域，开拓新视野。在过去的五百年间，科学经历了不断更新、不断革命的过程，将还会有新的更新与革命等待着我们。② 我们的问题是，以哥白尼、开普勒、伽利略、爱因斯坦、海森堡以及霍金为里程碑的现当代科学革命是不是动摇和否定了宗教信仰呢？他们的理论本身是不是包含着对宗教的否定因素呢？

---

① ［美］梅尔·斯图尔特、郝长墀：《科学与宗教的对话》，郝长墀译，北京大学出版社 2007 年版，第 59—81 页。

② Francis S. Collins, *The Language of God：A Scientist Presents Evidence for Belief*, New York：Free Press, 2006, p. 58 – 59.

1. 宇宙大爆炸理论与世界从无到有的神学教义

运用"多普勒效应"（the Doppler Effect），哈勃（Edwin Hubble）发现，无论在哪里，星系之中的光显示这些星系是不断远离我们的星系的。星系越远，星系退得越快。如果宇宙中万物都在飞散，那么，逆时间而推的话，可以预测在某一时刻所有这些星系本来是聚集在一个难以置信的巨大的物质体中的。经过无数次的实验和计算，在过去 70 年，绝大多数物理学家和宇宙学家得出结论说，宇宙开始于某一个时刻，即我们现在所说的宇宙大爆炸。这一时刻在大约 140 亿年前。物理学家认为，宇宙的开端是一个没有层次的密度极强的纯粹的能量点。宇宙最初开始于奇异点（singularity）。到目前为止，科学家还无法解释大爆炸之初的最开端的事件，即在开始的 10^{-43} 秒所发生的事件。科学家可以根据如今可以观察的宇宙来推测那个原初开端的事件。目前还无法回答的问题是，大爆炸所产生的宇宙是无限扩张呢，还是在某一时刻由于重力的影响，宇宙将缩回去，最终导致"大破碎"（Big Crunch）。我们还远没有理解最新发现的宇宙中的黑物质、黑能量。当前最好的证据可以让我们预测宇宙可能会慢慢地消失。

考林斯认为，宇宙大爆炸理论对相信世界是上帝从无到有创造的结果的人来说，是非常令人振奋的。在宇宙大爆炸"以前"是什么？由于时间和空间开始于大爆炸，严格说来，宇宙的起点是在时间之外的。自然界有个起点，但是，这个起点不是自然界本身：自然界不能自己创造自己，"只有一个外在于空间和时间的超自然的力量才能创造自然"。大爆炸理论使得科学与神学走得更近了。就如宇宙物理学家罗伯特·加斯特罗（Robert Jastow）在《上帝与天文学家》（*God and the Astronomers*）一书中所说的，科学家完全依赖于理性的力量，而当他排除了无数的无知，似乎要征服最高峰的时候，他发现，已经在那里坐了几个世纪的神学家向他打招呼。宇宙大爆炸是不是与奇迹的定义相符合呢？圣经中的创世说与宇宙学的证据虽然在细节上不同，但是在基本精神和元素上是一致的。世界的产生是瞬间的。[①] 上帝是在时间空间之外创造世界的。

考林斯认为，不仅宇宙大爆炸理论给予上帝存在提供了科学的证明，

---

① Francis S. Collins, *The Language of God: A Scientist Presents Evidence for Belief*, New York: Free Press, 2006, pp. 66–67.

在大爆炸以后，宇宙的演变，直至生命的出现，人类的出现，都显示了在宇宙背后有一个设计师的存在。在这里他的思想既可以被看作符合"自然神学"的模式，也可以被解读为神学自然和谐论。有关人择原理的讨论，同样显示出考林斯的自然神学特色和神学自然和谐论特色。

考林斯对大爆炸宇宙学所采取的态度似乎是完全肯定性的。但是，正如巴布拉所警告的那样，当代宇宙学的大部分理论都是暂时的和猜想性的。完全可能想象一个摆动的宇宙（an oscillating cosmos）来说明大爆炸与无限时间观念是一致的。在大爆炸之前是"大破碎"，而在这个大爆炸之后，又可能是"大破碎"。对过去的宇宙运动，我们无法直接观察到。还有其他宇宙学假设也把时间看作无限的，不是有开端的。[①]如果非常肯定地把大爆炸理论和创世说联系起来，认为宇宙大爆炸理论引证了神学上的创世说，把上帝放到大爆炸之前的位置，这个上帝与"缝隙中的上帝"（God of the Gaps）有什么区分呢？而"缝隙中的上帝"观念正是考林斯批判的。下面我们还会看到，考林斯把基因序列看作上帝的语言，这都与他的神学自然论观点是不一致的，更像是一种自然神学的观点。

2. 人择原理与微调论证

人择原理（the anthropic principle）或者微调论证（the fine - tuning argument），可以说，在当今科学与宗教研究学术界是一个最著名的例子。基督教学者一般倾向于用"精微调节"（fine - tuning）或"微调论证"（the fine - tuning argument），而非基督教学者，特别是无神论者，喜欢用"人择原理"。这是因为"精微调节"这个词背后就隐含了一个有意志的存在者。

那么，这个原理究竟是什么呢？为什么自然神论者对此表现了极大的兴趣，并宣称这个原理是非常令人信服的呢？物理学家的研究表明，我们生活的宇宙对生命的存在是非常友好的。如果物理学的法则和参数不是目前这个样子，而是有非常非常微小的不同的话，宇宙就不会产生出生命。这就是物理学中所说的"精微调节"的宇宙属性。为了收听一个广播节目，我们必须把频道调到准确的位置。宇宙中的参数、粒子以及力都似乎

---

①　Barbour, *Religion and Science*：*Historical and Contemporary Issues*, New York：HarperOne, 1997, pp. 198 - 199.

是经过精心的调节以便具有生命存在所需要的值。这就是人择原理。有的学者利用这个物理学理论来证明上帝的存在，这样的论证被称为微调论证。

对这个理论，不同的物理学家有不同的表述。著名科学家马丁·雷斯（Martin Rees）在他的《只有六个数字：塑造宇宙的深层力量》（*Just Six Numbers：The Deep Forces That Shape the Universe*）一书中，列举了 6 个常量，每个常量都被如此调节以便生命出现。我们举他书中两个例子。第一，宇宙之所以这么巨大，那是因为在自然界有这么一个巨大的非常重要的巨大数值 N，而这个 N = 1000000000000000000000000000000000000。这个数值是用来衡量把原子聚集在一起的电子力的强度的。如果 N 少了几个 0，那么，只有非常短暂的小宇宙存在，其结果就是没有生物可以生长到大于昆虫，也就没有时间允许生物进化。第二，$\varepsilon = 0.007$。这个数值是定义原子核如何坚实地捆绑在一起的，以及地球上的原子是如何生成的。如果这个数值是 0.006 或者 0.008，那么，我们人类就不会出现。[①]人类之所以能出现，就是因为宇宙中这些细微的差异造成的。换言之，如果宇宙参数和常量出现一点点的差异，就没有人类。人类出现的概率几乎是不可能的，在 $\varepsilon = 0.007$ 之外有无数的值。马丁·雷斯说，"如果任何一个（按：指 6 个数值——引者）数字不是被调节好的话，那么，将没有星球，没有生命"。[②]在科学上，类似现象被称为不可能性论证（the argument from improbability）。

考林斯在他的《上帝的语言》一书中，列举了三个例子来说明宇宙中的"精微调节"现象。在他的第三个例子中，他所说的也就是上面我们看到的 $\varepsilon = 0.007$ 理论。我们所知道的所生活的宇宙之所以能存在，是依赖于刀锋一样的不可能性上的，即宇宙中的参数和常量以及条件只要有非常非常微小的变化，就不是我们现在的宇宙了。用我们中国人的话说，宇宙早期的变化是失之毫厘，差之千里。这同样适用于重元素的形成。"如果把质子和中子拴在一起的强核力微弱那么一点点的话，在宇宙中只有氢生成。

---

① Martin Rees, *Just Six Numbers：The Deep Forces That Shape the Universe*, New York：Basic Books, 2000, p. 2.

② Ibid., p. 4.

如果强核力大一点点的话，所有的氢就会转化为氦，而不是在大爆炸早期中所发生的 25% 的比例，其结果就是，恒星所具有的聚合之熔炉以及它们产生重量元素的能力就不会出现。"① 也就是说，如果质子和中子之间的核聚力略微弱一些的话，就只有氢元素，而不可能有化学反应产生。如果这个核聚力略强一点点的话，氢元素就完全转化为重元素。没有氢元素，就不可能有生命产生。0.007 是一个 "刚好"（just right）数值。可见，生命的产生，人类的出现，完全悬在这一个数值上，任何变化就不会是现在的宇宙。

考林斯说："总体上说，有 15 个物理常量的值目前的理论无法预测。它们是被给予的：它们就是它们所具有的值。"② 这个宇宙刚好具有产生生命所必备的条件。这是为什么呢？是不是背后有一个上帝在调节马丁·雷斯所说的 6 个数值呢？就连霍金也意识到这种微调现象所具有的神学意义。考林斯引用霍金在《时间简史》中说，"为什么宇宙正好以这种方式开始，这是非常难以回答的，除非看作是上帝有意创造如我们一样存在者的行为"。他还引用著名物理学家弗雷曼·戴森（Freeman Dyson）的话："我对宇宙及其机构的细节的审视越多，我就越发现更多的证据说明，在某种意义上，宇宙一定知道我们是会出现的"。诺贝尔奖获得者阿诺·潘日阿斯（Arno Penzias）甚至把大爆炸理论与圣经联系起来，认为科学证据完全证明了圣经所说的。③

宇宙物理学真的为上帝存在提出了新的强有力的证明吗？考林斯对这个问题的探讨属于自然神学或者自然神学和谐论的思维模式。说他是自然神学，因为他的讨论中暗含了这么一个命题，当代宇宙物理学证明了上帝是存在的，特别是微调论证。他的某些语言很容易给人自然神学的印象。说他的思维是神学自然和谐论，因为他似乎还不是从纯粹的理性和自然科学出发来演绎上帝的存在，他也强调物理学与圣经的一致性，或者说，用当代自然科学理论来重新解释圣经的创世说。他的思想与 ID（Intelligent Design）流派有一定的距离，因为 ID 的核心思维模式是 "夹缝中的上帝

---

① Francis S. Collins, *The Language of God: A Scientist Presents Evidence for Belief*, New York: Free Press, 2006, p. 73.

② Ibid., p. 74.

③ Ibid., pp. 75 – 76.

理论"，即凡是科学理论中无法解释的现象都可以用上帝来解释，而考林斯是在科学理论的基础上探讨信仰问题。两者之间有着微妙而本质性的区分。这是我们需要特别注意的。在后面的讨论中，我们将逐步明白什么是ID 和"夹缝中的上帝理论"。

对宇宙物理学中的所谓的"微调"现象，有着不同的回应。第一个就是上面所说的基督教的理论：只有一个宇宙，就是我们生活的宇宙。所有物理常量和物理法则是被精确地调整以便生命出现，这不是一个偶然事件，它反映的是创造世界存在者的行为。第二个是这样的：只有一个宇宙，就是这个宇宙。它正好就具有产生生命所应该具有的特性。如果它不是这样的，我们也就不会在这里讨论这个问题了。也就是说，如果不是这样的，我们就不可能存在。我们是非常幸运的。除此之外没有其他原因。第三个是著名的多重宇宙论。与前两者不同，第三个观点认为，很可能具有无限多的宇宙，这些宇宙可能与我们的宇宙同时存在，也可能有先后之分，它们的物理学常量值和法则也可能不同于我们宇宙所具有的。但是，我们不能观测其他宇宙。我们人类仅仅存在于这么一个具有生命存在的所有物理特性的宇宙之中。我们所在的宇宙不是什么奇迹，它就是试验和错误的非正常产物。[1] 很明显，考林斯是赞同第一种回应的。虽然他承认没有科学观察可以绝对地证明上帝的存在，但他还是觉得人择原理为造物主的存在提供了有趣的论证。

我们这里需要指出的是，在这三个回应中，第三个回应与前两个是不同的。第三个回应是一个理论物理学的假设。对这个假设，没有任何实验证据来支持，甚至不可能做出可检验的预测。这是一个科学上的回应。而第一个和第二个回应都跳出科学领域，进而对科学理论进行的反思的回应，一个是神学的，一个是形而上学的。对多重宇宙论，我们还是能够从神学和形而上学的角度进行思考。科学和宗教的问题事实上是一个神学的、哲学的问题，不是一个纯科学的问题。科学本身是不讨论上帝问题的。对多重宇宙的理论，在科学上可以继续讨论是不是有类似的微调现象，在神学上，还是可以追问它与造物者的关系的，在形而上学上可以讨论它是不是可能的。

---

① Francis S. Collins, *The Language of God：A Scientist Presents Evidence for Belief*, New York：Free Press, 2006, pp. 74 – 75.

　　关键是第一个和第二个回应，它们都武断地假设只有一个宇宙，就是我们生活的宇宙。第一种态度是，我们的宇宙就是这样的，否则，就不会有我们的存在。这种微调现象，是非常奇妙的，但是，我们除了惊奇之外，不能追问为什么是这样的。第二种态度是，宇宙是这样的，简直太奇妙了，它背后是不是有一个最终的原因呢？这两种态度不是科学问题。这两种回答都不影响物理学本身的理论。只有第三种回答才会对物理学有影响。考林斯所引用的霍金、戴森、潘日阿斯等著名科学家的话是不会出现在科学研究论文中的。当潘日阿斯说科学证据与圣经所说的是非常一致的时候，他不是作为科学家而言说的，是站在科学领域之外对科学理论进行反思，更准确地说，是把基督宗教教义与科学研究联系起来作神学的或者形而上学的思考。潘日阿斯等科学家首先是生活在一定历史文化宗教背景中的人，其次他的职业是科学家。我们不应该把科学家职业与他本身等同起来。这是一个很重要的区分。这也是我们理解为什么同样著名的科学家道肯斯对同样的科学理论和证据却得出了无神论的结论的关键所在。更准确地说，科学本身在有神论和无神论问题上是中立的，但是，它可以被有神论、无神论拿来为自己的思想服务。

　　考林斯自己也承认在第一个和第二个回应之间是很难做出选择的。这里，我们很自然地想到康德关于知识的界限问题。超越于物理科学，或者更广泛地说，超越于自然科学的界限，那就是思辨理性的领域。在思辨领域中，完全可以得出两种相反的同样有效的可能性。

　　考林斯的立场是，物理学和宇宙学所描述的宇宙与上帝创造世界的信仰是不矛盾的。他倾向于认为，上帝的假设反而更能解决一些深层次的科学问题，比如大爆炸之前是什么样子的。就他倾向于阐释宇宙物理学的神学含义而言，他是自然神论者或者神学自然和谐论者。他既反对科学唯物主义的观点，也不赞同圣经实解主义。但是，他没有意识到，就如我们上面分析的那样，科学的有神论或无神论含义，都是属于思辨层次的，都是超越了科学范围的。

　　需要指出的是，普通人的信仰中的上帝不仅不是一个科学假设，而且不是任何假设。科学不可能证明上帝是存在的。对考林斯来说，他的态度似乎是，科学理论至少是与他的信仰不矛盾的，或者，更强一点说，科学理论丰富和增强了他关于上帝存在信仰的内容。这是神学自然和谐论立场。

（二）　生命起源

上面的宇宙物理学已经告诉我们，宇宙早期的发展为生命的出现提供了必需的元素和条件。宇宙的演变好像是为了生命存在而被微调一样。那么，地球上的生命是如何出现的呢？如何协调人是自然发展的产物的科学理论与人是上帝创造的圣经教义呢？对于生命起源问题，似乎宇宙与生命进化论的科学摧毁了圣经中的一个最基本的信条，它也摧毁了人类中心主义的信仰。人不是上帝按照自己的形象创造的，而是自然界发展的结果。达尔文进化论在基督教中引起的震动，比日心说对基督教的震撼更大，更有毁灭性。不仅地球不是世界的中心，人也不是万物之灵。对于这一点，很多基督教学者都认为，这些震动和毁灭性打击不是对基督教信仰本身的冲击，而是对圣经实解主义的摧毁。我们看看考林斯在生命起源问题上是如何协调科学与信仰的。

1. 地球上生命的起源

现代科学告诉我们，我们生活的宇宙大约有 140 亿年，而我们地球的年龄约是 45.5 亿年（1% 的误差）。在地球起初 5 亿年间，地球不断受到灾难性的宇宙袭击，其后果之一就是把月亮和地球分开。所以，没有任何证据证明 40 亿年前有任何形式的生命存在。然而，发现在 1.5 亿年前有很多种类的微生物存在。可能是，这些单细胞生物能够储存信息，也许是用 DNA，能自我复制和演化为多个种类。卡尔·沃斯（Carl Woese）最近提出一个假设，认为地球在这个时期，生物之间的 DNA 交换已经完成。"如果某个生物发展出一个或系列能提供优势的蛋白，这些新特征就会很快被紧邻的生物获得。也许在这个意义上，早期的进化更倾向于集体性的而不是个体行为。"这种"水平方向的基因转换"在目前发现的最古老的细菌中有非常详细的记录。①

考林斯提出了下面的问题：自我复制的生物是如何出现的呢？当前的理论假设不能解释在仅仅 1.5 亿年期间，生命是如何从前生命环境中出现的。尽管能通过实验获得少量的生物学单位，比如氨基酸，但是，如何从

---

① Francis S. Collins, *The Language of God: A Scientist Presents Evidence for Belief*, New York: Free Press, 2006, pp. 89 – 90.

这些复合物中自动组合成一个能自我复制的携带信息的分子？特别是DNA，这个具有双螺旋结构的遗传模板，它本身没有自我复制的方法。它是不是就正好是那样的呢？把 RNA 作为第一个潜在的生命形式，也会遇到无法解释的困难，我们不能够设计出一个完全自我复制的 RNA。面临这些困难，发现 DNA 双螺旋结构模型者之一的弗朗西斯·克里克说，生命形式肯定是从地球以外的空间来的，也许是受地球引力而飞到地球上的，也许是古代星际旅游者有意无意中带到地球上的。

由于科学目前不能解答生命起源问题，一些有神论者就把 RNA 和DNA 的出现理解为是上帝创造行为的结果。如果上帝有意创造人类，而宇宙化学环境没有复杂到能自我组合生命的能力，是不是因为上帝的干涉而启动了生命过程呢？考林斯的评论是，尽管没有自然主义的答案，把上帝作为假设虽然有吸引力，但是，这种行为所面临的危险是：今天科学无法解释的东西，明天也许就可以做到。用上帝来填充科学无法解释的鸿沟，这样的话，上帝岂不成了"夹缝中的上帝"？随着科学的进步，上帝岂不是要一步步倒退？考林斯认为，我们不应该在暂时没有知识的地方假设上帝存在，而是应该在知识的基础上来给出信仰上帝的理由。他的意思是，我们不应该在科学理论的空隙或者不足的地方塞进一个上帝的假设，而是应该在坚实的科学基础上理解上帝，比如在数学原理和宇宙秩序中看到上帝的足迹。这是他与 ID 理论的微妙而关键的区分。

2. 达尔文进化论

经过 20 多年的努力，1859 年达尔文在《物种的起源》（*The Origin of Species*）一书中提出了自然选择的进化论思想。达尔文认为，所有生命种类都来源于少量的共同的祖先，可能只有一个祖先。在一个种里所发生的变异是偶然性的，而且，每一个生物体的生存还是灭亡依赖于它适应环境的能力。达尔文理论的发表，立刻引起了巨大的争论。宗教界的反应并非如后来所描述的那样都是否定性的。普林斯顿神学院的著名保守派新教神学家本杰明·沃弗尔德（Benjamin Warfield）就热情地拜读了达尔文的著作，认为进化本身必须有一个超自然的作者，而进化论则是关于天意的方法上的理论。①

---

① Francis S. Collins, *The Language of God: A Scientist Presents Evidence for Belief*, New York: Free Press, 2006, p. 98.

考林斯认为，"今天没有任何严肃的生物学家怀疑进化论可以解释如此复杂和多样的生命。事实上，通过进化机制把所有的物种联系起来，这是理解所有生物学如此深刻的基础，以至于难以想象没有进化论如何研究生命"。[①]进化论在宗教上有什么意义呢？考林斯用相当多的篇幅描述他担任人类基因工程主任的工作，以及如何能够在 2003 年 4 月终于宣布这个工程达到了它所有的目标：人类能够描绘出一个完整的人类基因序列。考林斯认为，把他任命为人类基因工程的主任，对他个人而言，有着深刻的宗教意义："作为信仰上帝的人，这是否意味着，如此的时刻，我被召唤去担任一个对于理解我们自己具有深远影响的角色？这是一个解读上帝语言的机会，是［解读］决定人类如何出现的细节的时刻。"[②] 当他在 2000 年宣布完成人类基因初步序列的时候，他感到上帝的语言被揭示出来了。他认为，人类基因就是上帝的语言，是上帝在人类进化中的神迹。

人类进化和 DNA 有什么关系呢？考林斯说，在 19 世纪中期，达尔文无法知道自然选择的进化机制可能是什么样的。我们现在可以看到，达尔文所假设的变种是由 DNA 中自然发生的变异所支持的。估计在每一代，概率是每 1 亿个基因对中会发生一次错误。绝大多数变异发生在非本质性的基因组部分，因此，它们的影响很小甚至没有。在基因组较弱的部分发生的变异一般具有有害性，因为它们减少繁殖力，所以很快就被淘汰出去了。但是，在非常小的情况下，一个变异也会偶尔对选择性具有优势的积极作用。这个新的 DNA "拼写"将会具有较高的可能性被传递给后代。经过很长时间，这些偶尔发生的变异事件将在整个种类中广泛传播，最终导致生物功能的大变化。[③]

对于基因组的研究不可避免地得出如下结论：人类与其他生物拥有共同的祖先。比如，我们人和老鼠的染色体中的基因次序总是一样的，尽管在基因之间的空间有某种区分。人类与猩猩的基因序列在 DNA 层次上96% 是完全一样的。对于基因的研究证明达尔文的进化论是正确的，或者说，达尔文的进化论是基因研究的理论前提。

[①]　Francis S. Collins, *The Language of God：A Scientist Presents Evidence for Belief*, New York：Free Press, 2006, p. 99.

[②]　Ibid. , pp. 118 – 119.

[③]　Ibid. , p. 131.

如果人是严格地从自然选择和变异的过程进化而来，那么，我们怎么还需要上帝来解释我们人类呢？考林斯回答说，我们需要。因为对猩猩和人类的基因序列的比较，尽管非常有趣，并没有告诉我们"什么是人"。"依照我的观点，DNA 序列本身，即使伴随着有关生物功能的巨大的宝贵数据，也将永远不能解释某些特殊的人类特质，比如我们对于道德的知识和对于上帝的普遍诉求。把上帝从特殊的创造活动的负担中解放出来，这并不意味着他不是使得人类如此特殊的根源，是宇宙的根源。它仅仅告诉我们关于上帝是如何行动的某些知识。"①

考林斯在这里似乎想说的是（尽管他没有明确指出）：达尔文的进化论在现代基因学中得到了进一步的证实，人与所有生物都具有基因结构上的相似性，而人区别于其他生物的东西是变异造成的。单就DNA 层次来看，我们无法说明为什么人类不同于猩猩。基因序列无法说明为什么人类具有道德知识和对上帝的信仰。换言之，生物学无法解释道德和信仰的根源。我们将看到，这是与道肯斯的根本区分点之一。

考林斯的中心观点如下：上帝在时间和空间之外，大约在 140 亿年前从无创造了宇宙。上帝选择了优美的进化论机制创造了微生物、植物、动物。最神奇的是，上帝有意地利用同样的机制创造了一个拥有智慧、道德知识、自由意志、寻求上帝的特殊种类。上帝也知道人类将最终选择服从道德法则。②

这里有一个问题，既然上帝创造了一切，那么，我们如何解释进化论中的偶然性因素呢？如果没有基因发生偶然变异，也就没有人类。人类是偶然性的产物，怎么说是上帝有意创造的呢？

对于这个问题，考林斯的观点似乎是不一致的。他一方面主张，进化过程是一个事实，不仅仅是一个理论。他为很多美国基督徒对进化论持怀疑态度感到惋惜。③ 他的这种态度包含了这种观点：进化论是对宇宙和生物发展过程的真实性反映。就如他说的，"一旦进化过程启动，不需要什

---

① Francis S. Collins, *The Language of God: A Scientist Presents Evidence for Belief*, New York: Free Press, 2006, pp. 140 – 141.

② Ibid., pp. 200 – 201.

③ Ibid., pp. 141 – 142.

么特殊的超自然的干预"。① 进化论认为自然选择和偶然性因素是生物多样性和复杂性产生的原因。偶然性似乎是自然进化过程本身的部分。他似乎没有意识到自己这个主张的本体论意义。

另一方面，他给出了康德式的回应。他说，上帝是超越时空的，上帝对未来的一切都非常清楚，对化学、物理学、地理学、生物学所说的宇宙形成变化和生命产生过程都在创造的时刻一目了然。自然界所发生的一切理解，对上帝来说都不是偶然的。但是，我们人类由于局限在时间和空间之中，我们只能看到进化是由偶然性驱动的，是任意性的，是没有方向的。② 上帝的知识和我们的知识有着本质的区分。这是一个基于上帝和人之间本体论的不同所作的认识论上的区分。偶然性成了一种人类认识机制中不可避免的认识现象。在上帝眼中，进化机制是没有偶然性的，是完全有目的的。

进化过程究竟是偶然性的还是必然的？如果进化机制在上帝和人类眼中不一样，那么，我们就不能说进化是一个事实，是自然本身的过程。如果我们跟随康德的哲学，认为所有当代科学都是对现象界的认识，进化论就是关于现象界的事实的理论，进化是一个现象，不是本体。进化论中偶然性并不意味着自然过程本身的偶然性或者无方向性、无目的性，因为这是我们人类的知识。对上帝而言，同一个过程却是有目的、有方向的。进化论不仅不威胁我们对上帝的信仰，反而对我们的信仰有一定的帮助。进化论揭示了我们人类理性的有限性。

在考林斯的书中，他倾向于哲学上的实在论，他把基因序列看作上帝的语言，看作对自然界的最终真理。这与他这里所作的两种视野的区分是矛盾的。他没有意识到康德的二元论对协调科学与宗教具有重要的意义。

三　无神论的科学证据

对考林斯来说，科学的最新发展与宗教信仰不矛盾，甚至为宗教信仰

---

① Francis S. Collins, *The Language of God: A Scientist Presents Evidence for Belief*, New York: Free Press, 2006, p. 200.

② Ibid., p. 205.

提供了某些证据，具体的科学理论可以为宗教信仰服务。但是，对牛津大学教授道肯斯而言，"上帝"是一个幻觉，宗教完全可以在科学领域中解释或被化解掉。道肯斯就此观点发表了一系列著作，《自私的基因》（*The Selfish Gene*）、《盲眼钟表匠》（*The Blind Watchmaker*）、《攀登不可能的山峰》（*Climbing Mount Improbable*）、《魔鬼牧师》（*A Devil's Chaplain*）、《关于上帝的幻觉》（*The God Delusion*）。道肯斯的假设是，科学是万能的，凡是可以被解释的东西，凡是存在的东西，都可以被科学解释。如果说上帝存在的话，他也是科学的研究对象。他明确说，"我认为上帝的存在就如其他事物一样是一个科学假设"。[①] 上帝是否存在的假设，就如罗素的"茶壶"假设一样，在科学上是可以证明其可能性程度的。他讽刺说，神学家无事可做，因为他没有研究对象，因为神学家不能像科学家那样研究深奥的宇宙问题。把科学问题描述为是关于"如何"的问题，把神学的问题看作"为什么"的问题，在道肯斯看来，这是荒谬的。"如果科学不能回答一些终极问题，谁能使宗教做得到呢？"他看不出神学是一个学科的任何理由。[②] "上帝问题在原则上不会，也永远不会是外在于科学范围的。"[③]

（一）关于上帝存在的假设

道肯斯批判的靶子是创世主义，他认为创世主义代表了所有关于上帝存在论证的核心思想，因为几乎所有的基督徒都认为世界和人类是上帝从无创造的。在科学中有两种解释，一种是自然主义的，或者进化论的，另一种是设计论证（the argument from design）。在道肯斯看来，后者的基本思想是，把自然的复杂性或者科学无法解释的现象都用来证明上帝的创造性，上帝是"夹缝中的上帝"。他认为，凡是自然的现象都是可以用进化论来解释的。

1. 不可能性论证

我们在上面已经看到，我们生活的宇宙和地球之所以能为生命的存在

---

① Richard Dawkins, *The God Delusion*, New York: Houghton Mifflin Company, 2008, p. 72.

② Ibid., pp. 79 - 80.

③ Ibid., p. 96.

提供必要的条件，其可能性是非常小的，因为如果目前所具有的常量和条件略微发生一点点变化，就不可能有人类出现。宇宙似乎是被精心调节到生命出现的频率。科学家弗雷德·豪勒（Fred Hoyle）有过这样的比喻：生命在地球上出现的可能性并不比一阵飓风经过垃圾场后组合成一架波音747飞机的机会大。还有些现象，从生物体或者生物体的某些器官，从分子到宇宙本身，在科学上被描述为统计学上几乎是不可能的。这就是"不可能性论证"（the argument from improbability）。

道肯斯认为，创世主义者利用科学中的"不可能性论证"来论证世界是被有意设计的。他认为，不可能性论证恰恰说明上帝是不可能的，因为，第一，"当你求助于一个设计者来试图解释一个在统计学意义上是有多么不可能的东西的时候，设计者本身至少也是不可能的。上帝就是那个最终的波音747"。他的意思是，本来科学是用简单的道理解释复杂的现象，而上帝是一个比自然界所有现象都复杂的假设，上帝就成了更不可能的存在。第二，他说，"不可能性论证所说的是，复杂的事物不可能是由于偶然性而产生的。但是，很多人把'因偶然性而产生'等同于'在缺少一个有意的设计者的情况下出现的'。这样，就不奇怪他们把不可能性看作设计的证据"。他说，根据达尔文的自然选择理论，在生物学的不可能性意义上，这种理解完全是错的。尽管达尔文主义不直接与宇宙学联系，但是它可以让我们警觉起来。[1]

道肯斯反对上帝的假设的基本思路很简单：如果你用上帝来解释一个在统计学意义上看几乎是不可能出现的自然现象，你如何解释上帝的存在？关于上帝的假设至少是与不可能性的自然现象一样不可能。在道肯斯看来，这是更不可能的。这是贯穿在他反对创世主义思想中的根本观点。他一再重复这个观点。他的另外一个根本思想是："自然选择不仅可以解释生命的全部；它还可以把我们的意识提高到科学力量的高度，我们可以解释从简单的开端到有组织的复杂性的出现，这个过程不需要任何有意识的引导。"[2]

---

[1] Richard Dawkins, *The God Delusion*, New York: Houghton Mifflin Company, 2008, pp. 137 – 139.

[2] Ibid., p. 141.

在反对把"夹缝中的上帝"作为解释自然现象的假设上，道肯斯的观点与考林斯没有什么不同。在《上帝的语言》一书的第九章，考林斯反驳了 ID（智能设计理论）在科学上的错误，认为这个理论不仅在科学上是错误的，对宗教信仰也是不利的。

2. 不可还原的复杂性

有很多自然现象是如此复杂，科学在一定的时刻无法解释它们是如何演变而来的。比如，鞭状细菌（bacteria flagellum），鞭毛（flagellum）是一个在单细胞组织生物的细胞膜上发现的细小的鞭状结构，它由超过 12 个不同的蛋白质结构组成，以最恰当的方式组合，这样才能允许该生物移动。创世主义认为，一个偶然变异的序列是很难产生如此不可还原的复杂性系统的。根据渐进的创世主义的观点，这是一种不可能性现象。①

道肯斯的解释是，"自然选择是一个积累的过程，是把不可能性的问题分解为小的块状。每个小的块状是略微不可能的，但是，不是绝对禁止的不可能。当这些略微不可能的事件的数目巨大并积存为一个系列时，这种积累的最后结果就是非常非常不可能，是如此的不可能，远超越了偶然性可以达到的"。道肯斯认为，对科学现象的解释不是在偶然性和设计者之间选择，而是在设计者与进化论之间选择。在他的《攀登不可能的山峰》一书中，他用一座山来比喻进化论的思想。假设有这么一座山，一面是陡岩峭壁，是不可能攀缘上去的；另一面是一个斜坡，可以到达顶端。创世主义者仅仅看到了山的不可攀缘的一面，认为要到达山顶需要一个外在的力量，而进化论看到的则是山的另一面。②这里需要特别注意的是，道肯斯所理解的进化过程与考林斯的理解是不同的。道肯斯不认为进化过程是偶然的。他认为进化是一个漫长积累的过程，是很多不可能性组成的更大的不可能性。而考林斯认为，进化过程是由偶然因素推动的。考林斯还补充说，所谓偶然性，那是对我们人类而言的，对上帝来说就不是偶然过程。

道肯斯说，即使我们认为创世主义是对的，那么，他们立刻面临一个问题，设计者自身是如何来的？有关上帝的存在的假设只能使得问题变得

---

① ［美］梅尔·斯图尔特、郝长墀：《科学与宗教的对话》，郝长墀译，北京大学出版社 2007 年版，第 179 页。

② Richard Dawkins, *The God Delusion*, New York：Houghton Mifflin Company, 2008, p. 147.

更严重，使我们陷入一种恶性循环之中。创世主义者不理解积累的力量。从这个例子，我们可以看到道肯斯所批判的对象是创世主义的某些理论，即"夹缝中的上帝"的理论。他把这个观点扩大化，认为是所有基督徒学者的观点。

实际上，有另外一种观点，被称为进化论的创世主义。上帝也许选择使用遗传变异和不同的繁殖成功机制来渐渐地创造一个多样的生命形式，而每一种生命形式都能很好地适应其环境。① 我们已经看到，考林斯持的是这个观点。美国著名哲学家普兰汀格（Alvin Plantinga）持的也是这个观点。还有很多学者持这个观点。针对这个观点，道肯斯会继续追问：上帝在哪里？他是怎么来的？这个问题涉及生命起源的问题？进化是如何来的？

3. 人择原理

不仅在生命进化过程中，我们遇到很多理论上无法解释的间隙，在生命起源的根源上有着一个更大的鸿沟：从非生物的化学过程如何转化到生物进化过程？在宇宙物理学上，"人择原理"可以解释这个过程。我们在叙述考林斯的观点时，已经看到，人择原理具有创世的意蕴。道肯斯是如何看这个问题的呢？

道肯斯认为，我们能生活在一个对生命友好的环境基于两个原因。"一是，生命在地球所提供的条件的基础上通过进化而蓬勃发展，这是自然选择的缘故。二是人择原理。在宇宙中有以万亿计的星球，然而，可能只有少数的星球具有生命友好的环境，我们的地球正好是其中的一个。"② 这里，道肯斯的意思是，在地球上，对生物生命的解释，都依赖于生物进化论，而在宇宙的层次上，地球之所以具有生命生存的特征和条件是因为人择原理。这是什么意思呢？

道肯斯说，生命起源只发生一次，以后的进化论步骤以或多或少相同的方式进行复制。那么，我们的地球为什么具有生命呢？生物进化论所要回答的问题是开端以后的过程问题。生命的起源是如何发生的呢？道肯斯认为，人择原理是取代创世论的科学答案。生命起源问题和生命进化问题

---

① ［美］梅尔·斯图尔特、郝长墀：《科学与宗教的对话》，郝长墀译，北京大学出版社2007年版，第180页。

② Richard Dawkins, *The God Delusion*, New York：Houghton Mifflin Company, 2008, p. 169.

是两个不同的问题。"自然选择能发挥作用，这是因为它是一个积累的单方向的进步过程。它需要某种运气（luck）来启动，而'数亿计的星球'的人择原理给了它这个运气。"① 他的基本假设是，之所以我们的地球和宇宙具有对生命友好的环境的条件，这是因为：在数亿的星球中，我们的地球正好具有生命出现的特征；在多个宇宙中，我们的宇宙正好具有生命出现的特征。对道肯斯而言，如果说进化论没有偶然性的因素的话，生命的出现是需要纯粹的偶然性或者幸运的。他的理论立场类似于我们讨论考林斯时所看到的：我们正好生活在这个生命友好的宇宙中和地球上，否则，就不会有我们。这是一个偶然性或者幸运。

道肯斯也许是想说，科学只描述生命出现的物理化学等条件，至于为什么宇宙和地球具有这些正好适合生命出现的条件和特征，这只能归结为偶然性了。事实就是这样。运气的概念是与设计的概念不一样的，运气或者偶然性否定了背后具有一个具有意向的上帝的存在。所以，道肯斯说，人择原理是不同于设计假设的另外一种选择。

道肯斯这里没有意识到，即使从我们的观点看，我们的宇宙和地球正好具有生命存在的特征和条件是因为运气或者偶然性的话，我们可以这么理解：具有生命的存在或者说我们生活的宇宙的存在，不是建立在必然性上的，是可有可无的。这反而印证了我们一开始所说的基督教的信念：上帝自由选择创造了这个世界，我们无法根据必然性推出这个世界以及生命的存在。尽管道肯斯的论证充满了修辞技巧和重复性语言，他对终极问题所给出的"幸运"的回答，反而证明了考林斯等学者的观点。

道肯斯反驳根据科学理论探讨宗教不断重复的基本立场是："他们如何能够处理这么个论证：任何有能力设计出一个宇宙，并小心翼翼和具有预见性地把它调节到导致我们的进化出现的上帝，都是一个顶点级的复杂和不可能的东西，其本身需要超越他本身所能提供的一个更大解释?"② 道肯斯之所以不断问这个问题，那是因为他的理论前提所决定的：没有任何超越于物质宇宙之外的另外不同的精神存在。关于上帝的假设，其本身就是一个科学问题，而不是用来回答科学问题的。

---

① Richard Dawkins, *The God Delusion*, New York: Houghton Mifflin Company, 2008, p. 169.
② Ibid., p. 176.

（二）宗教的根源

如果说，关于上帝的存在是最不可能的话，为什么宗教伴随着人类历史呢？如何解释宗教现象呢？道肯斯认为，达尔文主义能够对宗教现象给予正确的解释。进化过程是无情的功利主义，优胜劣汰，这个经济原则是不可动摇的。宗教是人类历史上最大的资源浪费：浪费时间，浪费金钱，浪费生命，是非常不经济的。而达尔文进化论要求消除任何没有利益，不利于进化的废物。宗教能给人类带来什么利益呢？宗教的存在似乎是与进化论矛盾的。对于这一矛盾的现象，不同的学者给出了不同的回答。我们这里看看道肯斯是如何回答的。

1. 宗教是进化过程中的副产品

达尔文进化论认为，任何东西只要是有益于生存的，都是有价值的。道肯斯说，宗教迷信等几乎是人类社会的普遍现象，它是不是也有存在价值呢？他认为，宗教是人心的病毒，应该是没有价值的。但是，为什么宗教信仰那么普遍呢？宗教本身没有价值，但它是某些有价值的东西的副产品，是人的心理特征的副产品之一。

我们都知道，飞蛾扑火，这种自我毁灭的行为显然是与自然选择原理不符合的。如何解释这种反进化的行为呢？人工火源是后来的事情。在很久以前，飞蛾依赖于月亮和星星等没有温度的光来作为指针指导自己的方向。它们的神经系统也有一个经验性原则，用以调节自己与火的角度。用光作为指针，关键就在于天体光源是无限远的距离。如果不是这样，光线就不是平行的，而是如车轮的辐条一样。当飞蛾的神经系统错误地把蜡烛火当作天体光源一样看待的话，它就会飞到火中。"尽管在特殊的情况下是致命的，飞蛾的经验原则一般来说仍然是好的，因为，对于一个飞蛾来说，看到蜡烛的时间要比看到月亮的时间少得多。我们没有注意到上千的飞蛾静悄悄地和有效地依赖月亮或者明亮的星星，甚至远处城市的明亮之光来指导自己的行踪。我们只看到飞蛾扑火，因而，我们就问错误的问题：为什么这些飞蛾自杀呢？"这不是自杀。"这是正常的有用的指针〔功能〕被错误利用的副产品。"[1]

---

① Richard Dawkins, *The God Delusion*, New York：Houghton Mifflin Company, 2008, pp. 200 - 202.

　　同理，我们看到宗教信仰者为宗教而生，为宗教而死。他们的行为就如飞蛾扑火一样，是人类深层心理倾向的不幸的副产品。"依据这种观点，在我们祖先中这种自然选择的倾向其本身不是宗教；它有其他一些好处，它只是偶然地表现为宗教的行为。"道肯斯是这么解释宗教的心理起源的。对人类而言，前辈的经验积累对生存下去非常重要，而这些经验需要传递给后代。如何才能使得后代接受前辈的经验灌输呢？为了进化的利益，孩子的大脑需要拥有这么一个经验原则：不要问任何问题，相信成年人对你所说的。"服从你的父母；服从氏族头领，特别是当他们采取庄重和威胁的口气的时候。相信长者，不要怀疑。这对于一个孩子来说是一个普遍的有价值的原则。但是，就如飞蛾一样，它［这个规则］可以被错误地使用。"① 自然选择要求孩子服从父母等长者，这是有价值的。但是，服从长者有其负面的一面，即易骗性。"这种不可避免的副产品就是容易被心灵病毒腐蚀。"因为，孩子们分不清什么是好的，什么是坏的。这种要求孩子服从长者的心理机制可以一代一代地传下去。②

　　根据以上所说的，我们可以解释为什么在不同的区域，不同的武断的信念，没有任何事实作为基础，可以一代一代地传下去，"就如接受有用的传统智慧一样，比如肥料对于庄稼有益"。"我们还应该预料，迷信和其他无根基的信念将会在局部演进，在代代相传中变化，或者是因为偶然的偏离，或者是某种类似于达尔文选择机制，其结构是最终表现出一种与共同的祖先非常不同的模式。"③

　　道肯斯在这里实际上是说明了孩子们在接受间接知识的时候所具有的模式。这是孩子成长所必须具有的过程，无论是接受技能，还是学习语言。对他人的信任，这是知识传授的基础，也是社会的根基。它的负面影响也经常为教育家等所提醒和关注。信赖机制可以接受很多东西，但是，为什么孩子长大后放弃了很多天真的和幼稚的观念，而持久地接受宗教信念呢？放弃其他天真的或者是错误的东西，这表明人们还是有分辨是非的能力的。人类历史上有很多过去看来是绝对正确的东西，后来慢慢被放弃

----

　　① 　Richard Dawkins, *The God Delusion*, New York: Houghton Mifflin Company, 2008, pp. 202 - 203.

　　② 　Ibid., p. 205.

　　③ 　Ibid., pp. 205 - 206.

了。而宗教作为普遍的东西，普遍的信念，没有被放弃，这并非是人类信赖机制所不能克服的唯一的有害的病毒。道肯斯用飞蛾扑火来解释宗教信仰，其背后的假设就是宗教是有害的东西，是没有价值的。在对待宗教上，为什么人类会执迷不悟呢？这是不是违反自然选择原理？

道肯斯所说的信赖机制的正面和负面功能已经暗含了这么一个道理：这个机制无法区分正确和错误。宗教信仰是建立在普遍信任的基础上的，其正确与否，这不是信赖机制所能决定的。任何观念的对错与它们在人类社会中的功能是两码事情。了解一个观念的功能并不意味着知道这个观念的真理性，比如知道肥料对庄稼有好处，但是并不见得知道为什么肥料对庄稼有益处。错误的观念也会产生好的结果。有益的和有实效的东西，并不见得是正确的，比如相信太阳是围绕地球转，根据这个信念安排农业生产，是有益处的，是会产生好结果的。

道肯斯在列举宗教现象时，几乎都是一些负面的东西。根据我们上面所说的，我们不能把宗教的社会功能与宗教信念本身的真理性混淆起来。宗教可以被利用，可以服务于某些团体的利益。如果用道肯斯所说的无情的功利主义的标准，宗教对一个种族或者社会来说，很可能是增加进化的有用工具。

道肯斯把宗教信仰和行为还描述为是非理性的。我们且不管理性与非理性的标准是什么，我们根据道肯斯的达尔文自然选择原理，即使宗教是非理性的，人的自我牺牲和自我奉献虽然对个体或者集体而言是没有益处的，但是，在基因或复制者（replicator）层次上却是有益的，这难道不能说宗教是好的吗？

我们可以看出，道肯斯的出发点不单单是达尔文的进化论，而有很多其他的前提和假设。他对宗教的看法不是完全从进化论的角度衡量的。用进化心理学是不能反驳宗教的，是无法解释宗教的。道肯斯似乎意识到了这个问题，他提供了另外一种解释，用文化进化论，即模因（meme）理论来补充进化心理学。

2. 模因的假设

道肯斯的进化论最基本的原理是：复制者（replicator）是最基本单位，复制者包括基因、计算机病毒以及文化遗传的单位模因。任何个人和群体都是由很多复制者组成的，是复制者的载体。进化机制是在复制者之间的竞争，不是在个体和群体之间的竞争。那么，什么是复制者呢？"一个复制者是严格自我复制的密码信息体，并偶尔会发生不严格的复制或'变异'。"那些善于自我复制的复制者比那些不善于自我复制的复制者要变得越来越多。最典型的复制者就是基因。道肯斯假设，与自然界的基因类似，在文化传递中具有同样的复制者，他称之为"模因"。基因的命运是与它的载体联系在一起的。就它影响它的载体而言，它影响它在基因库中生存下去的概率。代代更替，基因在基因库中的频繁性也随之增加或者减少。① 基因与几千个其他的基因"合作"对发展过程进行程序设计，最终导致了一个机体的产生，就如在烹调中，菜谱上的字词产生了一道菜一样。道肯斯假设存在一个类似基因库的模因库。同时，还存在着模因综合体（memeplex）。所谓的 meme 综合体就是一组的模因，虽然它们独立起来看未必是强的生存者，但是，在同一个综合体中其他 meme 出现的情景下，它们就是强力的生存者。②

根据上面关于模因的理论，宗教信念也是模因。"就如一些基因一样，有的宗教信念之所以能生存下来是因为其本身的绝对优点。这些模因将会在任何的模因库中生存下来，不管有没有其他的模因。""有些宗教信念之所以能生存下来，那是因为它们与 meme 库中其他的 meme 可以相容，是作为模因综合体［而生存下来的］。"③ 不是基因的自然选择，而是模因的自然选择，成了宗教生存的原则。

在这里，我们且不管道肯斯关于 meme 的假设是否具有科学根据（有的科学家认为对模因的假设是一种基于基因基础上的错误的类比理论④），我们可以看到，道肯斯的模因进化理论从文化的角度来解释宗教信念的进化，并认为有的宗教模因本身具有"绝对的优点"，或者因为与其他模因相联系，从而能在人类历史上生存下来。这样，宗教就不是什么别的东西的副产品了，因为其本身就具有自我复制的功能。这个论断与前面把宗教

① Richard Dawkins, *The God Delusion*, New York: Houghton Mifflin Company, 2008, pp. 222 – 223.

② Ibid. , pp. 229 – 230.

③ Ibid. , p. 231.

④ Alister McGrath, *Dawkins' God: Genes, Memes, and The Meaning of Life*, Malden, MA: Blackwell Publishing, 2007, pp. 119 – 138.

与孩子的易欺骗性联系起来解释宗教的起源是非常不同的，甚至是矛盾的。进化论是"无情的功利主义"，适者生存的原则决定了那些复制者是进化过程中的强者。宗教的普遍性不正意味着宗教信念作为自我复制者是具有非常强大的力量进行自我复制的吗？道肯斯没有其他标准来评判宗教是人的心理上的病毒。实际上，即使一个病毒，如果它能自我复制，而且是绝对地延续下去，这表明它在进化过程中是强者。进化论从批判宗教到为宗教辩护，这是道肯斯所不愿意看到的。

四　总　结

在本章中，我们看到，无论是考林斯的科学与宗教调和论还是道肯斯的科学与宗教冲突论，都是把科学的具体理论与宗教联系起来考察的。一个是希望论证，自然科学的发展丰富了宗教信仰的内容，科学与宗教是相容的，科学甚至还为宗教信仰提供了新证据。一个希望证明，宗教所信仰的上帝是不存在的，宗教作为文化现象是进化的副产品。尽管道肯斯试图用进化论来消解宗教，把宗教解释为一种物理现象或者类似于物理现象，但他并没有用科学来证明宗教信念本身所包含的内容是真的还是假的。他与考林斯一样，是"信仰寻求理解"：考林斯是从基督教的信仰出发，试图用科学理解自己的信仰；道肯斯从无神论的信念出发，试图用进化论来论证自己的形而上学观念。两人都是科学家，两人的信念不同，对科学和宗教的关系的解释也不同。这实际上印证了康德的观点：科学是无法证明或者证伪宗教信念的。

第十章　科学、宗教信仰、宗教关系①

一　科学、道德、宗教的界限划分问题

在近现代哲学中，对有神论者而言，阿尔文·普兰汀格（Alvin Plant-inga）所说的"经典基础主义"（classical foundationalism）成了信仰上帝的强大的挑战。在宗教哲学里，古典基础主义认为，对上帝的信仰是不能合理地辩明的（justifiable），因为没有足够的证据或强有力的论证来证实上帝是存在的。古典基础主义的倡导者脑子里所设想的理想的知识形式无疑是现代自然科学。我们可以说，对他们而言，现代科学知识是理性的化身。他们假设或者相信，理性的东西就是科学的东西。

在这一章，我将首先论证这样一个观点，即古典基础主义是独断的，因为现代自然科学仅仅是很多种知识形式之中的一种。我们不能用它的理论的理想与实践来判断其他形式的知识，例如，道德和宗教知识。科学的东西是理性的。但是，并非所有理性的东西都是科学的。

其次，宗教知识与科学知识的本质区别之一是：宗教知识要求宗教信仰者投身于他的信仰，而科学知识则要求科学家把个人的利益悬置起来。像道德知识一样，宗教知识关心的是某一个人在个别的情景之中的生活或生命。如果个体不投身其中，道德宗教信念的真理是永远不可能实现的。然而，科学知识是有关普遍性的东西。因此，在科学领域，证据和论证在验证知识的真理性的过程中，扮演了重要的角色。

最后，在三种知识形式之下的是三种本体论的关系：人与世界的关系是科学的基础，主体之间的关系是道德的基础，人与上帝的关系是宗教的

---

① 本章内容曾发表在《知识、信念与自然主义》（宗教文化出版社 2007 年版）。

基础。所以，从本体论的观点看，科学的东西是不能用来对道德或宗教的东西作判断的。

二　对经典基础主义的批判

（一）普兰汀格对经典基础主义的批判

在英语世界里，阿尔文·普兰汀格是维护宗教信仰、抵御古典基础主义攻击的最著名的哲学家之一。那么，什么是古典基础主义？普兰汀格对它是这样定义的："一个人接受一个信念的条件是，只有它要么是基本的（即，自明的，不可改变的，或者对于那个人来说，在感官上是明确无误的），要么是通过演绎、归纳，或不明推理，建立在可以被接受的明确无误的命题的基础之上的。"① 也就是说，我接受为自明的，不可改变的或在感官上明确无误的命题是"我的信念结构——即我的认知结构（noetic structure）——的基础"。并且"对于在我的认知结构中不处于基础地位的任何一命题来说，都有一条终结在基础中的明显的道路：即，如果命题A对我来说是非基础的，那么我就认为它是建基于另一个命题B，（对于B）我认为它是建基于命题C，以此类推直至一个或一些基础的命题"（WCB，83）。在认知结构中，一个信念应当要么是基础的，要么是建基于其他之上的。换句话说，对于古典基础主义者来说，一个信念是理性的，因为它能被证据或好的论证来辩明。古典基础主义者用这个标准来判定对上帝的信仰是非理性的。

普兰汀格认为，古典基础主义者把自己认为的什么是理性的标准用于宗教信念是错的。对此普兰汀格有很好的理由。首先，普兰汀格指出基础主义者错误地把宗教信念作为科学假设来看待。当在讨论约翰·麦凯（John Mackie）关于有神论的观点时，普兰汀格说，"谈到宗教经验（religious experience）时，他做出了如下典型的论述：'这里，和其他地方一样，超自然主义者（supernaturalist）的假设失败的原因是有另外一个合适的并且更经济的自然主义的假设'。很明显，只有当我们把对上帝的信仰

---

① Alvin Plantinga, *Warranted Christian Belief*, New York and Oxford：Oxford University Press, 2000，pp. 84 – 85. 在文中简称 WCB，并附加引文页码。

看作或类似于科学假设，把它作为一种用来解释某些证据的理论，而且这个理论是否可接受取决于在解释证据时的成功度的时候，这一论述才是有意义的"（WCB，91）。这里，普兰汀格的话表明，当古典基础主义者讨论知识时，他心中所想的是科学知识，并且他预设了只有科学的才是理性的。值得一提的是，西方的许多哲学家仍然认为他们所做的是给知识的大厦添砖加瓦，哲学著述的目的是让哲学变得越来越像科学，比如像物理学。普兰汀格所提的问题是："为什么认为只有当有神论有一些好的论证时，有神论才是理性的和可接受的呢？为什么认为有神论是一个科学假设或非常像科学的假设呢？"（WCB，92）在本章的第三部分，我将讨论为什么宗教信念类似于道德信念而非科学假设。

其次，"我们信念的绝大部分似乎不符合"经典基础主义的观点（WCB，97）。考虑到我们的日常生活经验，普兰汀格问，"有多少符合作为完全基本的命题的典型条件？如果有的话，也不多。我认为，早餐我吃的是脆玉米片，或我的妻子被我的一些小愚钝逗乐，或真有一些比如树和松鼠的'外在的物体'存在，或这样的世界，即布满灰尘的书、清楚的记忆、坍塌的群山和深陷的峡谷的世界不是十分钟前创造的。这些信念，根据经典基础主义，并不是完全基础性的；这些信念必须被相信是建立在这样的命题的基础之上，即这些命题是自明的或对我来说，在感官上是明显的（在洛克的严格的意义上）或不可改变的"（WCB，98）。从经典基础主义的观点来看，我们日常生活经验中的大部分信念不是基础的，或在没有其他信念作为证据的支撑下而相信它们。如果基础主义者是对的，那么我们一直过着一种非理性的生活。这明显违背了在日常生活中我们对自己的看法。对此，迈罗德·韦斯特法尔（Merold Westphal）会提醒我们不要忘记黑格尔的话："哲学一直处于一种与它所应该理解的日常经验失去联系的永恒的危险中。"① 普兰汀格认为在这里质问基础主义者是合法的：为什么我们不能持有这样的信念，即使它们没有证据或好的理由来支持它们？在认知结构中，应当有比经典基础主义者承认的更多的基础性的信念。正如凯利·克拉克（Kelly Clark）所指出的，普兰汀格被基础主义者

① Merold Westphal, *God, Guilt, and Death: An Existential Phenomenology of Religion*, Blooming-ton: Indiana University Press, 1984, p. 1.

的一些武断的信念所困扰，即一个人只可以拥有那些自明的，对感觉是明显的，或不可改变的信念。普兰汀格有一个对认知结构的基础更宽泛的理解："他（普兰汀格）的基础主义与经典基础主义的区别之处就在于他对恰当的基础信念的确认。经典基础主义者有一个相对狭小的关于恰当的基础信念的集合。普兰汀格的基础主义在恰当的基础信念的分类上不是那么吝啬。他把关于记忆的信念、关于外部世界的信念、对于证言的接受以及对上帝的信仰等其他信念也包含其中。"①

从以上两个理由我们可以看出，古典基础主义者没有正确对待我们的信念结构，并且他的态度是独断论的。另外，普兰汀格还认为经典基础主义的失败在于它的内在的不一致性。当我们考察经典基础主义时，经典基础主义将遇到如证实主义所面对的相似的自指（self - referential）的问题："首先，根据经典基础主义者的观点，这［古典基础主义关于理性的标准］不是完全基础性的。"它并不如 2 + 1 = 3 那么自明。"其次，它并不是关于所有人的精神状态的，因此对于基础主义者（或我们中的任何一个）来说，它并不是不可改变的。再次，它显然对于感觉来说不是显而易见的。"（WCB，94）明显的结论将会是，如果我们同意基础主义者所认为的只有那些自明的，不可改变的或对感官是明显的信念才是理性的信念，那么，接受经典基础主义就是非理性的。基础主义者所相信的东西并没有证据或好的论证，但是，基础主义者仍然是一个理性的存在者，这一事实表明，什么是理性的不能够通过经典基础主义的标准来判断。

（二）奥古斯丁对人类的傲慢的批判

我认为奥古斯丁会同意普兰汀格对经典基础主义的批判。在《忏悔录》中，奥古斯丁清楚地表明我们不应当混淆什么是宗教的和什么是科学的。在第五卷里，在论到那些对宇宙拥有很好知识的哲学家时，奥古斯丁说，他们"能用理智来判断世界"，即使"他们没找到它的上帝"。②一

① Kelly James Clark, *Return to Reason*: *A Critique of Enlightenment Evidentialism and A Defense of Reason and Belief in God*, Grand Rapids, Michigan: William B. Eerdmans Publishing Company, 1990, p. 141. 在文中简称 RR，并附加引文页码。

② St. Augustine, *Confessions*, trans. Henry Chadwick, Oxford: Oxford University Press, 1991, p. 73. 在行文里将缩写为 C，并附加引文页码。

个科学家没有必要成为一位宗教信徒以便认识世界。不过，"由于他们的傲慢，没有发现你，即使他们的好奇和技巧能数出有多少星尘以及测算星云和对行星轨道进行追踪"（C74）。科学知识并不能必然引导一个人拥有宗教信念，这并不是意味着科学知识和宗教信念之间没有任何关系。

那么科学真理和宗教信念之间的关系是什么？对奥古斯丁来说，科学知识自身不可能成为科学信仰的障碍，但人们看待科学知识的态度却可能成为宗教信仰的障碍。奥古斯丁对启蒙哲学家的批评就在于他在认识论上的傲慢。当洛克说，"理性必须是我们在万物之中的最终的审判和指引"时（WCB，81），当笛卡儿警告人们永远不要接受那些他们还没有清楚明白的东西为真的时，对奥古斯丁来说，这些人独断地把人的理性（reason）作为大写的理性（Reason），并且把人类作为宇宙的中心。启蒙的傲慢导致他们没有看到自己真实的自我和上帝。奥古斯丁说，"用你［上帝］所给的心灵和理智，他们研究这些东西，他们发现了很多……并且他们的计算还没有错，结果正如他们所预料的……对这些东西没有理解的人感到很惊奇并为之炫目，那些知道的人则狂喜不已并且被人们羡慕。他们的非宗教性的傲慢使得他们从你之中退出，而且，这种傲慢遮掩了你的伟大的光芒照射到他们身上。他们能够预见未来的日食，但不知道他们自己现在的被遮蔽（忘记他们的自我——引用者注）。因为他们没有以一种宗教的精神来考察用以研究事物的智慧的来源"（C74）。他们忘记了自我并且没有意识到上帝是那个给予他们认识能力的人。像泰勒斯一样，他们考察天上的东西，而忘记了他们脚下的事物。"关于受造物，他们说的许多东西是真的；但是对于真理，即造物主，他们不能够以一种虔敬的精神来寻找，因此他们没有发现他。或者，如果他们确实找到了他，即使意识到了上帝，他们也不把他作为上帝来尊敬和感恩。他们迷失在自己的观念之中，却声称是聪明的，把本属于你的东西归于他们自己。在一种完全固执的盲目中，他们想把属于自己的属性归于你……并且把纯洁的上帝的美丽变为易于堕落的人和鸟、动物、蛇的形象。他们把你的真理歪曲为谎言，用来服务于创造物而不是创造者。"（C75）他们把自己变为神圣的东西，并且以自己的形象造了一个上帝。在现代的境遇中，证据基础主义者（evidential foundationlist）要么简单地不屑于宗教对话的意义，要么以人的形象造了一个上帝的偶像。在解释哲学如何变为本体神学（onto‑theology）时，海德格尔说，上帝进入哲学"只有当哲学，依据自己的标准并且根据自己的本性，需要和决定神性进入哲学和如何进入哲学"。"人既不能向这位神祈祷，也不能祭祀。在第一因（causa sui）面前，人既不能在敬畏中跪下，也不能在这位神面前放音乐并且跳舞。"①

对奥古斯丁来说，科学家或者哲学家像上面所提到的人一样，没有意识到上帝既创造了认识主体又创造了被认识的客体："他们还没有认识道（the Way）和你的话语，通过这些话语你造就了那些计算者和那些被计算的东西，对所计算的东西进行观察所依赖的感觉以及用来计算的心灵。"（C74）上帝创造了那些为科学家所认识的事物。上帝也创造了科学家自身，他的智慧和感觉能力（认识能力的两个层次）。他们不知道对他们重要的东西不在于认识的秩序，而在于伦理宗教关系的秩序，在道之中："他们还没有认识这条道，通过道他们从自身下降到他［上帝］，再通过他上升到他。他们还没有认识道，却把自己看作与星星一起那么高高在上并那么耀眼夺目。"（C75）同样的，奥古斯丁将会说，证据基础主义者犯了一个认识论上的罪（sin）（傲慢）。宣称人类的理性是唯一的或最高形式的理性是非理性的。

在《忏悔录》的第五卷中，奥古斯丁继续指出这一事实，即与宗教信念相比，科学知识是——用克尔凯郭尔的语言来说——偶然的，因为对人的精神生活的幸福最本质的东西是宗教，而不是科学。宗教知识或信念的显著特征是它关注作为个体的人的快乐。科学的作用不是像宗教信仰那样关注个体生命的意义。我将在下面讨论这一点。

三　科学与宗教的区别

（一）宗教问题与科学研究

在我们继续讨论奥古斯丁之前，让我举一个非常简单的例子。假设从现在开始的一百年后，在人类的历史上出现了这么一位科学家，他比

---

① 参看 Merold Westphal, *Overcoming Onto - theology：Toward A Postmodern Christian Faith*, New York, Fordham University Press, 2001, p. 30；Martin Heidegger, *Identity and Difference*, trans. Joan Stambaugh, New York：Harper & Row, 1969, pp. 56, 72。

爱因斯坦更伟大，因为他发现了这样一个新理论，这一理论的革命性是如此之大，以至于它改变了我们对整个宇宙的理解。现在的问题是：由于我们比这位人类历史上最伟大科学家的时代早一百年出生，我们会对此后悔吗？换句话说，我们生命的价值是依赖于我们对新的革命性的科学理论的理解吗？同样的，不说我们也知道，在当代世界中，绝大多数人并不理解爱因斯坦的相对论。从这一点，我们能不能够得出这样的结论，即只有少数物理学家才过着有意义的生活？我认为绝大多数人会同意，是否理解爱因斯坦的相对论与"我是谁？"的问题是无关的。韦斯特法尔（Westphal）在《对任何能作为预言的未来的宗教哲学的导言》（*Prolegomena to Any Future Philosophy of Religion That Will Be Able to Come Forth as Prophecy*）中说，"科学的核心是客观性。科学家是那些悬置所有可能对他的研究产生任何影响的个人兴趣、价值和允诺的人们。通过放弃自我的英雄行为，他成为一个先验自我，一个不参与的观察者"。然而，一个个体所问的宗教问题，的确是关注于一个独特个体生命意义的。"当问题是关于上帝和不朽——我来自哪里？我要到哪里去？这些都是为什么？这仅仅是为了我们此刻的生活吗？——难道讨论'纯粹理论'（pure theoria），认识者作为'非参与的观察者'（nonparticipating spectator），不是可笑的吗？"① 宗教的关注中心在科学探索中被中性化。

（二）宗教信仰与幸福的源泉

奥古斯丁很清楚地意识到，科学和宗教在我们的生活中扮演着不同的角色。他说，"可以肯定的是，仅仅具有自然的科学知识的人并不能讨你的欢心。认识万物但忽视了你的人是不幸福的。认识你，即使不知道自然科学的人也是幸福的。的确，既知道你和自然的人并不会因此更快乐。因为只有你是他的幸福的来源。当然，条件是：如果认识你，他为你的存在而感到荣耀并且感恩，同时他没有在自己的想象的观念中迷失"（C75）。换句话说，科学知识并不是人类的幸福的来源。正如奥古斯丁所说的，"一个人，他知道他拥有一棵树并且因能够使用它而感谢你，即使他不能

---

① 参看 Merold Westphal, *Kierkegaard's Critique of Reason and Society*, Macon, Georgia：Mercer University Press, 1987, pp. 4，5。

够准确地知道这棵树有多高多宽，也比另外一个测量它并计算它的树枝却并不拥有它，不知道并且也不爱它的造物主的人要强得多。以一种类比的方式，信仰者拥有整个世界的财富并且只要根据与你这位万物的所有者的关系，即使他一无所有，他也拥有万物；而且，即使他可能对大熊星座的轨道一无所知。怀疑他比那个测量天空、计算星辰、称量元素，但忽视了你这位已经通过'测量计算称量而支配万物'的人更幸福是愚蠢的"（C76）。这里，奥古斯丁清楚地指出，一个人有意义的生活建基于他的宗教信念，也就是，感谢上帝赐予自己的礼物。这是与科学知识无关的。对于所使用的树拥有完整的知识并不意味着一个人必然地拥有这样一个宗教信念，即这棵树是上帝的赐福。在我看来，对奥古斯丁来说，一个对自然科学知识一无所知的人可能拥有整个世界的财富，因为上帝是他和世界的中间人（由于他附属于上帝）。这就是在他的宗教关系（God‐relation）中，这个人享受了上帝所赐予的真正的幸福。

（三）宗教真理的含义：詹姆士与德里达

不过，当我们说，宗教信念对一个人的幸福是最本质的，而科学知识对我们的幸福只是偶然的（accidental）或非本质性的（non‐essential）时候，这到底意味着什么？为了阐明这里的"偶然的"和"本质的"的含义，我想讨论一下美国实用主义哲学家詹姆士关于真理和信念的观点。当我们说一个观念是真的或一个人有一个真的观念时，指的是什么呢？对詹姆士来说，真理问题必然要包含讨论"当我们说某个观念是真的时，这将给一个人的现实生活带来什么改变？"他认为只要一个人关于时钟的概念在他的日常生活中很好地起作用的话，即使科学地说，这个人完全不知道时钟的机械结构和功能，这个关于时钟的实际的概念也是真的。另外一个例子更接近道德和宗教信念。假设一个年轻男子爱上了一个年轻的女士，并且想知道她是否爱上了他。在这种情况下，如果他不走近她，并促使她表白她的爱的话，他将不能发现他的想法是真是假。如果他没有勇气表白他对她的爱，而是害怕丢面子或受到伤害的话，他将永远不知道（关于她是否爱他这一想法的）真理。他不可能求助于寻找证据和论证，因为他所寻找的证据只会在他根据自己的信念行动之后才会出现。我们可以再举一个例子：一个科学家如果对她丈夫的言行都试图去寻找证据性的理由的话，她将会被看作一个疯子，而且这种夫妻关系也不能长久地延续。笛卡儿式的怀疑只会毁了一个关系而不是加强它。一个健康的关系开始于信任而不是怀疑。从詹姆士的观点来看，经典基础主义者采用了一个非理性的假设或信念，即自然科学中的理性是理性的唯一形式。一个在他日常生活中实践古典基础主义的人会被看作有精神障碍。对詹姆士来说，我们的生活是建立在一个信用系统上的，在这个系统中，我们的观念由于我们成功的行为而成为真的。詹姆士说，"无论哪种大的或是小的社会有机体，能成为其自身，正是由于其中的每个成员都努力履行自己的职责并且相信其他的成员也会同时这样做。由许多独立个体合作所取得的理想结果无论在哪，它作为事实存在是在那些直接相关的人之间先行的信念的纯粹结果"。① 在社会关系中，信任是取得真理的先决条件。

在我们日常生活的大部分情况下，真理不是简单地被发现而是在实际中被制造的。詹姆士说，在对关于人际关系的提问中，比如"你是否喜欢我？""在无数的例子中，你喜不喜欢我依赖于是否我在半路上碰到你并且愿意假设你肯定喜欢我，同时向你表现出信任与期待。对于你喜欢我这一点的先前的信念在这些情况下才会使别人喜欢你。但是如果我远远地站着，并拒绝前进一点点直到我有客观的证据……很可能你所喜欢的对象永远不会出现……对某类真理的渴望……导致了这一真理的存在。"（WTB，28）证据后来于信念，而不是前行于信念。证据并不仅仅是"在那里"（over there）的某物；它是人的前行的信念的结果。真理产生（truth－making）过程中的另外一方面就是预先的冒险。因为一个人预先不能发现他的信念是否是真的，他必须冒着危险把它揭示出来。这里没有客观的保证。没有冒险，就没有真理。詹姆士给了一个例子："一列满载旅客的列车（每个人都很勇敢）将要被一伙土匪抢劫，仅仅因为土匪能够相互依靠而每个乘客害怕如果他做出反抗的举动，他将会在其他那些鼓动他的人面前被杀掉。如果我们相信整车人将立即和我们一齐起来反抗，我们应当每个人分别站起来，那么将永远不会有人尝试打劫火车。还有一些例子，除非一个初步的信念在事实的来临前存在，否则这一事实压根就

① 参看 William James, *The Will to Believe and Other Essays in Popular Philosophy*, Cambridge：Harvard University Press, 1979, p.29, 文中简写为 WTB, 并附加引文页码。

不可能发生。"（WTB，29）相似的，在宗教体验中，甚至在我们信念证据缺席的情况下，只有我们实际上成为一个宗教信徒，我们才能发现宗教的真理。以基督教为例，对救赎的信仰既包含了一个人对上帝的绝对信任，又包含了为这个信仰，要以一个人的整个一生来冒险。

那么一个人没有证据地相信某物到底意味着什么？詹姆士说，"我们情感的天性（passional nature）不仅合法地允许，并且必须，决定在命题中做出选择，无论何时，这都是一个真正的选择，这个选择是不能被在理智基础上决定它的性质的；也就是说，在这些情形下，'不要决定，留下这个问题'，这本身就是一个情绪性的决定——就像决定是或非一样——同样冒着失去真理的危险"（WTB，20）。黑格尔也讽刺那些批判哲学家们在试图获得知识以前考察我们的认识能力的工作是想不下水而学会游泳的人。在重复黑格尔在《精神现象学》导言中对康德批判哲学的批判时，詹姆士批评证据主义者害怕犯错误："冒失去真理的危险也比犯错的风险要好——这就是你们信仰—否决者们的准确立场。他与那些信仰者一样在主动地冒同样多的风险。"（WTB，30）

在德里达那里，我们也发现了詹姆士的论题。对德里达来说，信念是对未知的冲动；是把自己投身到某种未知和超越现存的范围。德里达也讨论我们生活中信念的普遍性。像詹姆士一样，对德里达来说，信念无处不在；信念使个体生活和社会生活得以可能。首先，无论什么时候我对你说话，我都在要求你相信我，即使我在撒谎，我也要求你信任我。"你不可能在没有信仰这一行动下与他人谈话。""我在和你说话"是"在信仰秩序中的，信念不能被还原为一个理论陈述"。其次，没有无信念的社会。比如资本主义的网络，没有信仰就不能发挥作用。因而，信仰并不严格地属于宗教圈子。这种信仰，德里达称为"纯粹信仰"。"这种信仰行为的结构并没有被任何给定的宗教设定条件。这就是为什么它是普遍的。但这并不意味着在任何确定的宗教中，你都找不到对于这一纯粹信仰的参照，这一纯粹信仰既不是基督教的，也不是犹太教、伊斯兰教和佛教的，等等。"①

---

① 参看 John D. Caputo, *Deconstruction in a Nutshell：A Conversation with Jacques Derrida*, New York：Fordham University Press, 1997, p. 22。

你也许会注意到，当詹姆士谈到信念如何产生了真理的存在和德里达认为信仰使个人生活和社会生活成为可能时，"信念"（belief）这一词是在本体论和认识论意义上被使用的。我将在第四部分讨论信念的本体论基础。

不过，我想指出的是，即使我们生活中的绝大部分信念，包括道德的和宗教的信念，都是关注个体人的生活的，即使没有充足的证据，人们也是合法地拥有它们，但这并不意味着，在科学世界的领域中，我们对证据和好的论证的追求应当被放弃。同时，我想指出的还有，即使在科学世界中，没有证据是如此的困难以至于不需要任何解释。从解释学的观点看，称某类东西为"证据"是正确的，只有在某类科学框架中，并且/或者建立在某类前提下，也就是意味着没有无前提的证据。

当奥古斯丁说，"知道万物而唯独忽视你的人是不开心的。那个知道你，即使不懂自然科学的人也是开心的"（C75），他并不是说科学在人类社会中不重要。他是要强调我们必须在宗教的背景下理解科学，也就是说，科学所关心的仍是抽象的和普遍的。而宗教所关心的是具体的和个体的人。对个体的人来说，有三种基本的关系：主客之间的科学关系，主体间的或社会的和道德的关系，还有宗教关系（在有神论的传统中）。

四　宗教关系

当人们讨论这些诸如如何在科学的时代理解宗教等话题时，当哲学家捍卫宗教信仰的权利来逃避经典基础主义的攻击时，这些都表明在当代世界中，科学的思维仍然统治着社会的主流，而人们仍把抽象的作为具体的来看待。罗蒂在《哲学与自然之镜》中把传统的形而上学和认识论刻画为一种把人主要作为认识者来看待的观点①，这也可以运用到经典基础主义身上。在形而上学和认识论的经典画面上，有关人的观念是非常单薄的，即人仅仅被看作一个纯粹的认知者、一个观客。与这一单薄的有关人的观念相关的就是认识对象，自然。在古典认识论者眼中，自然被理解为由许

①　参看 Richard Rorty, *Philosophy and the Mirror of Nature*, Princeton, NJ: Princeton University Press, 1979。

多原子性实体组成的一个实体。每一实体都由本质和存在或形式和质料组成。人作为认识主体反映认识对象，自然。因此，在古典形而上学和认识论中，认识主体和认识对象的关系仅仅被理解为，用罗蒂的话说，"人基本上作为认识者"。现代哲学有这么一种倾向，不仅使用这种范式理解人—世界的关系，而且用来理解社会关系和宗教关系。这种传统的思维被海德格尔称为"计算—表象性思维"（calculative - representational thinking）。"表象性"是指它的理论形式，而"计算"体现了它的实践形式。如果世界是表象性思维的体现，那么科学理性是什么？从海德格尔的观点来看，这将是一个无意义的世界，一个作为能量供给者的世界，一个"持续供应品"（standing - reserve）的世界。在这个世界中"大地现在展现为一个煤矿区，而土地则是作为矿产的沉积物"①。海德格尔对当前境遇的希望是一个诗意的世界。

正如上面我们所看到的，奥古斯丁会说人与自然的关系应当在宗教背景下理解。在启蒙时代的傲慢下，人类处处只能看到自己。在统治世界的同时，他们也失去了真实的自我。"他们无信仰的傲慢使他们从您（上帝）那里撤退，使您的光照不到他们。他们能预见未来的日食，但却感觉不到目前自己的日食（遮蔽）。他们在自己的观念中迷失还自以为聪明，他们把属于您的东西归到他们自己身上。在一种完全固执的盲目中，他们想把自己的属性加到您的身上。"（C74）在普兰汀格那里，我们也发现了这种回音："归咎于基本的和原初的傲慢之罪，我可能没有想到甚至几乎没有注意到我预设了我作为宇宙的中心……极度夸大了相对于发生在他人身上，发生在自我身上的事件的重要性……我可能没有把自己看作一个被造物……我们把自己理解为上帝，这一宇宙的第一个存在，形象的体现者，我们的这种理解也可能被破坏、修改和变模糊。"（WCB, 213 - 214）即一个人认识论上的傲慢的结果就是把现代科学中的思维模式绝对化。伴随着这种绝对化，人们单单忘记了两种基本的关系，与他者的关系和与上帝的关系，也就是，道德关系和宗教关系，而这些问题关涉我们是

① 参看 Martin Heidegger, "The Question Concerning Technology", in *Basic Writings*, revised and expanded edition, edited by David Farrell Krell, HarperSanFrancisco, A Division of HarperCollinsPublishers, 1993, pp. 320, 322。

谁的问题。普兰汀格说，"由于没有认识上帝，我们可能陷入某种极度歪曲的观点来看待我们自己是什么，我们需要什么，什么对我们是好的和如何获取它"（WCB，214）。

把思考的重心从主客模式关系转换到宗教关系是要意识到他者的存在，他人和上帝作为绝对的他者，这是对一个人孤独自闭世界的突破，是对一个人傲慢的创伤。这是一种从把他者作为对象来看到作为上帝的某种赠予来对待的转变，这表达了一个人对此的感恩。布伯把这说成是一种"人的态度"的改变。布伯说，"依照这种双重的态度，世界对人来说是双重的。依照他所说的主要词语（primary words）的双重属性，人的态度也是双重的"。我—你（I－Thou）和我—它（I－It）意味着两种不同的关系①。我们可以使用奥古斯丁的例子来解释布伯关于两种不同态度的意义。奥古斯丁说，"一个人，他知道他拥有一棵树并且向您感谢能使用它，即使他不准确地知道它有多高或者它有多宽，这个人也比另外一个人更好，也就是，这另外一个人能测量这棵树，并且能数出它的所有枝丫，但不拥有这棵树，也不认识并且爱着它的造物主"（C76）。一个人仅仅把这棵树看作一个纯粹的客观研究的对象，而另外一个人却感谢上帝允许他使用这棵树。同样的东西，这棵树，在不同的语境中体现不同的意义。这就是奥古斯丁关于如何在宗教背景中理解人和自然关系的观点。在奥古斯丁的例子中，科学世界中这棵树所缺少的正是它在宗教关系中所获得的意义。用布伯的话说，"在每一个你中，我们都赋予了一个永恒的你"（IT，6）。在《我和你》中，布伯同样使用一棵树作为他的例子来说明这棵树是如何从我—它关系中作为对象的存在转换到在我—你关系中作为一种赠予的存在。他说，如果我从不同的角度来观察一棵树，"在所有的角度下，这棵树仍是我的对象，占有时空，并且有它自己的本性和构造。然而如果我有意志（will）和恩惠（grace）的话，我能，也可以实现，在思考这棵树时我在和它的关系中相联系。这棵树现在不再是它。某种唯一性的力量（power of exclusiveness）占有了我"（IT，7），我与树之间关系的独特性来自我与上帝关系的单一性。

---

　　① 参看 Martin Buber, *I and Thou*, trans. Ronald Gregor Smith, New York：Charles Scribner's Sons, 1958, p. 33，文中简写为 IT，并附加引文页码。

和上面所提到的哲学家一样，对布伯来说，真理是信仰的结果，而不是相反。自我不是被发现的东西而是要实现的任务。宗教信仰包含奉献和冒险。"人关注他存在的行为。这个行为包含奉献和冒险。主要词语（primary word）只能和整个存在一起说。把自己奉献给它，他并没有保留任何东西。"客观地讨论宗教信仰是没有任何意义的："我没有把它（宗教信仰）作为'内在'东西中的一种来看待，也没有作为我'想象'（fancy）的印象，而是作为在目前存在的东西。如果要考察它的客观性的话，那么形式［信仰的对象］肯定不在'那里'。"然而，"我所处的关系是真实的，因为它如我影响它那样地影响我"（IT，9–10）。因此对布伯来说，要求一个人在进入我—你关系之前寻求充足证据和论证是根本没有意义的。

类似的，布伯也说到，在我—你关系中，人不是被看作"在世界之网中时空上的某一个特殊的点；他本性上也不能被经验和描摹，他也不是松散的一堆被命名的属性"。他"不是它物中的一个，也不是由它物组成的"。他作为一个整体被经验（IT，8）。从布伯的观点看，证据主义者可能把人看作一堆属性，看作一个对象。然而，在宗教背景下，他或她是作为一个人，"你"，来被理解或经验。换句话说，一个人之所以是一个人正体现了上帝是一个"人"这一原初信念的证据，而不是相反。

参照布伯的思想，我们能理解普兰汀格的论断，正如凯利·克拉克（Kelly Clark）所说的，"对上帝的信仰更好地理解为对他人的存在的信念（belief in other persons）的类比。我们对他人的存在的信念——他们存在，他们是人而不是机器人，他们是有内在价值的，等等——这些从没有或很少与证据成比例。把科学和数学发现的逻辑应用到人与人的关系上时是不恰当的"（RR，121），在对上帝的信念和对他人的信念之间存在着类比关系是由于，在布伯以及圣经看来，人是以上帝的形象被造出来的。从布伯的观点我们能够理解普兰汀格的论断，"如果对其他心灵存在的信念是理性的话，那么我对上帝的信念也应当是理性的。显然前者是理性的；因而，后者也是理性的"（RR，118–119）。普兰汀格这种认识论假设的正确性是建立在人是类似于上帝的，而不是上帝模仿人这一本体论的基础上的。在认识论上我们可以说，"如果对他人心灵存在的信念是理性的，那么对上帝的信念也是理性的"。不过，本体论上，对他者心灵的信念的理

性是建立在对上帝信念的理性基础之上的。这就是为什么普兰汀格说，
"上帝在我们所有人中植入了一种先天的倾向，或是努力，或是某种意向
来相信他"，同时"对上帝的信念直接产生于适当的氛围中，一种逐步地
对上帝信仰的神圣倾向"（RR，120）。换句话说，我们对上帝的信念不是
在对他人心灵的信念和对上帝信念的比较中所获得的一种认识论上的结
果。用列维纳斯的话说，对上帝的信念是"上帝来到我们心中的观念"，
是"我们心中的关于无限的观念"①。我们可以说，上帝是我们对上帝信
念的源泉。

因而，对上帝的信仰不是人类理论活动的结果或成就。对上帝的信仰
是宗教关系自身。

五　本章结语

总而言之，通过对奥古斯丁、普兰汀格、詹姆士、布伯和其他思想家
的著作的考察，得出了这样的结论，即宗教信仰不仅在认识论上是合法
的，而且是建基于本体论上的。宗教信仰的真理是一个要实现的任务，而
不单单是很淡漠地去发现。在认识论中，我们必须打破现代思想的独断论
态度的枷锁，要根据不同信念自己的本性来理解这些不同的信念。信念并
不低于我们的科学知识。相反，信念是关涉我们是什么的非常重要的方面
之一。

---

① 参看 Emmanuel Levinas, "Foreword", *Of God Who Comes to Mind*, trans. Bettina Bergo, Stanford, CA：Stanford University press, 1998。

现象学前沿

第十一章　论现象学中的"神学转向"①

前　言

法国学者多明尼哥·杨尼考（Dominique Janicaud）在他 1991 年发表的小册子《法国现象学中的神学转向》中宣称："现象学已经被不愿意说出其名字的神学绑架。"② 用我们中国人的话说，在法国，现象学成了披着现象学外衣的神学。杨尼考说，胡塞尔在海德格尔的《存在与时间》中没有看到自己的影响，看到的是对哲学的科学性的放弃。同样，胡塞尔"没有预料到，现象学运动的新的转向打开了神学的视野"，这"同样是与'作为严格科学'的现象学精神不相容的"（Janicaud，35）。海德格尔与法国现象学中的神学转向都与胡塞尔现象学背道而驰，都不符合关于严格科学的理念。

杨尼考认为，这种神学上的转向肇始于列维纳斯（Levinas）。他说，如果我们接受列维纳斯的意向性，列维纳斯的现象学，我们要付出的"代价，可以肯定和明确地说，就是抛弃现象学方法，就是对胡塞尔关于严格性的追求的告别"（Janicaud，39）。也就是说，列维纳斯的现象学既抛弃了现象学的方法，也失去了胡塞尔现象学所追求的严格性。其含义很明显，胡塞尔现象学，或者杨尼考所理解的胡塞尔现象学是唯一的现象学，而列维纳斯的现象学是一种假现象学，一种既没有现象学理念又没有现象学方法的东西，其文本中话语要么"有意义，要么没有任何意义"。

---

① 本章的主要内容已经发表在《现代哲学》2012 年第 4 期，是国家社科基金"现象学中的逆意向性理论研究"项目（批准号：10BZX050）阶段性成果。

② 参看 *Phenomenology and the "Theological Turn"：The French Debate*，New York：Fordham University Press，2000，p. 43。

我们不得不说，在列维纳斯的著作中，"哲学词语没有意指任何东西"
（Janicaud，41）。同样，"在马里翁（Marion）的著作中，对于现象学的
次序不尊重；它［现象学］被作为永远是弹性的工具来控制，即使在它
被称为是'严格'的时候"（Janicaud，65）。因此，按照杨尼考的观点，
起始列维纳斯的"现象学"中的"神学的转向"是对胡塞尔现象学的一
种彻底的背叛，是一种堕落。这是一种严重的指责。

　　杨尼考认为，在法国现象学中，"事实上，尽管一直被否认，现象学
的中立态度被抛弃了，就如把明确使得胡塞尔把上帝的超越性置于流通之
外的理由放到一边（或忽视）一样"（Janicaud，68）。法国现象学的神学
转向明确与胡塞尔把上帝的超越性悬置起来的理由相抵牾，与现象学的中
立性相矛盾。按照杨尼考的观点，"现象学家是中立的，他或她是对于事
物本身敞开的，除了关于理性和科学真理之外，没有其他的目的论偏见"
（Janicaud，48）。

　　在本章，我要讨论的第一类主要问题是，胡塞尔现象学是不是与列维
纳斯和马里翁的现象学不相容的？杨尼考所说的"神学转向"是不是法
国现象学家的独创？我们能不能发现所谓的"神学转向"实际上就根植
于胡塞尔现象学中？第二类主要问题：杨尼考对列维纳斯所指责的背弃
"理性和科学真理"的罪状是不是与面向事物本身的现象学原则矛盾的？
是不是与现象学中立性矛盾的？把"理性与科学真理"作为现象学理念
是不是等同于"对于事物本身敞开"的原则？

　　为了回答以上问题，本章将分三个部分。在第一部分，将根据胡塞尔
的《观念一》讨论现象学与神学之间究竟是什么关系。在第二部分，将
主要依据列维纳斯的第一部巨著《整体与无限》的序言探讨列维纳斯是
如何理解现象学的。在第三部分，将讨论马里翁在《过度：关于充溢现
象的研究》一书中的现象学的核心思想。

一　胡塞尔：超越性与给予的方式

　　在这一节，我们要讨论胡塞尔现象学中的超越性与给予的方式的关
系，以及它所蕴含的宗教现象的意义。

　　在胡塞尔现象学中，经过对自然主义或自然态度的悬置，我们从自然

主义的监狱之中解放出来。自然主义假定有一个单一的、客观的、绝对自主的和真实的世界。在悬置了自然态度之后，产生了这样一种可能性，我们不仅可以对我们的意识与它的对象之间的关系具有正确的理解，而且可以从事实的世界、自然世界中解放出来，从而发现本质的世界、可能性的世界。对胡塞尔而言，不同的对象或超越性，相对于意识具有不同的给予方式。一个物质的对象如何被给予意识？这仅仅是现象学研究的一个问题。神圣性的给予方式与物质的给予方式显然是不同的。下面，我们首先讨论物质对象的超越性与它们的给予方式，然后再讨论有关上帝的问题以及神圣性的给予方式。

（一）物质对象的超越性与它们的给予方式

对胡塞尔来说，物质对象是经验意识的相关项："无论是什么样的物质性东西，它们是可被经验到的物质东西。只有经验才能赋予它们意义；而且，由于我们说的是事实中的物质东西，仅仅是实际经验在它的一定次序的经验关联中如此行为"（重点为原文所有），①即只有实际经验才能赋予事实中的物质对象以意义。"实际的世界"就是我们的"实际经验的相关项"。这个实际的世界就是"众多的可能世界和周围世界中的一个特殊的例子"，而这些世界自身无非就是"一个经验着的意识"的"具有本质性的可能变项的相关项"（Ideas，106）。经验本身，作为一个本质性的普遍的东西，具有不同的可能的形式，而与这些形式相对应的是不同的可能的世界。这是一种意向性关系。而事实经验，作为经验的一种形式，具有与之相对应的对象，即事实世界。这里，我们明显可以看出胡塞尔所说的现象学悬置的具体应用。只有在这种意义上，我们才不会被下面的说法所迷惑："作为超越意识的或'自身存在'的物质性的东西。"（Ideas，106）没有独立于意识的超越性的东西，因为所有的对象都必须是在意识中被给予。

因此，正是在经历着的意识中，物质的东西以实在性或可能性的形式

---

① Edmund Husserl, *Ideas Pertaining to a Pure Phenomenology and to a Phenomenological Philosophy*, *First Book*, trans. F. Kersten, The Hague：Martinus Jijhoff Publishers, 1983, p. 106. 下面文中引文简写为 Ideas，后跟页码。

被给予。为了说明什么是物质的超越性，胡塞尔对物质性的东西在意识中给予的方式和内在意识活动被给予的方式作了对比。物质性的东西在意识中显现或被给予的方式是与内在意识活动在意识中显现或给予的方式不同的。

胡塞尔说，"某种内在的东西与某种超越性的东西之间的对比包含了相应的给予性的种类之间的一种本质的、基本的区分。对某种内在的东西的知觉和对某种超越性的东西的知觉之间的区分不仅仅表现在作为亲自在场的意向性对象，在知觉中，一个是实实在在的内在于（意识）中的，而另外一个不是：它们的区分更在于给予性的形态的不同，这种本质性区分，相应地，被带到所有的知觉的呈现的形态之中，被带到记忆直觉与想象直觉中。我们是通过物质性的东西被侧显（being adumbrated）而看到它们的"。但是，**"一个心智的过程（a mental process）不是侧显的"**（Ideas，90，重点为原文所有）。对一个意识活动的知觉，比如当我们回忆其刚才的知觉活动，和对一个物质性的东西的知觉，比如眼前的一个桌子，这两种知觉的不同不仅仅表现在那个被知觉的意识活动是完全内在的，是意识的一个部分，更重要的表现在，任何一个意识活动，在给予性上，是不同于物质的东西的给予方式的。一个空间的物质性的对象，必须是通过侧显的方式来无限地显现自身的。一个桌子只能在某个角度以某种形式显示给我们，桌子是在无限的视野之中显示其无限的方面。即使同一个角度，因光线的明暗不同，所显示的内容也有区分。但是，意识活动本身不是通过多方面的侧显给予意识的。

侧显，作为一种意识活动，与侧显中所指向的对象之间有着本质性的区分。"侧显是一种心智活动。但是，一个心智活动之所以可能，仅仅是作为一个心智活动，不能是某种空间性的东西。然而，被侧显的对象，在本质必要性上，只有作为某种空间的东西才是可能的，而不是作为可能的心智活动。特别是，把对形状的侧显（比如对一个三角形的侧显）看作某种空间的东西，在空间中是可能的，这是违反常理的；而且，谁这么做，就是混淆了侧显与被侧显的东西，比如显现的形状。"（Ideas，88 – 89）用胡塞尔自己常用的例子，红色作为物质性的对象是红色的，而对红色的知觉就不是红色的。空间的东西具有空间性，但是，对空间的东西的知觉不具有空间性。

物质性的东西只能通过侧显（adumbration/Abschatungen）的方式来给予自身。这是不是意味着侧显是"我们人类的构成"（Ideas，90）造成的？胡塞尔说，"很明显，而且从空间的物质性东西的本质可以得出，在其必然性上，这个种类的存在者只能通过侧显在知觉中被给予"（Ideas，91）。侧显与侧显的对象是不可分割的。我们不能说，侧显是由于人类的认识能力所造成的。空间物质本身的本质决定了它们必然是以侧显的方式给予意识的。更准确地说，物质性的东西的超越性就在于它们是通过侧显被给予的。"一个空间性存在只能以某种'方向性'方式'出现'，而这必然预先规定了一系列新的可能的方向，而每个方向又与一定的'出现形态'相对应。这可以表达为从如此的'方面'给予，等等。"（Ideas，91）物质的空间性本身决定其在意识中侧显的方式。

但是，意识活动本身不具有"方向"性。一个意识活动是以绝对的或者内在的方式被给予的；它是意识的一个部分。胡塞尔说，"对于一个心智过程的知觉对于某物的简单的直观（a simple seeing），这个某物是（或可以成为）在知觉上给予的绝对的某物，它不与通过侧显方式在显现的样式（modes of appearance）中给予的某物相等同"（Ideas，95－96）。"在本质上，尽管对于显现（appearance）的给予性而言，没有一个现象（appearance）可以把事件作为'绝对'的某物呈现（to present）出来，而是以某个方面的呈现形式［这么做］，但是，对于某种内在的东西的给予性而言，把某物以绝对的方式呈现出来，而从来不能够以某个方面或侧显的方式呈现，这恰恰是它的本质性的东西。"（Ideas，96－97）"就物质性的东西作为物质性的东西而言"，"存在着在本质上和非常'普遍的'不能够被内在的知觉，因此，根本不能够在心智过程的关联中发现它们。所以，物质的东西可以说是，在其本身是毫无条件的超越的"（Ideas，90）。

我们可以说，物质的东西的超越性是被它们在意识中的给予的样式所决定的。不能够以侧显的方式给予的事物是不属于物质世界范畴的。胡塞尔说，"内在的存在者，因此，在这样的意义上是无可怀疑的绝对的存在者，即依据本质的必然性，内在的存在者不需要其他存在者而存在。与之形成鲜明对比的是，超验的存在的世界是完全指向意识，而且，更具体地说，不是指向逻辑上可以设想的意识，而是指向实际的意识"（Ideas，

110，重点是原文带的）。这就是说，物质对象与意识不可分开，它们在意识中以侧显的方式出现。对胡塞尔来说，宣称物质对象是独立于意识的，这是荒谬的。被侧显的与侧显是不可分离的。就如我们前面所说的，正是由于物质对象的超验性存在于它们的侧显方式之中，物质对象是相对的，甚至是偶然的。因为，多重的侧显所指向的对象很可能是一个幻觉。很可能"不存在任何世界"（Ideas，109）。但是，一个心智过程的存在不依赖于侧显，它"在本质上不可能依据侧显和显现被给予"（Ideas，111）。在这个意义上，我们可以说，意识与物质世界属于不同的区域。我们可以用"存在""存在者"或"对象"来指示这两个不同领域中的"事物"，但是，没有一个更高的本体论可以来研究这两个领域。

与心理主义相反，现象学认为，"所有的物质性的超越者的非存在的可能性"意味着"意识的存在，任何心智过程之流的存在"即使在这个世界被消灭之后也不会受任何影响。"其结果是，**没有任何真实的存在**，没有任何在意识中通过表象（appearance）呈现出来和被合法化的存在，**对于意识的存在**（在最广的意义上，心智过程之流）**是必要的**。"（Ideas，110，重点是原文带的）胡塞尔的意思是，虽然我们用类似的本体论概念来讨论物质世界与意识领域，但是，这两个领域之间是非常不同的。这种区分是由于它们之间的给予性造成的。我们不能用关于物质世界的理论和概念来研究关于意识的领域的问题。把关于物质世界的理论和范畴强加在意识领域，这就忽视了意识本身的给予性。

理解上面所说的两个领域，两种给予方式，这是一种精神上的解放。事实上，物质世界与实际的、经验的意识的关系仅仅是意识本身所具有的多种意向性关系的一种，是一种认知结构（cogitatio - cogitatum）。意识领域是绝对的，还可以从这个意义上理解：这种认知结构和关系是可有可无的；没有这种认知的意向性结构，也不影响意识本身的本质结构。与笛卡儿一样，胡塞尔关于意识的定义和理解是非常之广泛的：意识是某种比简单的认知关系更广的某种东西（或结构）。意识不仅包含了知觉、记忆、期待、自由想象（phantasy）、想象（imagination），而且包含了意愿、激情、爱、欲望等。所有这些都具有意向性结构。但是，自然主义仅仅看到了认知性的关系，并把这种认知性的关系作为是最基本、最本质性的，而把其他关于伦理道德的、宗教的、美学的关系看作主观性的，看作没有客观对象的、任意的判断。自然主义没有看到，在道德关系、宗教关系、审美关系中，不仅这些关系的"对象"不能够与物质性的对象相类比，而且，它们的给予方式也不一样。"存在"这个词用于物质性的东西时，其含义与用于意识领域是不一样的；同理，"存在"在伦理、宗教、审美中的含义也是不一样的。即使完全没有物质世界，完全忽视物质关系，也不影响我们探讨伦理、宗教、审美的关系。例如，一幅画的审美价值不在于它是由什么样的材质构成的，而在于它本身所显现的美，这种美是独立于任何物质材质的。

（二）上帝的超越性与神圣存在的给予方式

杨尼考认为，胡塞尔明确把关于上帝的超越性排除在现象学之外（Janicaud，68）。这是不是意味着胡塞尔拒绝讨论上帝的问题呢？并非如此。在胡塞尔现象学中，上帝的超越性与神圣存在的给予性是什么关系的问题，是一个合法的现象学问题。

胡塞尔非常清楚地指出，讨论上帝的问题不能够与讨论物质世界的问题混为一谈，更不能用关于物质世界的理论和概念来研究上帝的问题。胡塞尔说，上帝"不能被假设为某种超越的东西"，即不能假设上帝类似于物质世界的东西。这里所说的超越性的东西指的是物质世界的超越性。"关于绝对者的次序原则必须在绝对者本身中发现，把它看作纯粹绝对的。换言之，由于一个世界性的上帝（a worldly God）是显而易见不可能的，而且，因为，另一方面，在绝对意识中的上帝的内在性不能够被看作就如心智过程的内在性一样的意义（这将不亚于无意义），因此，在意识的绝对之流中和它的无限性中，认知超越性的样态就与作为和谐的表象统一体的关于物质实在的构成性是不一样的。"（Ideas，116 – 117）胡塞尔这里的话可以这么理解，神圣存在，作为精神性的存在，它自身有着自己特有的特性，而这个特性是绝对者自身决定的。上帝的内在性是与作为物质世界的超越的外在性不一样的，但是，上帝的内在性与意识过程的内在性又不一样。物质世界中的事物是通过侧显形成一系列的和谐的表象或现象，这是物质世界构成的形式或方式。但是，在意识中必然有与物质性的东西构成不同的关于上帝的意识。

这里需要指出的是，胡塞尔有时候用超越性（transcendence）来指物质性的东西，有时候指上帝的超越性。在上面我们看到的，胡塞尔认为，我们可以用同样的词汇来描述物质世界与意识两个领域中的事物，但是它们之间的含义是不一样的。这里，也不例外。当超越性用来描述物质性的东西的时候，它指的是物质性的东西在侧显中显现出来，而且是相对的。但是，当超越性用来指上帝的时候，其含义就不一样了。上帝不可能是以侧显的方式被给予，也不可能是相对的。上帝，作为绝对存在者，有其自身的绝对性。尽管上帝的绝对性与意识本身的绝对性不一样，它们与物质世界相比有相似之处，那就是，意识领域和上帝都是独立存在的，也就是说，意识和上帝可以没有这个物质世界而存在。我们在前面已经看到这一点。

根据以上所说，下面两点可以帮助我们理解胡塞尔关于上帝问题的现象学立场。第一，上帝与物质性世界都是超越的，但是，其超越含义是不一样的：上帝是绝对的，而物质世界是相对的；上帝是精神的，而物质世界是侧显的。第二，上帝与意识领域有着相似性，即它们都具有自身的存在的含义，不能用关于世界的范畴来理解上帝，所谓"世界性的上帝"（a worldly God），是不可能的。但是，上帝的精神性和绝对性又与意识领域的精神性和绝对性不一样。胡塞尔明确否定我们可以用意识领域的范畴来推测上帝的无限性。

那么，上帝是如何在意识中显现出来呢？上帝是以怎样的方式出现呢？对这个问题，胡塞尔没有详细的论述。但是，他没有否认关于上帝的问题，他没有把关于上帝的问题排除在现象学之外。下面的话印证了我们上面的分析。胡塞尔说，"在抛弃自然世界之后（胡塞尔指对于自然世界的悬置——引者话），我们遇到了另外一个超越性（第一超越性指的是物质世界——引者话），这个超越性，与纯粹自我不同，不是直接与悬置后的意识联合在一起的，而是以更加间接的方式［在 A 版本中：以一种完全不同的方式］被认知。这个超越性，如其本来所是，与这个世界有关的超越性站在互相对立的立场。我们指的是关于上帝的超越性"（Ideas，133－134）。上帝的超越性不仅与这个物质世界的超越性不同，而且是互相对立的。胡塞尔说，"外在于世界的'神圣'存在者的存在是这样的，这个存在者将显而易见不仅超越于世界，而且超越于'绝对'意识。因此，它将是这么一个'绝对者'，完全不同于作为绝对者的意识，就如它将是这么一个超越者，它完全不同于作为超越者的世界"（Ideas，134）。物质世界是超越的，但是相对的；意识是绝对的，但是内在的。上帝既是超越的也是绝对的。上帝的超越性不能依赖于世界的超越性来理解，上帝的绝对性也不能用意识的绝对性来理解。上帝与世界和意识是完全不同的"领域"。

由此看来，胡塞尔不仅让我们从物质世界的"监狱"之中解放出来，还让我们从"意识"之中解放出来，他给我们打开了另外一个既不同于物质世界也不同于意识的新领域，神圣存在领域。这三个领域都符合这么一个原则：事物自身决定它的给予方式。这是与面向事物本身的原则一致的。

这里，也许有人会提出这样的问题：对胡塞尔来说，既然"存在"（being）等传统的本体论概念可以用于指物质世界的存在者，也可以指意识领域的意识过程，还可以指上帝，而这个"存在"概念却在每个领域含义不同，那么，"存在"这个概念要么是空洞的，要么我们可以构建一个更为基本的本体论来讨论这三个领域。这个问题是一个合法的问题。胡塞尔上述的看法虽然有一定道理，但是，带来的却是更大的困难。如果我们把"存在"限制在物质世界领域，那么，我们就会发现，意识的领域和上帝是超越于"存在"问题的，对它们而言，"存在"还是"不存在"的问题，这个哈姆雷特式的问题就不再是问题了。追求更为基本的本体论就成了一个虚假的问题。

胡塞尔的话已经暗含了我们这里说的意义。胡塞尔说，"在其（意识）本质上，它是独立于所有世界的、自然的存在；它也不需要任何世界的存在者来作为自身实存的条件。自然的实存**不能够**成为意识实存的条件，因为自然本身是意识的一个相关项；自然仅仅是作为意识的正常的关联网中被构成的东西"（Ideas，116，重点是原文带的）。也就是说，当我们考察意识的时候，我们完全可以不考虑自然世界；自然世界的范畴是不适用于意识领域的。结合前面的话，我们可以说，当我们考虑关于上帝的现象学问题的时候，我们也可以不考虑物质世界和意识领域，因为上帝的"存在"（注意这个词的负担）是独立于物质世界和意识领域的。我们可以说，上帝在给予意识的时候，他是依据自身的绝对性，按照自身的意志，来显现给意识的。

根据以上所说，在胡塞尔的现象学中，有关上帝的问题就不应该是关于上帝存在的证明的问题，而是关于上帝如何成为现象的问题，即如何显现的问题。

杨尼考认为胡塞尔现象学的目的就是"理性和科学真理"（Janicaud，48）。他也承认，这是一种预设或假设。他所理解的胡塞尔的现象学观念是不是与胡塞尔本人的理解一样呢？"理性与科学真理"的预设与胡塞尔下面的话如何协调呢？"从历史提供给我们的东西中，我们可以获得巨大的益处，从艺术中我们在更为丰富的尺度上获益更多，特别是从诗歌中。"（Ideas，160）为何胡塞尔认为，我们从历史、艺术、诗歌中能获得巨大的丰富的财富呢？难道历史、艺术、诗歌也能给我们提供科学真理？要理解胡塞尔这些话，我们必须把它们与事物自身决定自己的给予方式结合起来看。

如果说在现象学中有什么"神学转向"的话，在胡塞尔那里已经奠定了根基。胡塞尔应该是第一个背弃自己的"理性和科学真理"的目标的人，但是，却遵循了现象学的最根本的原则。

二　列维纳斯：伦理现象的超越性与给予性

列维纳斯关于现象学的理解起源于他 1930 年（25 岁时）所写的《胡塞尔现象学中的直觉理论》的博士学位论文。在这本书中，他集中讨论的是胡塞尔《大观念》（1913）中的思想。我们来看看，在这本书中，列维纳斯所理解的胡塞尔在《大观念》中所表达的现象学思想是否与我们上面所说的一致。

列维纳斯说，"如果**存在**就是指如自然一样的存在，那么，所有那些抵制范畴和自然存在方式的被给予的事物将没有客观性，而且，先验地和不可避免地，会被简约为某种自然的东西。这种对象的特征将被简约为纯粹的主观的现象，而这种具有多方面结构的主观现象是自然因果关系的产物"①。列维纳斯非常简明地指出了自然主义的错误：把自然存在的含义

---

① Levinas, *The Theory of Intuition in Husserl's Phenomenology*, second edition, Evanston, Ill. : Northwestern University Press, 1995, p. 17.

推广到所有的领域，没有意识到"存在"在不同的领域具有不同的含义，而且是不能互相简约的。所以说，现象学的悬置是必要的。现象学悬置不是说自然主义关于自然的理论是错的，而是说自然主义把一种"存在"的含义毫无根据地绝对化。这与我们上面看到的胡塞尔的话的含义是一致的。列维纳斯继续举例来说明。"让我们用一个例子来说明这一点。在审美经验中显现出来的美把自身呈现出属于客观性的领域。一个艺术品的美不简单地是由这个作品的如此如此的特性而引起的一个'主观情感'。这个作品自身是超越于美和丑的。**审美对象自身是美的**——至少这是一个审美经验的内在的含义。"（同上，17，重点是原文的）列维纳斯的话是这个意思：在审美经验中，比如当我们欣赏一幅绘画或者雕塑的时候，审美经验中所给予的美与这个作品作为物质的对象是分不开的。但是，这并不意味着艺术作品的物质特性在我们的主观上引起了一些感受，是主观的现象，因为作为物质性的艺术品自身是没有美和丑可言的，是中立的。审美经验中的意向性关系与人与自然的认知关系至少是平行的，即不是互相产生的。我们要把审美对象自身与作为艺术品的物质的东西区分开来。"但是，这个价值或美的对象，具有自身存在的方式，是与自然主义加给它的范畴不兼容的。"（同上，17）换言之，价值或美具有自身给予的方式，即在审美经验中被给予；它们不能够按照自然主义所加给它们的范畴来理解。列维纳斯说，如果我们把这些范畴看作关于实在的唯一的规则，那么，自然主义仍然可能保留这些经验（审美经验）的意义，只不过把这些经验看作自然之中的内在的心理现象，因为自然主义试图把在审美经验中的任何实在的东西还原成这些范畴（同上，17）。

　　列维纳斯说，"一个被爱的对象的特征就在于它是在爱的意向性中被给予的；这种意向是不能被简约为一种纯粹的理论上的表象"（同上，44—45）。爱的对象，审美的对象，都有其自身的给予性。我们不能够用关于自然对象的认知意向性来衡量其他意识的意向性关系。就如我们上面看到的，对胡塞尔来说，事物自身决定了自己的给予方式。列维纳斯认为，尽管胡塞尔自己偏爱纯粹的理论，但是，意识与世界的关系是多重的。我们的意识生活是"行动和情感的生活，是意志和审美判断，是兴趣和冷静，等等。因此，与这个生活相对应的世界就是一个被感觉的或被需要的世界，一个行动、美、丑和低级的世界，也是一个理论沉思的对象"。"这一点是胡塞尔态度的最有兴趣的结果之一。"（同上，45）现象学，因此，在胡塞尔和列维纳斯眼中，就是对具体世界的具体的描述。而自然主义则是对世界作抽象的理解。现象学是关于具体的科学（或学科）。列维纳斯的博士学位论文奠定了他一生的学术生涯的发展方向。关于这一点，我们不仅可以在他的第一部关于伦理现象学的巨著《整体与无限》的序言中得到证实，而且能够看出，他对伦理关系如何超越人与物的意向性关系、如何成为逆意向性有着明确和详细的论述。

列维纳斯在《整体与无限》的序言中说，他所运用的概念"都归功于现象学方法。意向性分析是对于具体的探寻"[1]。这里，列维纳斯对现象学给出了一个非常精辟的定义：现象学就是对什么是具体的东西的描述。胡塞尔的现象学还原或悬置就是这个意思：自然主义用抽象的概念来解释一切；现象学还原就是要给予事物以具体的描述。列维纳斯接着说，"在思想直接的注视下的概念，即被思想定义了的概念，关于这一点，思想不仅不知道，而且没有怀疑，它们是根植于视域之中的；这些视域赋予它们意义——这就是胡塞尔的本质性的教诲"。[2] 在天真和自然的态度下，思想没有认识到，也不怀疑，与思想相对应的概念是根植于思想本身的视域之中的。思想不是一个空白。正是这些视域决定了思想所定义的概念的意义。这也是意向性关系的一个根本的含义。同时也是现象学还原所揭示的东西。列维纳斯紧接着追问：我们能不能把胡塞尔教我们的东西应用到胡塞尔哲学本身？"至关重要的是，如果在胡塞尔现象学中，这些没有被怀疑的视域，就它们的实际意义来看，可以进而被解释为思想面向对象！"列维纳斯的意思是，胡塞尔现象学所提示给我们的那些本来没有注意的视域，是不是本身又有其特定的含义，那就是，这是一种针对物质性对象的意向性关系。胡塞尔现象学所做的就是要分析和描述对象如何在意识中显现或构成。在意向性关系中，意识的尺度就是对象的尺度。物质的空间性以侧显的方式显现给意识，这不是由于意识本身把自己的标准强加给对象，而是对象本身的超越性决定的。关于这一点，我们在上面已经看

---

① Emmanuel Levinas, *Totality and Infinity*: *An Essay on Exteriority*, trans. Alphonso Lingis, Pittsburgh, PA: Duquesne University Press, 1969, p. 28.

② Ibid. .

到。但是，列维纳斯所关注的不是一般的意向性关系："重要的是这么一个观念，淹没了对象化思想的是被其遗忘的经验，而它正是扎根于这种经验的。"（TI，28）思想面对的不再是与自己处于一个同等地位的东西，而是如大地面临洪水一样，超越了自己。意识在这种关系中是被动的，从某种意义上，可以这么说。

列维纳斯认为，理论的思想是受客观理念的指导的，但是，它并没有穷尽对外在性的追求："如果，就如本书所表明的，伦理关系使得超越性的含义得到了恰如其分的展示，这是因为伦理学的本质就在于它的**超越性意向**，而且因为并非所有的超越意向都具有认知—认知对象（noesis - noema）结构。"（TI，29）胡塞尔已经告诉我们，超越性不仅仅是一种理论上的关系。列维纳斯在这里所表述的也是这个意思。如果说胡塞尔关注的是认知关系中的超越性，那么，列维纳斯所关心的是伦理关系中的超越性。这种超越性被列维纳斯称为"比客观性更客观"（TI，26）的外在性。

列维纳斯认为，这种"比客观性更客观"的超越性是不能用"哲学的明证性"（philosophical evidence，TI，22）作为哲学的根据来衡量的。列维纳斯看到，预言的末世论（prophetic eschatology）就是这么一种非凡的现象。末世论不是要为存在的整体提供一种最终的意义。"它真正的含义在其他地方。它不是要为整体引入一个目的论的体系；它不在于教导历史的方向。末世论建立了**一种在整体之上**（beyond the totality）或历史的关系，而不是超越过去和现在的关系。不是与一种围绕整体的虚空的关系。［在这种虚空中，］人人都可以任意地爱怎么想就怎么想，因而是推崇如风一样自由的主体的断言。它是一种与**总是外在于整体的剩余**（a surplus always exterior to the totality）的关系，仿佛客观的整体没有填满存在的真正的尺度，仿佛需求另外一个概念，**无限性**的概念，来表达这种相对于整体的超越性，在整体中无法涵盖，而且与整体一样具有源初意义。"（TI，22 - 23）列维纳斯的这些话只有在胡塞尔关于有什么样的超越性就有什么样的给予性的原则下才能理解。或者说，列维纳斯使得胡塞尔的原则真正显示了自身的含义。末世论所揭示的不是整体中的关系，是整体无法容纳的关系；相对于整体而言，这种末世论的超越性是一种剩余，一种与虚空相对立的东西。虚空的概念是没有对象与之对应的，而末世论的对象是超越了适用于整体的概念的，是整体的概念无法把握的。这在马里翁现象学中被称为溢满现象（saturated phenomena）。我们不能用关于存在的概念、关于整体的概念来理解末世论所揭示的关系，换言之，我们不能用西方的形而上学或本体论来解释末世论所说的东西。形而上学或本体论所关注的是这个世界中的一般现象。由此看来，列维纳斯在末世论中看到了既符合胡塞尔现象学基本原则（面向事物本身）的东西，也突破了胡塞尔自己对这个原则的理解的局限性。

　　这种末世论究竟告诉了我们什么？在何种意义上与形而上学不同呢？末世论实际上揭示的是康德哲学的基本问题：关于道德的问题是不能用关于世界的范畴来讨论的；在这个世界中，基本关系是因果关系，是不存在道德的。那么，道德关系如何不同于因果关系呢？"然而，这种在整体和客观经验'之上'（beyond）不能用纯粹的否定性的方式来描述。它**在整体和历史之中，在经验之中**，被反思。作为历史'之上'，末世论把存在者从历史和未来的统治之中带出来；它在他们内心激发他们，并召唤他们去承担起自己的完全的责任。把历史作为整体置于审判之下，外在于自身就是目的的战争，它［末世论］给每个时刻恢复了那个时刻的完全的意义；所有的东西都将展示出来。当评判活着的人的时候，不是最终的审判是决定性的，而是在时间之中的对于每一时刻的判决。"（TI，23，重点是原文带的）对一个人，对某一个事件，对某一个行为的判决，不是等到历史结束之后，我们才知道其真正的意义。末世论所揭示的是，我们在此时此刻的所作所为都超越了整体和历史，都具有判决性的意义。列维纳斯的意思是，我们的道德关系不是历史或整体的一部分，末世论告诉我们，在"永恒"面前，在历史完成之前，在时间停止之前，我们就有了自己的本质特征。这完全是由我们自己的行为决定，不是建立在整体的基础之上的。这是由我们与无限性的关系决定的。我们与无限性的关系是在整体之外或之上的，是对整体的破裂，因而，这也是一种"没有语境（context）的意义的可能性"（TI，23）。所谓没有语境是指超越了历史和整体的关系。列维纳斯称之为"有一种完全不同类型的意向性"（TI，23）。

　　为什么是另外一种意向性关系呢？一般而言，当我们表达一种含义，而有对象或事实与我们表达的含义一致的时候，用胡塞尔的话说，当我们所意向的东西出现在我们的直观中的时候，我们的意向性的意义就与对象相符合，这就是真理。胡塞尔认为，真理作为符合或一致（adequation）是一种理想或理念。因为在事实上，直观中出现的东西不可能完全符合我们的意向性所意指的对象的含义，比如一张桌子，我们对桌子的意向性是桌子本身，是桌子这个整体，而桌子只能通过侧显给予我们直觉，我们的意向性因而只能是半实半空的。在其他情况下，我们的意向性对象不会出现在直观之中，比如，独角兽。在对独角兽的想象的意向性关系中，就没有真理。

这里，我们可以看出，有至少三种情况：1. 意向性关系的对象在直观中显现，意向性得到了满足；2. 意向性关系的对象部分地出现在直观中，意向性得到了部分的满足；3. 意向性关系的对象不出现在直观中，意向性是空的。这里，我们注意到，在这三种情况中，我们都是以意识的这一端（意指）为衡量标准。问题是，会不会出现与上面三种情况不同的情景？意向性的对象淹没了意向性。既不是与意识相一致，也不是空的，而是超越了意识的尺度。用知觉来比喻，在漆黑的晚上，我们什么都看不到，同样，面对强烈的阳光，我们的眼睛是黑暗一片，但是，两种情况下，其本质上完全是相反的。我们的眼睛适应不了强光，黑暗不是因为没有光线，而是光线太强烈，甚至会伤害我们的眼睛，并有使之失明的危险。列维纳斯把我们前面提到的三种情况称为是对对象（objects）的意向性关系，而存在着这么一种意向性，即关于不是对象的虚无的意向性（a nothingness of objects）（TI, 24）。这里的虚无不是零，而是指超越了对象的领域。我们不会因为阳光太强烈而否认阳光的存在。列维纳斯把这种情况称为是与无限性的关系。我们称之为第四种意向性关系。

一般来说，我们把真理或知识称为是我们的认识与认知对象一致性的关系，把意见称为是没有真凭实据的言说，没有对象的言论。那么，我们这里所说的第四种情况是不是意见呢？这种意向性关系，不再是以我们为中心，而是以对象为中心，而且对象超越了我们的理性标准。我们是不是应该把凡是不符合我们的理性标准的东西都排斥为虚无和非理性以及谬误呢？这里，我们注意到，意向性关系的重心已经转移。列维纳斯在这本书里称之为另外一种意向性关系，而在其他地方不把它称为意向性关系，认为它超越了意向性关系。

列维纳斯认为，正是在第四种关系中，我们才真正地实现了有关

"真理""经验""超越"的完全的含义。现象学的目的就是要让事物本身显现在我们面前，但是，这并不意味着我们为事物自身的标准预先规定了显现的尺度，真理不是说要事物符合我们的理性的标准，而是事物自身的显现。"经验"不能等同于"对象性经验"（objective experience）："经验就是意味着与绝对他者的关系，也就是，与总是淹没了思想的东西的关系；与无限性的关系，在［经验］这个词的完全的意义上，成就了经验。"（TI，25）与物质世界的关系就是我们的对象性经验；物质对象是按照我们的意向性尺度显现出来的。但是这种对象性经验仅仅是一种抽象的经验，因为在我与物质对象的关系中，首先发生的是我与他人的关系。简单地说，人与自然的关系是在人与人的社会关系中发生的。我们不是以单独的个人与自然对象发生关系的。正是在这个意义上，列维纳斯说，"我们能够从对于整体的经验退回到这么一种情景，即整体性破裂的情景，这是整体性所赖以存在的条件的情景。这种情景就是外在性或在他者面孔之中的超越性之光。对于这种超越性所进行的严格的阐述的概念可以用无限性这个词语来表达"（TI，24－25）。

无限性的概念不是一种否定性的东西，不是对有限性的否定。根据上面我们看到的，在传统哲学中，有两种知识，一种是真知，即对象与概念一致，这是客观的知识；另一种是意见，即没有对象与我们的观念相对应。无限性的概念显然不属于第一种，不是真知。那么，它是不是意见呢？意见是主观性的东西。但是，无限性不是主观生成的。在无限性面前，思想瘫痪了，因为它超越了思想的尺度。认为一切对象都必须符合我们思想的尺度，这不是真知的态度，这是主观的独断论。所以，列维纳斯说，关于无限性的"知识"是比"客观性更客观的"东西。这是一种彻底的现象学的态度，是严格性的现象学。

列维纳斯说，末世论的睿智就在于揭示了这么一个真理："无限性的观念把主体性从历史的审判中带出来，使得它在每一时刻都准备着接受审判"，"召唤它参与这种审判，没有它将是不可能的"（TI，25）。末世论不是说让人类在最后一时刻接受对自己现世的所作所为的审判，而是在于人必须在每个时刻都要对自己的行为负责。我们人类在历史的长河中不是处于无所作为的因果链条之中，不是纯粹的被动的分子。我们能超越历史，超越自然，正是因为我们与无限性的关系。我们的被动性不是因果的被动性，而是与无限的关系的被动性。“无限性的观念是存在的样态，是无限性的**无限着**（infinition）。无限性不是首先存在，**然后**再显示自身。它的无限着的特性是作为显现［启示］产生出来的，是作为在我（me）之中放置它的观念。”（TI，26，重点是原文带的）无限性不是一个首先存在在那里的一个事物，然后显示给我们。与物质的侧显类似，无限性就在于它与我的关系，即它正是在与我的关系中不断成为无限的。无限性就是一种意向性关系，不过，在这种意向性关系中，有这两种特征：首先，无限性的概念是被放到我之中的，我是被动的；其次，我关于无限性的观念是与无限性本身不相称的，即无限性永久地超越了我对它的观念。这就是逆意向性概念。对列维纳斯而言，意向性关系或逆意向性关系不是我们思想自己建立起来的结果；在我们意识到自己的意向性或逆意向性关系之前，我们一直就处于其中。

与无限性的关系被列维纳斯成为一种非一致性关系（non - adequation），这似乎与胡塞尔所说的真理是一致性（adequation）的观点是矛盾的。事实上，并非如此。胡塞尔所说的非一致性是我们前面看到的第二种和第三种情况，即意向性得到部分的满足或是空的，而列维纳斯所说的非一致性是观念的内容超越了或淹没了观念的关系（the overflowing of the idea by its ideatum）。因此，我们可以说，列维纳斯不仅没有背弃胡塞尔，而是真正继承了胡塞尔所开创的现象学的最为基本和核心的原则：面向事物本身。

列维纳斯所说的无限性究竟是什么意思呢？无限者，在其一般的意义上，是指邻居，而在其特殊意义上，是指穷人、寡妇、孤儿。与无限者的关系就是语言的关系。无限者不是不会言说的物体，而是会说话的。听他人说话，不是一种认知关系，而是一种接受命令的关系。这种言语不一定要有声音。无声的命令也是一种言语。他者不是以我的意向性标准而启示（显现）自身的。他者以其自身的条件，从自身出发，来对我言说。

在列维纳斯的现象学中，他者是“kath auto”，是在其自身，依靠自身。这个古希腊词在现象学中的至关重要性在马里翁现象学中得到了极致的阐述。

三　马里翁:现象的自我与给予性

马里翁既是现象学家也是神学家。他的双重身份使得人们怀疑他的现象学只不过是他阐述他的神学的手段。他的成名作《没有存在性的上帝》(1982)① 以及他的第一本著作《偶像与距离》(1977)② 都可以被看作宗教现象学的典范。但是，这两本书很容易给人这么一个印象：马里翁是在用现象学表达自己的神学观点，或用现象学的语言来表述自己的信仰。虽然这种解读有其合理性，但是，我认为，正如在胡塞尔的著作中，我们既可以发现胡塞尔对科学根基的关怀以及探讨如何建立严格的科学的明确的意向，也能从胡塞尔在关于科学的现象学的文字中读出一般性现象学一样，我们也可以把马里翁早期有关宗教的现象学著作看作通过探讨宗教信仰这一典范性的例子来揭示现象学的最一般性的原则。在前面第一部分，我们已经看到，胡塞尔并不排斥探讨上帝以及关于神圣性存在的问题，而且，现象学不允许在不经过还原的情况下盲目排斥某个问题或某个现象。

在马里翁的著作中，《还原与给予性:胡塞尔、海德格尔与现象学的研究》③《被给予:走向给予性现象学》④《过度:关于充溢现象的研究》⑤三部曲集中反映了他的核心的基本现象学思想。当杨尼考说，"现象学家是中立的，他或她是对于事物本身敞开的，除了关于理性和科学真理之外，没有其他的目的论偏见"(Janicaud, 48) 时，马里翁会认为，这是与现象学的还原原则相矛盾的。现象学还原性原则要求我们不接受任何偏见

---

① Jean - Luc Marion, *God without Being*, trans. Thomas A. Carlson, Chicago and London: The University of Chicago Press, 1991.

② Jean - Luc Marion, *The Idol and Distance: Five Studies*, trans. Thomas Carlson, New York: Fordham University Press, 2001.

③ Jean - Luc, Marion, *Reduction and Giveness: Investigations of Husserl, Heidegeer and Phenomenology*, trans. Thomas Carlson, Evanston, ILL: Northwestern University Press, 1998.

④ Jean - Luc, Marion, *Being Given: Toward a Phenomenology of Giveness*, trans. Jeffrey L. Kosky, Stanford, CA: Stanford University Press, 2002.

⑤ Jean - Luc, Marion, *In Excess: Studies of Saturated Phenomena*, trans. Robyn Horner and Vincent Berraud, New York: Fordham University Press, 2001.

和假设，包括关于理性和科学真理的观念。马里翁认为，现象学要求我们
没有任何预先的基本假设或根基，还原的目的就是要让现象自身给予自
身。还原就是要把包括自然主义在内的所有的假设悬置起来，因为这些假
设的预先规定性阻碍了现象给予自身，对什么是现象在现象还没有给予自
身之前就设置了条条框框。现象学第一原则，或最后原则，就是"有多
少还原，就有多少给予性"。由于篇幅的限制，下面笔者集中讨论马里翁
关于现象学基本原则和现象自身的自我性两个基本点。

　　马里翁在《给予性现象学与第一哲学》一文中认为，历史上的第一
哲学理论都预先假设一个东西，预先设定了一个框架，用我们中国人的话
说，"闭门造车"。现象学不是如此。"现象学原则，'有多少还原，就有
多少给予性'，是最基本不过的了，它与基础或者第一原则的特征都无
关。它提供了**最后**的原则：最后的，这是因为在其后没有其他的；最后
的，特别是因为它不在现象之先，而是追随现象并给予它优先性。最后的
原则开创了把优先性还给现象。它对于使得表现自身者给予自身和给予自
身者表现自身（what shows itself gives itself, and what gives itself shows it-
self）的行为进行评论，常常是从显现性（appearing）的不可简约的和首
要的**自我**（self）出发。我（the I）成了一个记录员、接受者，或这个过
程的受施者，但是几乎从来不是作者或生产者。"（重点是原文带的）① 这
几句话可以说是马里翁现象学的最简明、最概括的表述。现象学还原包含
着胡塞尔所说的对自然主义的悬置，但是远远不止于此。还原性原则就是
要把我（the I）在先的偏见（包括建立科学体系的观念），都悬置起来，
让现象自身说话。现象自身包含两种自我，一种是显现的自我，一种是给
予的自我。现象的这两种自我都使得我成为一个被动的角色、一个记录
员、一个接受者，而正是在这种角色中，造就了这个我（me）。优先性从
我转向到现象自身，现象自身定义了自己给予自身和显现自身的标准。胡
塞尔现象学中所隐含的这种对先验性的逆转，是一种革命性的。现象学不
是第一哲学，而是最后哲学（同上，27）。

　　对马里翁而言，现象学不是第一哲学，而是最后的哲学；作为最后的

---

① 　Jean - Luc, Marion, *In Excess*: *Studies of Saturated Phenomena*, trans. Robyn Horner and Vin-
cent Berraud, New York: Fordham University Press, 2001, pp. 25 - 26.

哲学，不是发生在现象之前，而是在现象之后，没有任何预先的假设和设定。因此，现象学的原则可以说是以现象为中心和重心的原则，是一种无我的原则。所谓无我，是指不把意识自身的尺度和标准强加给现象，使得现象自身的自我成为现象学的主题。这适用于所有的现象，如抽象的、普通的、道德的、宗教的等。"有多少还原，就有多少给予性"的现象学原则表达的就是以现象自我为中心的思想。那么，现象的自我是什么呢？马里翁说，承认"一个现象表现自己，我们将必须能够在现象之中认出一个自我，它的自身呈现是它自己启动的"（同上，30）。这里有一个问题，现象是如何自己启动自身呢？"一个现象只有在如下程度上才表现**自己**，即它首先给予自己。所有表现**自身的**，为了达到这一点，都必须首先给予**自身**。"反过来并非一定如此。"所有给予**自身的**不一定都表现自己；给予性并不总被现象化。"（同上，30，重点是原文带的）现象的自我、自身、自己来源于给予的自我，现象的自我间接地显现给予性的自我。给予自身者可以通过现象表现自身，也可以不通过现象表现自身。现象的自我与给予性的自我不是完全一致的，不是完全重合的。

这里，我们必须谈到三个问题。第一，我们如何通过现象的自我确认它来自给予自身者？第二，给予自身者在什么意义上并不被现象化？第三，给予自身者是通过什么来使得自身现象化的？

第一个问题谈的是我们如何确定现象是以自身为中心的，是不依赖于我们的意识的。与胡塞尔现象学的主张相反，现象不是在意向性关系中构成的。马里翁用的例子是"事件"，比如在报告厅里作讲座。首先，报告厅一直都是在那里的，等着我们的进入和利用。报告厅，先于我们而存在，在没有我们时就已经在那里，它把它的过去，它的不可驾驭的过去，展现在我们面前，使得我们感到一种无法把握的存在压在我们身上，一种我们无法穷尽的历史。它的突然显现使得我们感到惊奇。其次，这个报告厅，在此时此刻，不再是一个纯粹的建筑物，而是一个舞台，一个独特的舞台，一个独特的事件在发生，而且，没有人知道，报告人的讲座的进程和效果将是什么样的。作报告，这个事件，"从自身表现**自身**，开始于自身。而且，在它的现象性的**自我**中，给予**自身者**的**自我**被期待着，或者，更准确地说，被宣布。这个'这次，仅此而已'验证着现象的自我"（同上，33，重点是原文带的）。"在我们眼前此时此刻以这种方式显现的东西逃脱了所有的构成"（同上，33）。有关现象的自我与给予性的自我之间的区分，在第二个问题将变得很清楚。最后，不仅这个报告厅的过去和现在正在发生的超出了我们意识所能设想和把握的，而且，在将来，无论一个人是如何全神贯注和关注当前的事件，他都不可能给予当前所发生的东西以详尽的说明和解释。对当前所发生的，无论是报告人还是听众，还是组织者，无论是个人还是集体，都不可能对当前讲座的发生和效果给予精当而完全的描述。这种描述任务将是一个没有结束和不确定的诠释学工作（同上，33）。这种无穷尽的工作说明，事件的发生是从自身开始的，而且事件的现象性是从它的给予性（被给予性）的自我升起的。"表现**自身**这个事实可以间接地打开通往给予**自身**的**自我**的道路。"（同上，34）作讲座，在此时此刻作讲座，这个事件本身在给予自身时，通过过去、现在、未来三个时间段中无限的方式展现自身。现象性的自我来自给予性的自我，但是，不能等同于给予性自我。

上面最后一句话暗含着这么一个命题，并非所有给予自身者都表现自身，比如，死亡、时间、出生，就是三个典型的在不表现自身的同时给予自身的现象或事件。马里翁说，"我的出生甚至提供了一个最显著的现象，因为我的整个一生，在某种本质意义上，都仅仅用来重新构造它，赋予它以意义，以及对于它沉默的呼唤的响应。然而，在原则上，我不能直接看到这个无法驳斥的现象"（同上，42）。可以这么说，出生是"在没有我的情况下完成的，甚至，严格说来，在我之前，除我之外，它不能够对任何人表现**自身**（如果它能表现自身的话）"（同上，42，重点是原文带的）。因此，我们可以说，"我的出生向我展现的正是这么一个事实，我的根源不表现自身，或者，它正是在这种显现的不可能性中表现自身"（同上，42）。这里有一个困境："要么，我的出生在我能够去看它和接受它之前就发生了，因此我不出现在我的根源；要么，我的出生，我的根源，其自身没有根源性，只是从一系列不确定的事件和发生中产生的。"（同上，42）这种双重性表明，我的出生这个事件，虽然决定了我，产生了我，影响了我，却超越了所有的原因，具有不可预见性、不可重复性。我的出生是在给予自身时，不表现自身。我的出生，作为一个事件，就如胡塞尔所说的时间性，它的发生从来不是现在的事件，总是过去的，但是，也总是指向未来的（同上，42—43）。我的出生超越了所有的期望，所有的许诺，以及所有的预见（同上，43）。出生，作为一个纯粹的事件，它的现象性直接来自它给予自身这个事实（同上，43）。自我给予，而不自我表现，这就是诸如出生、死亡、时间等事件的现象性，即在自我给予时，不表现自身。

出生，这个事件，具有典型性和独特性。一方面，出生作为一个现象，给予自身而没有直接表现自身，它的发生是在给予自身时，它把我给予了我自己。它的现象化（或非现象化，非表现自身），发生在我是我之前，我自己，而只有在我从接受中得到自身时才成为自我。另一方面，"出生现象典型地说明了一般现象，即只有在给予自身时才被现象化，但是，同时，它启动了 l'adonné［被赋予者］"（同上，43）。"我"不再是胡塞尔现象学意义上的先验自我，而是与现象的给予性同时产生的接受者。作为一个被赋予者，我的出现总是在后的，在事件发生之后。虽然我能对已经发生、正在发生，将要发生在我身上的事情试图解释，试图理解，但是，我发现，在我直观中所给予的远远超越了我的意向性。出生是一个溢满性现象。马里翁说，"这样的事件给予**自身**，事实上，是一次全部性的：它使得我们没有话来表达它；它也使得我们没有任何其他办法去避免它；最后，它使得我们不能选择去拒绝它或甚至主动地接受它"（同上，44）。"事件不仅在自身之中给予自身，而且它是从自身被给予的，而且因此是作为**自我**（被给予的）"（同上，44—45，重点是原文带的）。自我在其原初意义上是事件的自我，其次才是作为被赋予者的自我。那么，事件性的自我与被赋予者之间有什么样的关系呢？

第三个问题是这样的：既然表现自身者必须首先给予自身，给予自身者未必是为了表现自身，因为有时候给予性几乎震撼了显现（同上，49），那么，给予性如何被现象化呢？也就是说，现象化的尺度是什么呢？马里翁说，"被赋予者（L'adonné）的功能就是在**自身**之中对被给予（the given）和现象化之间的缝隙给予丈量：被给予从来没有停止过被加于它（被赋予者——本书作者加），现象性只能当接受性取得现象化时并在其相应的尺度上获得完成，或者说，让它（被给予——本书作者加）自己现象化。这种运作——对于被给予的现象化——就其权利而言，归功于被赋予者，这是依据被赋予者自身困难的优先性，即它是唯一一个这样一种被给予，在其中，其他的被给予者得到了可见性。因此，它（被赋予者）使得被给予呈现为现象"（同上，49，重点是原文带的）。正是因为被赋予者使得被给予的自我被转化为现象的自我。这个被赋予者，之所以具有一种"困难的优越性"，是因为，一方面，它与先验自我类似，现象的表现是以它为条件的；另一方面，它与先验自我又不同，它自身就是一种被给予，它是"从它所得到的东西中**得到**自身"（同上，48，重点是原文带的）。正是后一点，使得它与胡塞尔的绝对意识的地位不一样：对胡塞尔而言，这个世界，任何一个对象，都是意识的意向性的另外的一端；可以没有这个对象或那个对象，但是意识是绝对的。在马里翁哲学中，被赋予者是用"得到"来形容的。这种得到不是一次完成的，而是一个不断的过程。得到不是一个纯粹的被动性，因为它要求自己具有积极得到的能力（同上，48）。

"得到"不是被动的，主要表现在被赋予者自身的能力和尺度使得被给予和现象化之间产生了距离或者缝隙。被赋予者对被给予的接受是通过阻力显示出来的。这是一种什么样的阻力呢？马里翁用胡塞尔的活生生的经验来说明。活生生的经验，在它被给予时，它是不可见的，它仅仅是一个刺激，几乎没有什么信息；当被赋予者接受它时，它没有表现什么。那么，这个看不见的活生生的经验是如何变得可见呢？这里有两个互相依赖的关系。首先，当被给予被投射到被赋予者身上时，就如被投射到一个荧幕上，就如不可见的光通过棱镜折射出可见的多种多样的色彩的光谱一样。被赋予者之所以能够把被给予进行现象化就在于它对被给予而言是一个障碍，它必须阻止它，使得它固定下来。荧幕、棱镜、框架，这是用来说明被赋予者很好的比喻。被给予获得现象化或可见性是在对被赋予者作了让步之后才成功的。棱镜的纯度和形状等限制了光的折射，同时也是光的折射的条件。其次，被给予的可见性也使得被赋予者成了可见的，缤纷的色彩使得棱镜也显现出来了。"事实上，被赋予者在接受被给予的冲击时是看不到自己的。"没有光的冲击，就不可能看到棱镜的形状和纯度。在这个意义上，我们可以说，"被赋予者是在它现象化被给予的过程中得到现象化的"（同上，49—50）。被赋予者与被给予，两者是互相依赖的。因此，我们不能说，被赋予者在先（无论是时间上的还是逻辑上的），或被给予在先。它们的互相依存关系就如电流和电阻一样，电阻使得部分能源成为或转化为光和热。这种意义上的阻力使得不可见的电子运动从不可见的状态现象化为光与热的可见性。阻力越大，转化成光与热越多，即被现象化的光与热越多。被赋予者的阻力，因此，也就成了把被给予的转化为表现自身的一个指标。"在直观中被给予的越是增加压力，越是需要更大的阻力来使得被赋予者仍然能够显示一个现象。"（同上，51）把这个理论应用到艺术中，我们就可以说，画家把过去不曾看到的东西，通过自己对被给予的抵制，变成可见的。一个伟大的画家从来不自己发明什么，而是遭受着对过度的刺激的痛苦，而且通过使之部分变得可见来创造绘画（同上，51）。这就是溢满性现象的含义：被给予的在直观之中超越了意识认知能力的承受，使得后者不能衡量它。

马里翁认为，一般来说，有三种现象，一种是贫乏性的，在直观中给予很少，或者没有任何给予，比如几何学上图形以及矛盾和荒谬的东西（圆之方）；另一种是普通性的，比如我们生活中任何的商品和工具等；还有一种就如裸眼看太阳一样，被给予的使得眼睛无法承受，眼前一片漆黑。第三种就是溢满性现象。用胡塞尔的话来说，在第一种情况下，意向性没有得到满足，在第二种情况下，意向性得到了全部或更多的时候是部分的满足。而在第三种情况下，直观中的给予超越了任何意向性。用康德的话来说，第一种情况下，概念是空的，第二种情况下，概念部分或全部得到了满足，而第三种情况下，概念被淹没了。

第三种情况的一个显著的例子就是上帝。在《以它的名义：如何才能避免言说它》一文中，马里翁认为，说上帝不可见，"与其说是，即使对于上帝的本质、概念、在场无知，上帝仍然是上帝，不如说是，只有当这种无知被建立起来以及确定性地承认之后，上帝就是上帝"。在这个世界上，所有的东西通过认知可以获得，而上帝，由于不属于这个世界，通过在概念上的无知，才能获得。就如我们不能把阳光限制在我们的视力范围和能力之中一样，我们也不能把上帝局限在我们的概念之下（同上，150）。我们不能把类似上帝一样的被给予或现象等同于第一类或第二类。由此看来，在马里翁现象学中，谈论上帝不仅不是他的现象学的全部，而且，从现象学角度看，谈论上帝是现象学本身所要求的和规定的。现象学不是首先预设哪些能够成为现象，而是对被给予性的尊重，是面向事物本身。

本章结语

在本章中，我首先提出了法国学者多明尼哥·杨尼考的论断，即在法国现象学被神学绑架，背离了胡塞尔现象的宗旨。在第一部分，根据胡塞尔的文本论证，论证讨论宗教现象或神圣存在是现象学本身要规定或要求的：每类事物都有其独特的给予方式，我们不能够把一种事物的给予方式等同于所有事物的给予方式。这才是胡塞尔现象学的"严格的"和"科学的"精神。杨尼考所理解的胡塞尔的现象学是"严格科学"是对胡塞尔文本的狭隘解读的结果。如果有所谓的现象学中的神学转向，那么，这个转向应该开始于胡塞尔。在第二部分，我主要讨论了列维纳斯如何继承了胡塞尔的现象学原则，对"超越性"在伦理学领域的现象学意义给予了充分的表述。列维纳斯的现象学不是如杨尼考所指责的那样是没有意义的话语。说列维纳斯的现象学没有意义，那是因为把某种视野或观点看作绝对的，从而判定其他是没有意义的，就如在逻辑实证主义哲学中，把道德和宗教的语言看作一堆没有意义的吃语一样，这是因为逻辑实证主义者把经验的实证原则看作意义的唯一标准。在第三部分，我论述了马里翁为何把现象学理解为"最后的哲学"，把现象学原则理解为最后的原则。现象学就是要描述被给予的自我如何转化为现象性的自我，被给予的自我是决定一切的核心，而不是先验自我。现象学"主体"从一种主动的姿态变成了被动的姿态，被动性就在于它以自身的能力和尺度使得被给予现象化。有的被给予性在直观中淹没了被赋予者的能力和尺度。这种淹没，这种溢满性，不是对被给予的否定，而是肯定。神学中关于上帝的描述就属于这种溢满性现象。当然，这种溢满现象是无限的，比如胡塞尔所说的活生生的经验和时间性，海德格尔所说的死亡现象，还有马里翁所论述的典型的出生现象，生活中事件（不仅仅是重大历史事件）。

根据以上所论述的，法国学者多明尼哥·杨尼考对法国现象学的神学转向的指责是没有根据的，是对现象学的基本精神的误解。

第十二章　逆意向性与现象学①

前　言

提到现象学，人们就会自然想到两个概念，意向性与现象学还原。在胡塞尔现象学中，对自然主义的还原的结果是意向性理论。在本章中，我要论述的是，现象学还原也适用于胡塞尔的意向性理论，其结果是逆意向性。逆意向性是现象学中比意向性更为根本的概念，它体现了现象学最为根本的精神，是一般性现象学②的基本概念之一。我们可以在两种意义上谈论逆意向性，一种是特殊意义上，另外一种是一般意义上。我将根据韦斯特法尔（Merold Westphal）的《逆意向性：论被观视与被言说》一文中的观点谈特殊意义上的逆意向性的含义，进而根据马里翁（Jean - Luc Marion）的著作，阐发一种更为一般意义上的逆意向性理论。

根据韦斯特法尔的观点，在胡塞尔现象学中，事物（在最广的意义上）是在意向性行为之中被构成、被认知的，因此，先验自我就是一切的中心，意向性是从先验自我散发出去的。但是，在人与人以及人与上帝的关系中，意向性的中心不再是从我出发，而是来自他者；不是我构成对象，而是我被构成。"被观视"与"被言说"是这种逆意向性的两种表现

---

① 本章主要内容发表在《武汉大学学报》2012 年第 5 期，是国家社科基金项目"现象学中的逆意向性理论研究"（批准号：10BZX050）阶段性成果。

② 我们在胡塞尔著作中可以看到一般性现象学与特殊现象学之间的区分，比如在《现象学观念》中，就把一般性现象学与认知现象学、价值现象学、伦理现象学等区分开来。我认为，胡塞尔是在讨论认识现象（phenomenology of cognition）时，包含了一般性现象学的概念，比如在《现象学观念》中有关"绝对给予性"或现象学的内在性，既是认知现象学的概念，也是一般性现象学的概念，如何把这两者区分开，这是现象学研究的一个基本问题。

形式。韦斯特法尔似乎也把逆意向性关系仅仅理解为这两种形式。

在本章中，我们将论证，韦斯特法尔对逆意向性的理解是狭窄的，是需要被拓宽的（broadened）。他所理解的两种逆意向性形式都可以在更广的一种意义上讨论。根据马里翁的观点，胡塞尔的意向性概念适用于贫乏现象和普通现象，但是在溢满现象中，意向性被逆转了，而伦理现象和宗教现象仅仅是溢满现象中的一部分，尽管是很重要的部分。马里翁的逆意向性理论不仅仅表现在溢满现象上，更重要的是，它揭示了逆意向性与现象学的根本原则的关系：现象自身依据自身，从自身出发，显现自身。

一 逆意向性的特殊形式

美国诠释现象学家韦斯特法尔在他的《逆意向性：论被观视与被言说》[①] 一文中把逆意向性理解为"意向性之箭是射向我而不是从我发出"的[②]，"意向性之箭从他者发出，指向我"[③]，具体表现为两种方式——就如文章的标题所说的——"被观视"与"被言说"。韦斯特法尔主要讨论了萨特、列维纳斯、德里达三位哲学家来阐明什么是逆意向性，并进而论述这个概念在宗教哲学中的意义。下面，我们来看看韦斯特法尔是如何解读萨特和列维纳斯哲学中的逆意向性含义的。

韦斯特法尔认为，萨特问了一个真正的现象学问题："他者是如何在我的经验中作为另外一个人，自我，或主体（认知者或行为者）被给予的？"[④]萨特首先否认他者是知识的对象：意向性，无论是主—客样态，还是意向行为—意向对象的关系，都与这个问题无关[⑤]。他者不会在我的意向性的种种活动中出现，比如，感知、直观、假设、假定、想象等适用于知识对象的意向行为不适用于他者给予我的方式。我是在"被观视，被

---

① Merold Westphal, "Inverted Intentionality: On Being Seen and Being Addressed," *Faith and Philosophy*, Vol. 26, No. 3, 2009.

② Ibid., p. 238.

③ Ibid., p. 245.

④ Ibid., pp. 237, 238.

⑤ Ibid., p. 237.

看到的经验中"经验到他者的①。这种经验主要表现在害怕、羞耻、骄傲三种情感反应中，而这三种情感都是因"他者之视"（他人的眼睛）而引起的。

他者的眼光可以引起我的恐惧，使得我意识到自己具有一个容易受伤害的身体。但是，对萨特来说，作为自我的他者不是在我的恐惧中出现的，因为我可以对任何自然现象感到恐惧。萨特认为，他者的眼光必须具有更多的人的含义②。

羞耻，准确地讲，在他人面前感到羞耻，可以说具有人的含义，因为我们在动物面前不会觉得羞耻。我做了一个不雅的动作，比如，在《存在与虚无》中萨特所举的偷窥的例子，当被他人发现后，我为自己的行为感到羞耻。为什么呢？因为，他人的"眼光说，'你是多么可耻啊'，如此的言语，定义了我是谁，给予了我一个我没有选择也不欢迎的特征"③。"他者是主体，而我是'客体'，是被他者的 Sinngebung 所构成的。"④ 韦斯特法尔认为，他者之视（the Look of the Other）具有两个特点。第一，"他者之视对于我成为自我的真正存在是必要的"⑤。这句话的含义是什么呢？在《存在与虚无》中，萨特说，"羞耻是这样一种战栗，它从头到脚贯穿了我，没有任何准备"，"羞耻，其本性就是认出（recognition）。我意识到（recognize），在他者看我时我才存在"，"因此，羞耻是在他者面前对于自己感到羞耻"，"仅仅是他者的出现，我就被放置到一个被评价的位置，就如评价一个对象一样，因为我在他者面前的出现是作为对象的。""为了完全地认识到我的存在的所有结构，我需要他者⑥。只有在他人出现时，我才意识到自己的存在。为己的存在总是为他的存在。第二，这种为己—为他的存在结构不是从我自己的主体性结构中产生出来的。他者的存在是一个事实。韦斯特法尔引用萨特的话，"我们与他

① Merold Westphal, "Inverted Intentionality: On Being Seen and Being Addressed," *Faith and Philosophy*, Vol. 26, No. 3, 2009, p. 238.

② Ibid., p. 238.

③ Ibid., p. 239.

④ Ibid., p. 238.

⑤ Ibid., p. 239.

⑥ Jean-Paul Sartre, *Being and Nothingness: An Essay on Phenomenological Ontology*, trans, Hazel E. Barnes, New York: Philosophical Library, 1956, p. 222.

者相遇；我们不构成他"①。韦斯特法尔说，"这种事实对于我是我自身是必需的，在这个事实中，意向性被逆转了，我被他者构成，而不是在我的眼中能够去构成他者。我成了依赖性的、异化的，奴役于不是我自己的另外一个自由，即无边界的，不可预测的，而且常常是不可知的。与恐惧的场景不同的是，这种眼光对于进行评判或评价，赋予我一个性质，在这种意义上定义了我"。他者的眼神告诉了我是谁，在他者的评判中我认识到了我自己②。骄傲与傲慢也是评价性的："在骄傲中，我对自己感觉良好这是因为他者肯定性的眼光，同时厌恶自己对于那个不可预料、不可控制的主体性的依赖性和脆弱性。在傲慢中，我试图把这种主体性中性化，要么把它简约为我自己目的的手段，要么，更加胆大的是，对待它就如它不存在似的。"③

被注视，被观看，作为逆意向性的含义之一，就是被评判，这是我认识到自己的一个先决条件。在这种关系中，我是被动的，我是他者的对象，我是在他者的眼神中被构成的。韦斯特法尔认为，"对于萨特而言，人类存在就是权力的争斗。如果我能定义我自己和他人，我就是主人。如果他人定义我，我就是奴隶"④。

韦斯特法尔对列维纳斯的逆意向性概念的解释比较少，这是因为熟悉法国现象学的人都知道列维纳斯的基本观点；他着重讨论的是列维纳斯与萨特之间的比较。在列维纳斯哲学中，韦斯特法尔认为，"他者的面孔不再是一个我的 Sinngebung 的脆弱的对象，而是我被观视这个事实的一个记号"⑤。他人的面孔不易于被我的意向性赋予意义。"作为那个观视我的人，他者不再是我的感知的对象。我也不是唯一的主体"，"我存在是'通过他者和为了他者'，而且，我真正的'个体特征被逆转'了"⑥。他者不是我认知的对象，而是我存在的意义，我的主体性特征是建立在与他

---

① Merold Westphal, "Inverted Intentionality：On Being Seen and Being Addressed," p. 240. 参看 *Being and Nothingess*, p. 250。

② Ibid. , p. 240.

③ Ibid. , p. 241.

④ Ibid. , p. 240.

⑤ Ibid. , p. 243.

⑥ Ibid. .

者的关系之中，而且是依赖他者。在与他者的关系中，"我被质疑，被命令，被评判"①。韦斯特法尔认为，列维纳斯不仅仅是重复萨特的逆意向性概念，而且增加了很重要的东西。他们之间存在着很大的区分。第一，"列维纳斯采取了语言转向。面孔——通过它并在其中相遇他者——不仅仅是看我。它表达自身"，"面孔会说话"②。这里，逆意向性就不单单是被看到，更是被言说③。第二，对列维纳斯而言，逆意向性不主要是在权力的语境中发生的，而是最具有伦理意义的事件。那张会说话的面孔固然会评判，但是，在评判之前，它发布命令。它是评判规范的来源。"对于萨特来说，眼光（the Look）是所有人反对所有人的战争的根源；而对列维纳斯来说，它意味着伦理学的可能性，一种和平的末世论战胜战争的政治的可能性。"④ 第三，对列维纳斯而言，一方面，他者是我的形而上学欲望的对象；另一方面，正是因此，他看到了友待和欢迎他者的可能性。萨特对此是摇头的。第四，对萨特而言，"上帝"就是众人眼睛的象征。而在列维纳斯看来，"上帝"虽然不是一个他者，但是，他代表的是在人类的深处的超越性。萨特和列维纳斯的上帝都不是圣经里的上帝。第五，"对于萨特来说，上帝是没有希望的工作与无用的激情，在其中我们每个人都是为己的。对于列维纳斯而言，上帝不是我所是或我所希望成为的，而是他者的神圣性，是我被观视和被言说的面孔"⑤。

在韦斯特法尔看来，萨特和列维纳斯把逆意向性理解为人与人之间的根本性关系，即我与他者的关系。萨特与列维纳斯之间的相同点在于，这种逆意向性关系是定义我是谁的本质关系，而他们之间的不同在于，萨特把这种关系理解为权力关系、战争关系，而列维纳斯却把它看作伦理关系、和平关系。韦斯特法尔文章的重点实际上不在于仅仅阐释萨特和列维纳斯⑥的观点，而是在于他的论文的最后一部分，讨论人与上帝的关系：

① Merold Westphal, "Inverted Intentionality: On Being Seen and Being Addressed," p. 243.

② Ibid., p. 244.

③ Ibid..

④ Ibid..

⑤ Ibid., pp. 245 – 246.

⑥ 我没有讨论韦斯特法尔关于德里达的逆意向性观点，这是因为德里达没有增加新的内容。

萨特与列维纳斯对人与上帝的关系的理解都基本上是属于无神论观点的，即把人与上帝的关系理解为某种人与人之间的关系，要么是权力，要么是伦理超越性。韦斯特法尔认为，被观视与被言说不仅适用于我与他人的关系，也适用于人与（圣经上的）上帝的关系，而且，正是因为人与上帝的逆意向性关系使得列维纳斯所讨论的逆意向性关系的伦理含义成为可能。这不是我在本章中关心的问题，因而省略不谈。

我们的问题是，韦斯特法尔所讨论的逆意向性关系是不是仅仅适用于人与人（萨特和列维纳斯）和人与上帝（韦斯特法尔）这两类现象？在马里翁的现象学中，我们发现，逆意向性概念实际上是关系到现象学的根本原则问题的东西，韦斯特法尔所讨论的仅仅是逆意向性概念中非常重要的特殊形式。

二　逆意向性的一般形式

海德格尔认为，只有把意向性看作意向性（intentio）和意向对象（intentum）的互属关系，意向性才能被完全地理解[1]。胡塞尔在《现象学观念》中把现象定义为"显现"与"显现者"之间的本质关联（the essential correlation between appearance and that which appears）[2]。问题的关键是我们如何理解这两者自身的内涵以及这种关联究竟意指什么。胡塞尔主要是用意识行为—意识相关对象（noesis—noema）的结构来说明意向性，因此，意向性的对象是如何在意向性行为中构成就成了现象学的一个核心问题。两者之间的关系中一方意识形为（noesis）就是中心和重心。如果我们把这种关联理解为纯形式的，那么，我们就会发现，如韦斯特法尔所指出的，在萨特和列维纳斯哲学中，意向性关系被逆转了，意识行为（在纯形式的意义上）反而成了被构成的一方。有人会问，是不是胡塞尔与萨特以及列维纳斯所关注的问题不同，因而造成了对这种关联的相反的理解呢？逆意向性概念是不是仅仅属于伦理和宗教关系呢？下面要论述

① Martin Heidegger, *History of the Concept of Time*：*Prolegomena*, trans. Theodore Kisiel, Bloomington：Indiana University Press, 1985, p. 45.

② Edmund Husserl, *The Idea of Phenomenology*, trans. William Alston and George Nakhnikian, The Hague：Martinus Nijhoff, 1964, p. 11.

的就是，在法国现象学家马里翁的哲学中，我们发现，逆意向性应该是取代意向性概念的最一般的概念之一，是现象学的一个标记。

在《被给予：朝向一种被给予性的现象学》中，马里翁说，"显示自身者首先给予自身（what shows itself first gives itself），这是我的一个，也是唯一的主题"①。这句话包含着至少下列三点：第一，显示自身者必须首先给予自身；第二，给予自身者未必显示自身；第三，给予性是如何得到显示的呢？而这三点都是与逆意向性有关的。用胡塞尔的词语，我们可以表达为，在这三点中，显现者决定了显现。下面，我们就具体论述为何这三点包含了逆意向性思想。

在《事件或发生的现象》②一文中，马里翁认为，尽管海德格尔把现象定义为"在自身之中并始于自身显示自身（what shows itself in itself and starting from itself）"，海德格尔没有对作现象的自我显示自身作具体的说明。这样定义的现象，显而易见，是与先验自我的思想矛盾的："如果先验自我把现象构成为对象，把它置于自己的驾驭之中，并完全地控制它，那么，现象如何能宣称依赖自己并在自身之中展开呢？"③海德格尔对现象的定义，应该是与现象学的"回到事物本身"的口号一致的，而这恰恰与胡塞尔关于对象是在意向性之中构成的思想是矛盾的。现象的自我（the self of the phenomenon）要求我们把意向性也悬置起来。马里翁说，"承认现象显示自身，我们不得不在其中认识到一个自我，即它掌握着显现的主动权"④。显现者自我的主动性，决定了意向性的另外一端，它的接受者（ego）是被动的，成为现象显现自身的中介，并在现象显现自身时构成自身（被构成者）。这就是逆意向性关系，是给予与接受的关系，其中当然包含着被观视与被言说的形式，但不等于这两种形式。

现象自己显示自己，它必须首先给予自身，它自身决定了自身的显现

---

① Jean-Luc Marion, *Being Given*: *Toward a Phenomenology of Givenness*, trans. Jeffrey Kosky, Stanford, CA: Stanford University Press, 2002, p. 5.

② 此文是 *In Excess*: *Studies of Saturated Phenomena* 一书的第二章。这一章可以被看作马里翁哲学的最好的导论，就如《整体与无限》的"序言"可以被看作列维纳斯哲学的最好的导论一样。

③ "The Event or the Happening Phenomenon," *In Excess*: *Studies of Saturated Phenomena*, trans. Robyn Horner and Vincent Berraud, New York: Fordham University Press, 2002, p. 30.

④ Ibid..

方式。在《被给予：朝向一种被给予性的现象学》一书中，马里翁用了一个很突出的例子来说明这一点，"歪像"（anamorphosis）。这个词的意思是指"一种歪曲的投影或视角，它要求观看者利用特殊的工具或站在有利的地位重新构成影像"①。马里翁说，"这个过程包括，首先向不好奇的观看者展示一个布满了色彩但明显缺乏任何可以认出的形式的表面，然后，把他的视觉移动到一个准确（和独特的）位置，从这个位置，他将突然看到，扭曲的表面把自身转化为一个壮丽的新形式。在确定现象自身只有在给予自身的时候才显示自身时，这个审美情景提供了有用的类比"②。对一个散漫的眼睛而言，眼前出现的是杂乱无章的线条和色彩，而对会看的人来说，眼前出现的是一幅美丽的画面。它们之间的区分，不是因为眼睛的不同，而是因为后者知道，只有当它的观察点满足特定的视角的要求时，这幅图案才升起；看的角度必须与"从自身显示自身者相适当"③。因此，"歪—像（ana – morphosis）暗示着，现象从自身得到形式"④，不是观看者的眼光强加给现象形式的。从杂乱无序，到绚丽多彩，这两个层次之间的区分，好像是后者来源于"别处"，而这个"别处"又内在于同一的表面之中，因此，这个"别处"就是"深处"⑤。只有在第二个层次时，现象才"升起"，才出现，好像是从别的地方来的，而这个别的地方是现象的深处，是自身。对一个不"专业"的眼睛来说，从第一个层次到第二个层次，需要无数次的尝试，才能看到图案。现象在显示自身时，要求观看者采取特定的位置，这说明，观看者是一个被动的接受者，不是观看者决定现象的显现，而是现象自身决定自己显示的方式。当观看者处于特定的位置的时候，现象就射向观看者的眼睛，强加给他某种图案或形式。这个过程不是观看者创造图案，而是图案（现象）把自己给予了观看者。这种审美的逆意向性，就其自身而言，是不具有伦理或宗教意义的。在这种情况下，虽然观看者没有看到自己被另外一个目光所注

① 参看 http：//en. wikipedia. org/wiki/Anamorphosis。

② Jean – Luc Marion, *Being Given*: *Toward a Phenomenology of Givenness*, trans. Jeffrey Kosky, Stanford, CA: Stanford University Press, 2002, p. 123.

③ Ibid. , p. 124.

④ Ibid. .

⑤ Ibid. .

视，因而感到不自在，虽然他同样没有被命令与去做什么，观看者的确接受了某种东西或语言（如果我们把语言的含义一般化的话），而这种东西或语言对观看者来说很有可能是震撼性的。

　　而在《事件或发生的现象》一文中，马里翁用的例子是"事件"，比如在报告厅里作讲座。首先，报告厅一直都是在那里的，等待着我们的进入和利用。报告厅，先于我们而存在，在没有我们时就已经在那里，它把它的过去，它的不可驾驭的过去，展现在我们面前，使得我们感到**一种无法把握的存在压在我们身上**，一种我们无法穷尽的历史。它的突然显现使得我们感到惊奇。其次，这个报告厅，在此时此刻，不再是一个纯粹的建筑物，而是一个舞台，一个独特的舞台，一个独特的事件在发生，而且，没有人知道，报告人的讲座的进程和效果将是什么样的。作报告，这个事件，"从自身表现**自身**，开始于自身。而且，在它的现象性的**自我**中，给予**自身**者的**自我**被期待着，或者，更准确地说，被宣布。这个'这次，仅此而已'验证着现象的自我"（重点是原文带的）①。"在我们眼前此时此刻以这种方式显现的东西**逃脱了所有的构成**"（重点为引者加）②。第三，不仅这个报告厅的过去和现在正在发生的超越出了我们意识所能设想和把握的，而且，在将来，无论一个人是如何全神贯注和关注当前的事件，他都不可能给予当前所发生的东西以详尽的说明和解释。对当前所发生的，无论是报告人还是听众，还是组织者，无论是个人还是集体，都不可能对当前讲座的发生和效果给予精当而完全的描述。这种描述任务将是一个没有结束和不确定的诠释学工作③。这种无穷尽的工作说明，事件的发生是从自身开始的，而且事件的现象性是从它的给予性（被给予性）的自我升起的。"显示**自身**这个事实可以间接地打开通往给予**自身**的**自我**的道路。"④作讲座，在此时此刻作讲座，这个事件本身在给予自身时，通过过去、现在、未来三个时间段中无限的方式展现自身。现象性的自我来自给予性的自我，但是，不能等同于给予性自我。

---

① Jean – Luc, Marion, *In Excess: Studies of Saturated Phenomena*, trans. Robyn Horner and Vincent Berraud, New York: Fordham University Press, 2001, p. 33.

② Ibid..

③ Ibid..

④ Ibid., p. 34.

上面最后一句话暗含着这么一个命题，并非所有给予自身者都显示自身，比如出生。马里翁说，"我的出生甚至提供了一个最显著的现象，因为我的整个一生，在某种本质意义上，都仅仅用来重新构造它，赋予它以意义，以及对于它沉默的呼唤的响应。然而，在原则上，我不能直接看到这个无法驳斥的现象"。① 出生，这个事件，具有典型性和独特性。一方面，出生作为一个现象，给予自身而没有直接表现自身，它的发生是在给予自身时，它把我给予了我自己。它的现象化（或非现象化，非显示自身），发生在我是我之前，我自己，而只有在我从接受中得到自身时才成为自我。另一方面，"出生现象典型地说明了一般现象，即只有在给予自身时才被现象化，但是，同时，它启动了 l'adonné［被赋予者］"。② "我"不再是胡塞尔现象学意义上的先验自我，而是与现象的给予性同时产生的接受者。作为一个被赋予者，我的出现总是在后的，在事件发生之后的。虽然我能对已经发生、正在发生，将要发生在我身上的事情试图解释，试图理解，但是，我发现，在我的直观中所给予的远远超越了我的意向性。出生是一个溢满性现象。马里翁说，"这样的事件给予**自身**，事实上，是一次全部性的：它使得我们没有语言来表达它；它也使得我们没有任何其他办法去避免它；最后，它使得我们不能选择去拒绝它或甚至主动地接受它"③。我们无法避免它，无法拒绝它，这与韦斯特法尔上面所描述的逆意向性关系的"被观视"与"被言说"（被命令），是一个意思，都是指"我"是如何被构成的。"事件不仅在自身之中给予自身，而且它是从自身被给予的，而且因此是作为**自我**（被给予的）"（重点是原文带的）④。

自我在其原初意义上是事件的自我，其次才是作为被赋予者的自我。那么，事件性的自我与被赋予者之间有什么样的关系呢？这个关系涉及被给予性的现象化问题。给予性如何被现象化呢？也就是说，现象化的尺度是什么呢？马里翁说，"被赋予者（l'adonné）的功能就是在**自身**之中对于被给予（the given）和现象化之间的缝隙给予丈量：被给予从来没有停

①　Jean－Luc，Marion，*In Excess：Studies of Saturated Phenomena*，trans. Robyn Horner and Vincent Berraud，New York：Fordham University Press，2001，p. 42.

②　Ibid.，p. 43.

③　Ibid.，p. 44.

④　Ibid.，pp. 44－45.

止过被加于它（被赋予者——引者），现象性只能当接受性取得现象化时并在其相应的尺度上获得完成，或者说，让它（被给予——引者）自己现象化。这种运作——对于被给予的现象化——就其权利而言，归功于被赋予者，这是依据被赋予者自身困难的优先性，即它是唯一一个这样一种被给予，在其中，其他的被给予者得到了可见性。因此，它（被赋予者——引者）使得被给予者呈现为现象"（重点是原文带的）。① 正是因为被赋予者使得被给予的自我被转化为现象的自我。这个被赋予者，之所以具有一种"困难的优越性"，这是因为，一方面，它与先验自我类似，现象的表现是以它为条件的；另一方面，它与先验自我又不同，它自身就是一种被给予，它是"从它所得到的东西中**得到**自身"（重点是原文带的）。② 正是后一点，使得它与胡塞尔的绝对意识的地位不一样：对胡塞尔而言，这个世界，任何一个对象，都是意识的意向性的另外的一端；可以没有这个对象或那个对象，但是意识是绝对的。在马里翁哲学中，被赋予者是用"得到"来形容的。这种得到不是一次完成的，而是一个不断的过程。得到不是一个纯粹的被动性，因为它要求自己具有积极得到的能力③。

"得到"不是被动的，主要表现在被赋予者自身的能力和尺度使得被给予和现象化之间产生了距离或者缝隙。被赋予者对被给予的接受是通过阻力显示出来的。这是一种什么样的阻力呢？马里翁用胡塞尔的活生生的经验来说明。活生生的经验，在它被给予时，它是不可见的，它仅仅是一个刺激，几乎没有什么信息；当被赋予者接受它时，它没有表现什么。那么，这个看不见的活生生的经验是如何变得可见呢？这里有两个互相依赖的关系。首先，当被给予被投射到被赋予者身上时，就如被投射到一个荧幕上，就如不可见的光通过棱镜折射出可见的多种多样的色彩的光谱一样。被赋予者之所以能够把被给予进行现象化就在于它对被给予而言是一个障碍，它必须阻止它，使得它固定下来。荧幕、棱镜、框架，这是用来说明被赋予者很好的比喻。被给予获得现象化或可见性是在对被赋予者作

---

① Jean－Luc, Marion, *In Excess*: *Studies of Saturated Phenomena*, trans. Robyn Horner and Vincent Berraud, New York: Fordham University Press, 2001, p. 49.

② Ibid. , p. 48.

③ Ibid. .

了让步之后才成功的。棱镜的纯度和形状等限制了光的折射，同时也是光的折射的条件。其次，被给予的可见性也使得被赋予者成了可见的，缤纷的色彩使得棱镜也显现出来了。"事实上，被赋予者在接受被给予的冲击时是看不到自己的。"没有光的冲击，就不可能看到棱镜的形状和纯度。在这个意义上，我们可以说，"被赋予者是在它现象化被给予的过程中得到现象化的"①。被赋予者与被给予，两者是互相依赖的。因此，我们不能说，被赋予者在先（无论是时间上的还是逻辑上的），或被给予在先。它们的互相依存关系就如电流和电阻一样，电阻使得部分能源成为或转化为光和热。这种意义上的阻力使得不可见的电子运动从不可见的状态现象化为光与热的可见性。阻力越大，转化成光与热越多，即被现象化的光与热越多。被赋予者的阻力，因此，也就成了把被给予的转化为表现自身的一个指标。"在直观中被给予的越是增加压力，越是需要更大的阻力来使得被赋予者仍然能够显示一个现象。"②把这个理论应用到艺术，我们就可以说，画家把过去不曾看到的东西，通过自己对被给予的抵制，变成可见的。一个伟大的画家从来不自己发明什么，而是遭受着对过度的刺激的痛苦，而且通过使之部分变得可见来创造绘画③。这就是溢满性现象的含义：被给予的在直观之中超越了意识认知能力的承受，使得后者不能衡量它。

从以上可以看到，作为被赋予者的自我（ego）是在被给予者现象化过程中被构成的。马里翁说，"被剥夺了先验化的尊严，自我被承认为是被接受的，是一个 adonné：一个从它所接受的东西中接受自身，一个从第**一自我之中**给予自身者（任何现象）所给予的第二个我，一个接受和回应者（reception and response）"④。被赋予者不仅在接受给予者时接受了自身，而且，在接受给予者的同时，也形成了自我。自我是一个在接受过程中或现象化过程中形成自我的过程。自我，作为一个接受者和回应者，可以理解为韦斯特法尔所论述的萨特和列维纳斯哲学中的逆意向性关系，但

① Jean‐Luc, Marion, *In Excess*：*Studies of Saturated Phenomena*, trans. Robyn Horner and Vincent Berraud, New York：Fordham University Press, 2001, pp. 49‐50.

② Ibid. , p. 51.

③ Ibid. .

④ Ibid. , p. 45.

是，这里它具有更广的含义。

最后，我们看看马里翁中的"反—经验"（counter‐experience）和"悖论"概念所包含的逆意向性含义。马里翁认为，在康德哲学中，现象的可能性取决于是否与经验的形式条件一致，是否与认知能力一致，是否与先验自我本身一致。现象的可能性最终依赖于一个外在的标准和条件："远不是显示**自身**"，它"屈服于一个旁观者和先验的导演"，而这个导演为了自己而为现象制定表演的舞台①。"它被构成为一个对象，从先在的对象化意向性中获得它的地位"，"它缺少现象的自主"②。马里翁问道，"假如一个现象与（先验）自我的认知能力不'一致'或'相符合'，将会发生什么事情？"③ 其结果就是"反—经验"："反—经验"不等于没有经验，而是指对一个现象的经验不是按照对象性（objectness）的条件进行的；"反—经验提供了这么一种经验，它与对象经验的条件相矛盾"④。比如，在溢满现象中，我们"经验到的是自己不能去把握直观之中所给予的不可丈量的东西"⑤。聆听音乐是一个很好的例子。"音乐提供的是它的到来（coming forward）的运动，它在我身上产生了效果，而我只是接受它，我不产生它，简单地说，它升起而没有实在性（指对象性——引者）内容"⑥。音乐的到来或出现，超越了它所产生的声音，或没有声音。音乐是这么一类现象：悖论（paradox），即它的到来（coming forward）超越了它出现的东西（what comes forward）。

溢满现象为什么会产生悖论？这是因为"给予性常常是无限制地给予被给予者"，而只有在它把"自身给予我的有限性"的时候⑦，才能现象化。前面我们已经看到"被赋予者"是现象化的条件。因此，所谓"悖论"，是相对于我们的有限性而言的。这与克尔凯郭尔所说的悖论的含义是一样的：上帝的道成肉身对人类理性来说是悖论，但是，这并不表

---

① Jean‐Luc Marion, *Being Given*: *Toward a Phenomenology of Givenness*, trans. Jeffrey Kosky, Stanford, CA: Stanford University Press, 2002, p. 212.

② Ibid. , p. 213.

③ Ibid. .

④ Ibid. , p. 215.

⑤ Ibid. , p. 216.

⑥ Ibid. .

⑦ Ibid. , p. 319.

明上帝本身是悖论。马里翁说，"悖论不仅仅把现象对于（先验）自我的屈服悬置起来，而且把它逆转。因为，远不是能够构成这个现象，（先验）自我经历到自身是被它构成的。在构成性主体之后，跟随的是见证者（witness），被构成的见证者"①。在这种关系中，"意义的给予（Sinnge-bung）也被逆转了"②。"把现象对于（先验）自我的屈服悬置起来"，这实际上等于说，把意向性悬置起来。构成（constitution）和意义的给予（Sinngebung），这正是意向性的内涵。先验自我成为见证者，其中包含着见证者"让自己被他自己所不能恰当地表达或思考的东西来评判（言说，决定）他"③。逆意向性就是不对现象预先设置显示的外在条件，而是让现象自身从自身显现自身，并决定自身显现的方式。这就是回到事物本身。

结语：逆意向性与现象

我们在这里所论述的逆意向性概念究竟在现象学中的意义是什么呢？它关系到如何理解现象学的问题，可以说，是现象学的核心问题。马里翁在《还原与给予性：胡塞尔、海德格尔与现象学的研究》一书中论证道，胡塞尔后来发现，在他的《逻辑研究》中的重大突破就是"**显现与显现者自身**之间的关联（the correlation between appearing and that which appears as such）"④。胡塞尔自己也认为，他的一生的著作都是来阐释这个关系的⑤。这实际上就是胡塞尔《现象学观念》中所提到的"现象"的内在结构⑥。什么是"现象"？这个问题显然是现象学的核心问题。对"现象"的内涵的理解，在胡塞尔所倡导的现象学形式中经常是以"意向性

---

① Jean - Luc Marion, *Being Given：Toward a Phenomenology of Givenness*, trans. Jeffrey Kosky, Stanford, CA：Stanford University Press, 2002, p. 216.

② Ibid. , p. 217.

③ Ibid. .

④ Jean - Luc Marion, *Reduction and Givenness：Investigations of Husserl, Heidegger and Phenomenology*, trans. Thomas Carlson, Evanston, ILL：Northwestern University Press, 1998, p. 32.

⑤ Ibid. , p. 31.

⑥ Edmund Husserl, *The Idea of Phenomenology*, trans. William Alston and George Nakhnikian, The Hague：Martinus Nijhoff, 1964, p. 11.

活动/意向性对象"（noesis/noema）或者"意向/直观"（intention/intuition）为内容展开的，也就是意向性概念。但是，根据我们上面所看到的，只有把"显现与显现者"之间的关系理解为逆意向性关系，即显现者依赖自身，从自身出发，显示自身，这才符合现象学的"回到事物本身"的现象学原则。如果说，胡塞尔现象学还原是对自然主义和心理主义的悬置的话，那么，在逆意向性理论中，我们可以说，为了现象本身，我们还需要对意向性概念进行悬置。

第十三章　胡塞尔与黑格尔:政治现象学何以可能?[①]

导　论

在形式上，我们可以说，现象学涉及人的主体经验的方方面面，特别是关于主体的几类主要经验。与之相对应的，现象学的主要分支包括认知现象学、存在论现象学、艺术现象学、伦理现象学、宗教现象学等。而在所有的经验中，政治经验是人类最普遍的人生经验之一。政治现象学应该是现象学的重要部分。那么，什么是政治经验？它包含的主要现象学关系和内容又是什么？对于政治或政治经验，我们不仅经历过，而且，我们似乎都有某种程度的理解。这种经验的本质结构是什么呢？

列维纳斯（Emmanuel Levinas）在《整体与无限》序言的开篇就强调说，对我们而言，政治经验中所显现的实在是显而易见的。与政治相比，我们是不是被道德所欺骗？在战争中，道德不仅被搁置起来了，而且，战争使得道德显得可笑。"预见战争并不惜一切赢得战争的艺术——政治——因此被理所当然地视为理性的真正运用。政治与道德的对立，就如哲学与天真的对立。"[②] 列维纳斯认为，战争是政治的最高和最本质的体现，在其中，理性是战争或政治的本质。战争告诉我们的"实在"是

---

①　本章内容发表在《河北学刊》2018 年第 2 期。本文旨在结合胡塞尔和黑格尔的现象学理论提出政治现象学理论的基本框架和问题。在黑格尔、萨特、阿伦特、福柯的论著中可以发现关于政治现象学的不同论述，而且他们互相之间有本质的联系。笔者会在另一篇文章中讨论其他三位现象学家的政治现象学思想。

②　Emmanuel Levinas, *Totality and Infinity*: *An Essay on Exteriority*, trans. Alphonso Lingis, Pittsburgh, PA: Duquesne University Press, 1969, p. 21.

"残酷的事实"，是关于"纯存在的纯粹的经验"①。"个人被简约为力量的承载者，在不知不觉中被它所驱使。"② 因此，对列维纳斯而言，在战争中，人类充分体会到纯粹的存在，而这种存在的显现在西方哲学中占主导地位，用以表达它的概念就是"整体性"。依据列维纳斯的观点来看，整个西方哲学都是政治哲学，即关于赤裸裸的存在的哲学（本体论）。与之形成鲜明对比的是道德经验：道德的力量如此软弱，似乎是虚幻的。哲学就是政治，就是理性，就是整体，而道德就是幼稚和非理性的。当然，列维纳斯在《整体与无限》中所要做的就是对这种无论在理论上还是实际生活中关于政治和道德的观点进行挑战。

我们所关心的是，这里，列维纳斯给我们提出了一个问题：我们在日常经验中，特别是在战争中，所体会到的实在的真理，究竟是什么样的真理？难道真的如列维纳斯所说的，暴力或战争使得人们扮演连自己都不认识的角色，被动地出卖自己，从而失去自己吗③？在政治中，我们为何一方面体会到的是冷冰冰的现实，面对的是无能为力的实在，另一方面在其中又找不到自我呢？政治经验究竟是一种什么样的经验？在政治中，我们真的是被无名的力量或暴力所驱使吗？

在本章中，我首先分析在现象学中如何界定政治经验和政治现象概念，并提出了政治现象学的三个基本问题。其次，论述了为何在胡塞尔现象学文献中无法发展出政治现象学理论。最后，依据对黑格尔《精神现象学》中的主奴关系的解读，认为在黑格尔中，"认可"概念是其政治现象学核心概念，政治空间是关于自我意识如何实现的问题。

一　政治经验与政治现象

政治现象学的核心问题是，在政治经验中，我们体验到的"对象"是什么，以及它是如何在我们的体验中显现出来？为了回答这个问题，我们不是把现象学的方法运用到政治经验中进行分析和描述，而是通过对政

---

① Emmanuel Levinas, *Totality and Infinity*: *An Essay on Exteriority*, trans. Alphonso Lingis, Pittsburgh, PA: Duquesne University Press, 1969, p. 21.

② Ibid. .

③ Ibid. .

治现象本身的分析和描述来展示政治现象学可能的形态。这里，我们首先需要对"政治现象"作一个简要理论上的澄清。

人的存在包含多个维度，每一个维度都体现了人的独特的方面。对现象学主体而言，每一种对象都有其独特的显现的方式或被给予的方式，现象学研究的就是事物如何被给予的。现象学是关于"如何"的问题。在《逻辑研究》（1900）中，胡塞尔关心的问题是，在概念和法则中的普遍的理念是如何在时间之中的意识之流中呈现出来的？简而言之，在知识中，对象性的内在存在如何被把握或呈现出来？针对这样的问题，在《现象学观念》（1906）中胡塞尔明确指出，显现与显现者，或知识与被认知的对象性，构成了现象概念不可分割的两个方面。也就是说，对胡塞尔而言，对象如何在认知活动中构成自身，这是现象学的核心问题，更准确地说，这是认知现象学的核心问题。后来的现象学家对胡塞尔的批评，不是否定他对现象概念的定义，而是拓宽现象两个构成部分的内涵，以及揭示两者之间的内在的关系。比如，对列维纳斯来说，在伦理关系中，我与他者的关系，他者如何在我之中显现的问题显然不能够用胡塞尔的认知关系来分析和描述：在他者面前，我是被言说的被动者，他者对我的道德命令，构成了我的伦理主体的本质：主体性（subjectivity）不再是中心和主动的，而是被动地屈服于（being subjected to）他者的道德命令。因此，认知现象学中揭示我作为认知者与物的关系所呈现出来的结构和概念是不适合用于分析和描述我与他者的伦理关系的。这是符合胡塞尔在《观念一》（1913）中所强调的不同的对象有不同的被给予的方式的原则的。

由此看来，政治现象指的是人与人的某种关系，这种关系发生在公共空间。在公共空间中，我与他人之间的关系构成了我的政治经验的内容。政治现象就是指的这种公共空间中的政治经验。在这种政治现象中，他人是如何呈现在我面前的呢？对这个问题，需要从几个方面来思考。第一，在公共空间中，我与他人的不可分割的政治关系的基础是什么？即我为何离不开他人，他人也离不开我？这种基础说明我是无法逃避政治经验或政治领域的。第二，在政治现象中，他者是以什么样的方式呈现出来的，即他者对我而言是什么样的，在我的视域或生活中是如何被构成的？第三，因为他者的出现，我又是如何在这种政治经验中被构成的？在现象学中，有一点需要特别指出，现象的两个方面或两端，不仅仅是一方在另外一方

中被构成，比如对象在认知主体的视域中被构成，更重要的是，这种构成
关系是相互的和动态的。一方面，对象随着主体的视域的变化而呈现不同
的内容；另一方面，主体也会随着对象内容的拓宽而拓宽自己的视域。

为了让"事物"自身呈现出来，我们需要对我们的先见或偏见给予
悬置，但是现象学悬置有主动的和被动的。我们之所以能够进行现象学悬
置，那是因为我们对某个对象已经有某种理解，并明确区分开对对象的误
解和歪曲。在这种理解的基础上，再进行分析和描述，从而能够进一步拓
宽视域，消除偏见，让事物自身领引我们。对政治现象，我们首先可以确
定的是，政治不是人与物的关系，而是人与人之间在公共空间发生的关
系，我们要避免用人与物的关系（认知的或工具性的或审美的等）来研
究政治经验或政治现象，特别是要避免用本体论或形而上学范畴来思考人
的政治经验。

我们如何来理解政治经验，特别是在人与人之间的关系中辨别出非政
治（apolitical）或反政治（anti-political）的因素，让政治现象自身显现
自身？我们上面提到的列维纳斯关于政治的看法，即政治是与战争、暴
力、对抗等相关的，可以作为一个出发点。黑格尔在《精神现象学》中
对主奴关系的分析可以帮助我们理解政治现象。

二　黑格尔的"认可"概念与主奴关系

我们为何从黑格尔开始呢？萨特在《存在与虚无》第三部分第三节
中明确指出，从问题的角度出发，黑格尔的现象学已经超越了胡塞尔的现
象学。他说的是什么意思呢？这里，我先简单说一下胡塞尔现象学中关于
他者如何出现的难题。

在胡塞尔的现象学①中，特别是《笛卡尔式沉思》的第五沉思，胡塞
尔讨论的问题是另外一个先验自我如何向作为先验自我的我显现出来？我
如何知道另外一个人和我一样是人呢？在我的直观中，另一个先验自我永

---

① 在胡塞尔现象学文献中，一定要区分开胡塞尔本人努力发展的认知现象学体系和他的论
著中蕴含的一般性现象学理念。对胡塞尔现象学的局限性的批评主要是指他的认知现象学而不是
现象学的一般理念。凡是违背了现象学的一般理念的理论就不能被称为现象学。

远无法直接以亲在的方式站在我的面前，我只能通过配对、类比、移情来确定他者和我一样是一个先验自我。再者，我永远无法知道这个世界或世界上的任何一个对象是如何向他者显现出来的，尽管我可以通过与他者互换空间位置，通过我与世界的关系来推知他者与世界的关系。在《笛卡尔式沉思》的第五沉思中，胡塞尔是从认知的维度来思考我与他者的关系：我与他者首要是先验的认知主体，都是"单子"，我们构成了"多重单子"（a plurality of monads），而且，"只能存在一个单一的单子共同体，所有共—存单子的共同体"，与之相对应的是"只有一个对象性世界"①。单子的相似性在某种程度上（实际是偶然的）保证了对象世界的普遍性。胡塞尔认为，如果一个单子能够以亲知的方式来体验另外一个单子的认知关系，这两个单子就是重合的，不再是分开的。如果是这样，我们可以说，单子之间的多样性仅仅是因为它们之间在观念上的空间性造成的；它们之间被这种特殊空间所分开。这种单子之间的关系在本质上还不是具体的人与人之间的关系；单子还不是人（person）。从认知对象的角度看，任何一个对象或普遍本质在任何一个单子中呈现出来都是一致的，单子之间没有本质的区分。单子与单子之间的关系，从认知的角度，实际上是偶然的，可以忽略的，因为任何一个本质在一个单子中呈现出来就是普遍性的，它不需要多个单子来保障。

因此，在胡塞尔的单子多样性的共同体或空间中，单子之间没有内在必要的关系，不可能存在政治关系。政治空间和政治关系不可能发生在胡塞尔的单子共同体之中。而在黑格尔的《精神现象学》中，我们可以发现关于政治现象学的核心问题和内容，特别是关于政治经验的两种形式：现实政治关系和理想政治状态。这里，我们主要围绕黑格尔关于主奴关系来阐述《精神现象学》中的政治现象学思想。黑格尔的政治现象学核心概念是"认可"（recognition），认可的发生可以是单方面（单向）的或互相的，它是两种自我意识之间的关系。与生命和劳动两个活动相比，"认可"更体现了人之为人的根本特征。所谓"认可"就是一个自我意识对另外一个自我意识的认同、尊重，感到对方有价值。黑格尔的政治现象学

①　Edmund Husserl, *Cartesian Meditations*: *An Introduction to Phenomenology*, trans. Dorion Cairns, The Hague: Martinus Nijhoff, 1973, pp. 139 – 140.

是关于人如何成为人的根本问题，在这一点上，阿伦特不仅在核心问题上（政治是关于人作为人的根本特征），而且在思维框架上（生命或劳动、工作、活动）都继承了黑格尔①。

与胡塞尔不同，黑格尔认为，自我意识是依赖于另外一个独立的自我意识而存在的，是在与另外一个自我意识的统一性中获得自身的确定性的。黑格尔说，"自我意识只有在另外一个自我意识中获得满足"②。也就是说，"自我意识的自在和自为存在的条件是，当且仅当存在这么一个事实，它是为另外一个自我意识的存在；即，它仅仅在被认可的时候才存在"③。与胡塞尔《笛卡尔式沉思》的第五沉思不同，不是先获得我的先验自我之后，再思考另外一个人如何在我的先验自我中被经验为另外一个先验自我，对黑格尔来说，自我意识的前提是自我意识的多样性存在群体（plurality），是自我意识的社会群体。其次，自我意识不是单个个体的行为，而是一个自我意识与另外一个自我意识之间的关系中完成的。单独的一个先验自我不可能有真正的自我意识。最后，自我意识的本质是认可：真正的自我意识（在理想的状态下）是自我意识之间的互相平等的认可。单方面的认可不可能获得真正的自我意识或自由。

关于第三点，黑格尔的现象学还原的方法是这样的。两个自我意识在生死斗争过程中，"只有在冒着生命危险的情况下才能赢得自由；只有这样才能证明，对于自我意识而言，它的本质存在不是仅仅的存在（being），不是在其中显现的直接的形式，不是淹没在生命的洪流之中"④。自我意识是超越了单纯或光秃秃的存在或（生物学）生命。当奴隶面临着死亡的时候，它的整个存在都被恐惧所占据，它不是畏惧这个或那个存在物，而是在它的存在的每一个纤维中，从根基上动摇了所有的坚实和稳定的东西；这种面对死亡而产生的所有东西的绝对的消失，就是自我意识

---

① 参看 Hannah Arendt, *The Human Condition*, second edition, Chicago and London: The University of Chicago Press, 1998。

② G. W. F. Hegel, *Phenomenology of Spirit*, trans. A. V. Miller, Oxford: Oxford University Press, 1977, 第 177 段。关于本书的引文出处，简写为 PS, 跟随的是段落数字。

③ PS, 第 178 段。

④ PS, 第 187 段。

的简单的本质特征①。自我意识是超越存在或生物学生命形式的，是人的独特的本质特征。自由不是人的存在的自然属性，而是在自我意识之间的斗争中实现的。自由不是一个纯粹的本体论特征（ontological property）。那么，作为人的本质特征的认可或自由是如何实现或获得的呢？

自我意识包含两种关系：意识与他者的关系，以及意识与自身的关系②。自我意识的程度是与它的对象的独立性成正比的。感性确定性或者理论性综合表面上看起来是意识完全被对象的实在性所占据，而实际上，感性确定性的对象，其本质是虚无的。一匹马面对着一片草地，不会停留在观察草的颜色或形状等感性特征，而是毫不犹豫地把它们吃掉。感性对象或理论对象的虚无性说明与之相对应的自我意识内容非常贫乏。胡塞尔关于先验自我的思想历程，从忽视或怀疑先验自我的存在，到把先验自我看作纯粹的形式，到作为单子的先验自我，也证实了黑格尔关于意识阶段的自我意识理论的正确性。欲望作为人的实践的核心内容，是对对象的他在性的经验。在欲望之中，对象是作为非实体而存在的，是被消灭的。欲望一方面体验到对象的独立性或他在性，一方面又把对象看作满足自己的手段。在消灭对象的独立性的过程中，自我意识获得了自身的确定性③，即肯定了自身。黑格尔说，在消灭独立对象的时候，自身获得对自己的肯定性是真正的肯定性④。韦斯特法尔（Merold Westphal）认为，欲望的自我的肯定是建立在主宰（das Aufheben）他者的基础上的⑤。

但是，这种满足仅仅是短暂的，随着对象的消失，自身的肯定性也不再存在。虽然相对于理论对象而言，欲望的对象具有一定的独立性，但是，还不是完全的独立。对象独立的程度越高，自我意识的程度就越高。黑格尔说，"因此，由于对象的独立性，只有当对象自身在自身之中进行否定，它［欲望］才能够获得满足"。这种在自身之中进行自我否定又保

---

① PS，第 194 段。

② Merold Westphal, *History and Truth in Hegel's Phenomenology*, 3rd edition, Bloomington：Indiana University Press, 1998, p. 125. 以下简称 HTHP。

③ HTHP, p. 123 – 126.

④ PS，第 173 段。

⑤ HTPT, p. 126 – 127.

持自己的独立性的对象只能是另外一个自我意识①。换言之，其他的自我意识是我实现我的自我意识的前提条件。这就意味着，一方面，自我意识首先失去自己，在另外一个他者中发现自己；另一方面，它又不把他者作为本质存在，在他者中看到的是自己②。自我意识是通过另外一个自我意识来看到自身的，另外一个自我意识仅仅是自我意识的中介或手段。由于另外一个自我意识仅仅是映射自我意识，是非本质的存在，两个自我意识的活动就是同一个自我意识活动，我意识到自身既是我自己的活动也同时是另外一个自我意识的活动。要想实现这一点，另外一个自我意识必须自愿地响应自我意识的活动③，比如士兵服从指挥官的命令。

　　黑格尔说，"每一个自我意识对于另外一个自我意识都是中介，通过它每一个［自我意识］与自身发生中介关系并与自身统一起来"。每个自我意识都是自为的，又是为他的④。自我意识的自为是通过他者作为中介而实现自身。这种关系是相互的。"每一个［自我意识］看到他者所做的与自己是一样的；每一个［自我意识］自己所做的就如要求他者做的一样，而且，只有在做同样的事情的时候才做它所做的。单方面的行动是无用的，因为将要发生的只能双方同时采取行动。"⑤ 自我意识之间必须采取一致的行为，必须步调一致。这是什么意思呢？黑格尔说，"它们以互相认可的方式认可自身"⑥。互相的认可就是平等关系。黑格尔曾经把这种认可关系描述为爱的关系：在爱中，我们与对象成为一体，不存在主宰或被主宰的关系。爱人的人给予对方的越多，不是越贫乏，而是越富有，而接受爱的人并不会因为接受而变得比对方更加富有⑦。爱使得双方都变得富有。互为认可的关系就如知识的传播者与接受者之间的关系，知识传播者不会因为传播知识而贫乏，接受者也不会比传播者更富有。认可不是通过暴力或权力可以达到的，因为其前提是另外一个自我意识完全出于自

---

① PS，第 175 段。
② PS，第 179 段。
③ PS，第 182 段。
④ PS，第 184 段。
⑤ PS，第 182 段。
⑥ PS，第 184 段。
⑦ HTHP, p. 131.

愿与自我意识采取同样的行动。举例而言，篮球队员之间的关系，他们在比赛中所体现的合作关系和团队精神，就是自我意识之间的关系。我在他者身上看到了我自己，他者也在我身上看到了他自己。我们同时又是同一个团体，但是由互相独立的个体组成的团体。用黑格尔的话说，我就是我们，我们就是我。自我意识之间的统一体就是人民，而人民是体现在他们的习俗和法律之中的。韦斯特法尔说，"对于认可的斗争是在社会语境中发生的。它不仅仅是一个个人与另外一个个人的关系，更为根本的是，他们与社会的关系，因为，他们之间的所有关系都是在习俗与法律的环境中发生的"[①]。个体的自我意识在社会整体之中才认识到他自己是什么。因此，对黑格尔来说，国家和法律制度体现应该是人们之间的互为认可的关系，是自我意识的真理，即个体在国家和法律制度中体会到了自己的存在[②]。这是指的自我意识的理想性（应该是）的状态，不一定是现实生活中的实际状态。

互为认可的关系是自我意识的最高阶段。这里需要特别强调的是，真正的认可是以对象的完全独立为前提的，也就是说，对方可以认可你也可以不认可，是独立自愿的行为。一旦失去了这种自愿性和相互性，认可关系就成了单方面的，就与认可这个概念本身的内容不符合。黑格尔关于主奴关系的论述，一方面更能突出认可究竟指什么，另一方面阐述了现实政治的实际情况。

所谓认可就是一个自我意识得到另外一个自我意识的赞同、嘉许、肯定，自我意识是在另外一个自我意识对自己的肯定中获得自己对自己的肯定的。这个认可过程实际上就是自我意识的复制，使得两个自我意识成为一个自我意识。自我意识作为自为的存在是通过从其自身排除所有其他的东西回到自身的。他者对自我意识而言就是非本质性的，具有否定性的特

---

① HTHP, p. 142.

② 关于这一点，参考 Merold Westphal, "Hegel's Radical Idealism: Family and State as Ethical Communities," in *Hegel*, *Freedom*, *and Modernity*, New York: State University of New York Press, 1992。黑格尔在 *Philosophy of Right* 第 258 段说，"Since the state is spirit objectified, it is only as one of its members that the individual himself has objectivity, genuine individuality, and an ethical life"。国家与个人在 identity 上是一致的关系，作为个体的我只有在国家中才能发现自己的客观的自我认同（参看 Westphal 的这篇文章，特别是第 50—51 页）。

征。认可之所以可能就是因为每一个自我意识在其自身中，通过自身的行为，进而通过他者的行为，获得自为的存在①，即另外一个自我意识的活动与我的自我意识活动合二为一。这种认可过程在主奴关系中，在两个不平等的自我意识之间，是一种什么样的情况呢？

在主奴关系中，一个是独立的自我意识，是自为的存在，另一个是依赖性的意识，它的本质特征就是"仅仅活着或为它的存在"。前者就是奴隶主，后者就是被奴役者或奴隶②。"一个仅仅被认可的存在，另外一个仅仅是认可［对方］的存在。"③ 在这种关系中，奴隶主是通过独立的物质存在的中介与被奴役者建立联系的，即被奴役者直接与自然物打交道，为奴隶主提供物质财富。奴隶主拥有物质财富和被奴役者。奴隶主不直接与自然物接触，是通过被奴役者间接地与物质财富发生关系。由于奴隶主在他与物之间依靠奴隶作为中介，他不直接与物打交道，物对奴隶主而言就是"完全的否定""或者说，对于它的享受"④。奴隶主享受的是物的依赖性，把物的独立性交给奴隶去对付，奴隶通过劳动对自然进行加工处理使之成为可以满足人的欲望的对象。

在这种关系中，奴隶主通过另外一个意识来获得他的被认可。而奴隶作为特殊的存在是非本质性的，是服务于奴隶主的欲望的。奴隶的意识"把自身的自为存在搁置在一边，在这么做的时候，它按照第一个［自我意识，奴隶主的自我意识］要求去行动"。奴隶的自己的行为就是奴隶主的行为，"因为奴隶所做的实际上就是奴隶主的行为"。奴隶主的本质特征就是仅仅自为的存在，"他是完全的否定权力，相对于此，物就是虚无"。"因此，在这种关系中，他是纯粹的本质性行为，而奴隶的行为是不纯粹的和非本质性的。"⑤ 奴隶对奴隶主是完全的服从和服务，完全的认可。但是，这种认可是单方面和不平等的，是不符合认可概念本身所蕴含的意义的。

第一，奴隶主在奴隶身上看到的不是一个独立的自我意识，而是一个

---

① PS，第 186 段。
② PS，第 189 段。
③ PS，第 185 段。
④ PS，第 190 段。
⑤ PS，第 191 段。

依赖性意识，"一种非本质的意识和非本质的行为"①。奴隶主的独立意识的真理性相应的就是"奴隶的服务意识"②。奴隶主的这种自我确定性或自我肯定不是来自一个完全独立的意识。举例而言，在一群羊面前和在一群人面前所获得的自豪感肯定是不一样的；在羊群面前的自我肯定实际上是自我贬低，是与认可这个概念不匹配的。另外，奴隶主对奴隶的主宰是依赖权力和暴力实现的；奴隶屈服于奴隶主不是出于一种内心的认可，而是外在的力量的较量。就如爱一样，武力在爱的面前是无能为力的，武力不可能获得真正的认可。

这里需要特别指出的是，奴隶主的自我意识完全是建立在相对于另外一个意识的关系上，自然物在其面前仅仅是享受的对象，是完全的虚无。在这个意义上，我们可以说，政治关系中在考量物质财富的时候，完全是被自我意识之间的关系所决定的；纯粹的政治关系是可以脱离物质财富的维度的。这一点也是阿伦特政治现象学中要突出的观点之一。

第二，奴隶是为奴隶主而存在的，但是，在这种奴役状态中，奴隶也有自为意识，不过是隐含在奴隶的意识之中的。首先，就如我们前面提到的，在生死搏斗的时候，在死亡的面前，在奴隶的眼中，世界上的任何东西都变得无足轻重，奴隶彻底体验到了自我意识的内在性。在奴隶面前，所有的物质的东西都分解了，都"绝对消融了"③。这种分解和消融不仅仅是面临死亡的时候的一种体验，更是体现在奴隶的服务过程之中：在对物质的加工和改造过程中，在每一个细节上，他都彻底地与任何自然存在进行分离④。"通过劳动，奴隶意识到自己真正是什么。"对物质财富的享受往往是瞬间即逝的。但是，劳动延缓了欲望的满足，对对象进行加工和改造，这种塑造的活动是个体性的，是意识的纯粹的自为的存在。作为劳动者的意识在被生产出的产品中看到了持久性和独立性，而产品反映的恰恰是劳动者的独立性⑤。因此，奴隶在两个方面获得了自我意识的独立性：面临死亡的恐惧和面对自然物的改造性劳动。通过否定性的恐惧和肯

① PS，第 192 段。
② PS，第 193 段。
③ PS，第 194 段。
④ PS，第 194 段。
⑤ PS，第 195 段。

定性的劳动，奴隶意识到自为的存在是属于他的。在劳动的对象身上，劳动者看到了自己的纯粹的自为的存在。如果说，在与奴隶主的关系中，奴隶失去了自己，在与自然物的关系中，奴隶又发现了自己。由于物质财富是属于奴隶主的，奴隶的劳动产品是异化的。奴隶的劳动或改造活动在本质上是服务（奴役）于奴隶主的。但是，在这种异化的关系中，我们可以看到，奴隶正是通过（面临死亡的）恐惧和服务（奴役）来确定自身的存在的。黑格尔认为，如果没有服从和服务（奴役）的话，对死亡的恐惧仅仅是形式的或观念性的。如果没有改造性活动（服务），对死亡的空间仅仅是内在的和无声的①。如果没有生死搏斗，没有面临死亡的绝对恐惧，奴隶就不可能在生存论（existentialism）的意义上有自我意识。在形式上，奴隶缺乏独立意识和自我意识，在实质上，正是因为面对一个强大的自我意识，奴隶在恐惧和劳动中获得了自我的确定性。黑格尔甚至认为，除此之外，奴隶不可能获得真正的自我意识。

相对于奴隶主而言，奴隶是依赖性意识，而相对于物而言，奴隶是独立意识。因此，奴隶同时具有依赖性意识和独立意识。他的独立意识在本质上是工具性的，是服务于依赖性意识的。究其根本而言，奴隶的自我意识是与认可的概念不符合的。

在奴隶的意识中，我们看到，人与物的关系不是政治空间的决定性关系，是依赖于自我意识之间的关系的。在现实的政治空间中，奴隶的自我意识是建立在对死亡的恐惧之上的。这种恐惧是政治权力行使的前提条件。武力或权力的本质是一种死亡游戏，在其中不可能获得真正的相互的认可。权力或暴力关系中的服从是异化了的认可关系，充分暴露了面对认可权力的无能性。相互的尊重和认可不是建立在死亡的恐惧基础之上的。

因此，对黑格尔来说，政治领域或空间不是为了保护个人私有财产或分配正义的问题，而是在一个共同体中，平等人追求认可的活动，是关系到人的自我意识实现的问题。

针对我们上面提出的三个政治现象学问题，黑格尔的回答是，在理想和具体的情境中（主奴关系实际上是抽象的政治存在），政治空间是由相互独立而又内在联系的多样个体的自我意识构成的。在这种政治空间中，

---

① PS，第196段。

他者首先是作为一个平等的自我意识出现的，我对我自己的肯定是否定他者，即我的自我意识与他者的自我意识之间的两个行为是同一个。我的自我意识在另外一个自我意识中获得肯定。自我意识的最高阶段是自我意识之间的相互平等的认可，在这种平等认可中获得对自身的认识，具体体现在以习俗和法律为内容的伦理生活之中。而在以主奴关系为特征的现实（抽象）的政治空间中，自我意识不可能达到自由的最高阶段，因为自我意识之间的认可关系是单方面和片面的。这里的问题是，当双方都试图主宰对方，在主奴关系中是不可能实现真正的认可的。

黑格尔在论述意识的自我确定性（self-certainty）时，已经暴露出他把自我意识的真理性等同于认识论上的确定性。自我意识是认知性的。同时，我们也看到，在论述奴隶面对死亡的时候，对死亡的恐惧渗透到奴隶生命中的每个细胞，把整个世界都悬置起来了。黑格尔的精彩的语言已经是生存论意义上的描述。在萨特的《存在与虚无》中，我们会发现，黑格尔单向的主奴关系如何在生存论意义上成了人与人之间的互相的主奴关系①。

三　非结语的结语

黑格尔对我们开篇引用的列维纳斯的问题的回答将会是这样的：以战争为极端例子的人类体验是一种抽象的政治经验，与主奴关系是一样的结构；人们在其中所经验到的认可是与认可的理念不符合的。不过，我们可以从其中直观到认可概念的本质。具体的人类政治经验应该是认可的概念的实现，是神圣天国在地上的实现。黑格尔的这种激进的唯心论（radical

---

① 萨特不仅没有黑格尔那么乐观，认为自我意识之间在根源上不可能完全达到共识，而且他认为，黑格尔在自我意识之间的关系上试图从确定性或认知的层面来予以说明，没有触及一个自我意识如何与另外一个自我意识具有根本性的关系。对黑格尔来说，一个自我意识是以另外一个自我意识为中介来认识自己的，但是，这些自我意识都首先是生活在一个社会共同体之中，是以社会为前提来确认自己的。在这个共同体层面，自我意识达到了相互的认可。但是，黑格尔无法说明，我为何与在路上碰到的张三或李四具有不可分割的关系。对萨特而言，一个自我意识与另外一个自我意识之间的关系完全没有必要用主奴生死搏斗的极端例子来说明，不必以面对死亡的恐惧来使得奴隶具有自我意识。萨特认为，每一个自我意识的自为的存在都是为他的存在，是在为他的关系中的自为的存在。

idealism）对现实生活中的"我们"而言可以说是理想主义，是有待于实现的真正的可能性。现象学的本质直观或本质还原就是从个别事例或事态直接洞察到事物的本质。几何学家在黑板上画的几何学图形无论如何不完美，都可以帮助几何学家直接洞察到几何学原理。黑格尔所发现的两种政治经验符合胡塞尔在《观念一》中开端所作的"事实与本质"的区分①。我们可以说，黑格尔为我们提供了一种政治现象学思路。

后来的现象学家提出了不同的政治现象学思想。对萨特而言，我们对日常生活经验的直观，比如羞耻感（而不是用主奴生死搏斗的极端例子），就可以洞察到我们现实生活的政治经验结构，而且，在萨特的具体细微的描述中，黑格尔的"认可"概念作为一种可能性是根本不可能的。人的存在状态决定了人在政治存在上是徒劳的努力，是互为空虚的存在。阿伦特认为，在政治空间中，人才真正作为人而显现出来，但是，这种显现不是黑格尔所说的普遍性，而是个体性。福柯的局部批判理论讨论了人在不同的权力关系中如何被构成以及人如何超越现有的权力关系。在萨特、阿伦特、福柯等人的现象学中可以发现对人类的政治经验的不同的描述。

---

① "Experiencing, or *intuition of something individual* can become transmuted into *eidetic seeing*（ideation）– a possibility which is itself to be understood not as empirical, but as eidetic"（Edmund Husserl），*Ideas Pertaining to a Pure Phenomenology and to a Phenomenological Philosophy*, *first book*, trans. F. Kersten, *The Hague*：Martinus Nijhoff Publishers, 1982, p. 8.

第十四章 阿伦特政治现象学[①]

导　论

现象学因其研究的领域或人类的经验种类不同而被划分为诸如认知现象学、存在论现象学、宗教现象学、艺术现象学、伦理现象学等分支。政治经验是人类最普遍、最突出的现象之一。研究政治经验的现象学就是政治现象学。政治现象学的核心问题是，在政治经验中，我们体验到的"对象"是什么，以及它是如何在我们的体验中显现出来的。政治经验指的是人与人的某种关系，这种关系发生在公共空间。在公共空间中，我与他人之间的关系构成了政治经验的内容。

在黑格尔哲学中，自我意识的实现是依赖于另外一个自我意识，是存在于自我意识之间构成的统一体。在家庭和国家之中，个体找到了他的普遍的本质特征。黑格尔说，"个体的真正内容和目标就是纯粹的和简单的统一，因此，个体的根本目标就在于过一种普遍的生活"。他的所有行为都以此为出发点和终点[②]。家庭和国家作为公共空间是个体实现自我的场所。

与黑格尔相似，阿伦特（Hannah Arendt）也认为，个体不是原子式的存在，是在人与人之间的关系中，在公共的空间中，获得自身的本质性特征的。她说，"公共领域""是为个体性准备的；它是人来表明自己真

---

① 本章内容发表在《社会科学》2017 年第 11 期。

② 参看 Merold Westphal, "Hegel's Radical Idealism," in *Hegel*, *Freedom*, *and Modernity*, New York: State University of New York Press, 1992, p. 50。

正是什么和不可替代性的唯一地方"①。黑格尔强调的是公共空间中的共性和普遍性，而阿伦特注重的是公共空间如何实现个体的独一无二性。

阿伦特与黑格尔的根本分歧表现在他们在关于什么是真正的公共空间以及个体在其中如何显现自己的存在的问题上。本章将讨论阿伦特关于个体性如何在公共空间里显现自身。阿伦特的现象学核心问题是人作为人（men qua men）是如何显现的。这是一个很重要的现象学基本问题。

阿伦特很少称自己是现象学家②。在她的论著中也很少出现现象学的术语。如何以现象学的方式来构建阿伦特的政治理论，或者说，如何使得阿伦特文本自身中的政治现象学形态呈现出来，这是本章要做的一个基本工作。在本章中，我将在第一部分首先论述阿伦特如何悬置非政治经验，在第二部分讨论海德格尔与阿伦特的政治空间概念，在第三部分讨论人如何在行动和语言中显现自身，第四部分分析阿伦特关于人作为人的现象学含义，最后，我将按照政治现象学的三个基本问题总结阿伦特的政治现象学。

一　现象学悬置:劳动和工作

阿伦特的政治理论思想可以说是围绕着三个主要概念展开的：劳动、工作、行动（言说）③。在阿伦特看来，人有不同的活动，而只有行动才真正构成了人之为人的内容，行动才是真正的政治活动。为了说明这一点，阿伦特首先阐述劳动和工作为何是非政治性的，与人的本质特征没有关系。阿伦特在《什么是权威?》一文中认为，古希腊哲学家，特别是柏拉图和亚里士多德，把权威作为政治生活的核心概念之一，这是因为把政治活动与制造和技艺相混淆，或者说，把技艺替代为政治活动造成的。我们的权威概念起源于柏拉图思想中的哲学与政治的冲突，而不是来自人类

---

① Hannah Arendt, *The Human Condition*, 2nd edition, Chicago and London: The University of Chicago Press, 1998. 以下引用简称 HC。

② 参看 Dermot Moran, "Hannah Arendt: The Phenomenology of the Public Sphere", in *Introduction to Phenomenology*, London and New York: Routledge, 2000, p. 287。

③ 我们将看到行动与言说被阿伦特定义为政治活动的主要方式，不过她常常单独提"行动"，因为对她而言，行动已经包含了言说。

事务的直接经验，特别是政治经验①。亚里士多德在论述权威的时候，采用的例子来自"前政治经验"领域，特别是家庭私人领域和奴隶经济经验以及教育领域②。因此，在古希腊哲学中试图引入权威概念的时候，不是基于这么一个事实："在古希腊的政治生活的领域，在直接的政治经验中是不可能意识到权威的。"后世人们在提到权威概念的时候，用的典型例子也主要来自"非政治经验"，来自制造或技艺或者私人家庭团体③。因此，家庭和经济领域是前政治或非政治领域，还没有进入到政治领域。为何它们是非政治或前政治领域呢？与权威概念紧密相关的哲学王、统治与被统治、教育等都不是真正的政治经验的内容。传统和主流的政治哲学思想至今仍然认识不到这一根本区分。对劳动和工作概念的非政治性的分析属于现象学悬置的任务：消除我们对政治经验的根本误解，从而面对直接的政治经验本身。

阿伦特与以马克思为代表的现代思想家一样，认为劳动是人的基本特征之一，但是，她与马克思等现代思想家的根本区别是：马克思等人把劳动看作人的本质特征，而阿伦特认为劳动是人与动物共有的特征，是非本质性的。阿伦特说，"劳动是与人的身体的生物学过程相对应的活动"④，它的主要功能是给生命提供必要的生存条件并使得人种延续下去。劳动是人与自然环境的关系，从自然界吸取营养，或者说，自然通过人的劳动成为人的身体或生命的一部分。在这个意义上，人就是 animal laborans（劳动的动物）⑤，是动物之中的一个类。"劳动意味着被必然性奴役，而且，这种奴役内在于人类生命条件之中。由于人被满足生命需要的必然性所主宰，他们要想获得自由，只有奴役另外一部分人，依赖武力使得这些人屈服于必然性。"⑥尽管阿伦特没有明确指出她这些话的来源，我们仍可以看出，这个观念与黑格尔在《精神现象学》中讲的主奴关系非常相近。

---

① 参看 Hannah Arendt, "What is Authority?", in *Between Past and Future*: *Six Essays in Political Thought*, New York: The Viking Press, 1961, p. 113。下面引文来自此文的简写为 WA 并注明页码。

② WA, pp. 118 - 119.

③ WA, pp. 119 - 120.

④ HC, p. 7.

⑤ HC, p. 84.

⑥ HC, pp. 83 - 84.

奴隶主获得自由的前提是迫使奴隶与自然物打交道，使得自己从与自然的关系中解放出来，从而获得了自由，而且，在这种关系中，奴隶的自我意识等同于奴隶主的自我意识，即服从奴隶主的统治。劳动所生产的东西仅仅是为了维持作为"人的动物的生命过程"（the life process of the human animal）①，即满足人的自然欲望或动物欲望。单纯的生产—消费，来来去去过程，是劳动的整个过程，与自然界其他不断循环过程是一样的。劳动就是出现—消亡的"没有变化，没有死亡的重复"②。劳动的对象是自然界，是没有世界的空间。阿伦特引用马克思的话说，劳动就是"人与自然的新陈代谢过程"，在这个过程中，"自然界的材料通过变换形式适应人的需要"③。她还说，马克思实际上也把人定义为劳动者（animal laborans）④。如果是这样，劳动就无法把人与动物区分开来。阿伦特认为，在马克思理论中贯穿着一个基本矛盾，特别是《资本论》第三卷，既一方面肯定劳动是人的最本质特征，又另一方面认为革命的目标就是要把人从劳动中解放出来，废除劳动，从而从必然的王国进入自由的王国⑤。

劳动者是没有世界的（worldlessness），他仅仅是被身体的需求所驱动⑥。因此，作为劳动的动物，人就被"拘役于他自身的身体的私人性之中，局限于需求的满足，在这个过程中，不与任何人分享，没有任何人可以完全交流"⑦。因此，人在劳动中是孤独的，是不显现自身的。劳动就是为了消费，为了满足动物性的需求。生产得越多，消费就越大，欲望就会愈来愈贪婪。

阿伦特还认为，"劳动"（labor）这个词既指生产劳动又指女人生孩子。劳动在生孩子的意义上，是物种的繁衍。这也是一个自然过程。

因此，劳动作为人的活动之一，无法使得人作为人凸显出来。与劳动紧密相关的社会制度就是奴隶制，在其中统治者与被统治者都屈服于自身

---

① HC, p. 96.

② HC, p. 96.

③ HC, pp. 98 – 99.

④ HC, p. 102.

⑤ HC, p. 104.

⑥ HC, p. 118.

⑦ HC, pp. 118 – 119.

的动物性欲望，把消费和享受作为最终的目的。对阿伦特来说，统治阶级和被统治阶级的区分不是人的政治制度的特征，因为它标志的是以劳动为特征的作为动物的人（animal laborans）的社会制度。

阿伦特认为，她在历史上首次把劳动（labor）和工作（work）区分开来。在工作中，人成了制造者（homo faber）。人利用材料，通过工作，制造出具有世界的对象。"工作是与人的存在的非自然性相对应的活动"，"工作提供了一个'人工'的物质世界，与所有自然环境是显著不同的"①。如果说，我们是用身体劳动的话，那我们是用手进行工作。工作生产出的人工产品具有相对的持续性，比如一把椅子，它独立于生产者和使用者，具有一定的"客观性"②。在劳动中我们完全依赖自然的赐予，劳动的对象出现之后马上被消费掉，在工作中，我们生产出一个脱离自然的人工的世界，在其中，我们可以避免自然奴役。人工世界是人对抗自然的屏障，是"客观性"的诞生。一把椅子，很可能是继承前辈的，也会被同辈其他人用，还可能留给后代使用。

作为制造者，他的工作就是制造，就是物象化③。制造者与劳动者的根本区分就在于，前者生产出一个人工的世界，是自然的摧毁者，而后者是自然的奴役。一个是征服自然和地球，另一个是被自然和地球奴役④。在工作中，人可以把心中的模型或观念对象化到外在的世界中，比如木工的活动，而在劳动中，人的身体的感受性和情感是局限于自身之中，是无法恰当地表达出来的，更不要说外化于世界之中，比如疼痛⑤。作为工作的承担者，人就是"工具制造者"。阿伦特认为，作为制造者，以机器为主要特征的工具的发展有三个阶段，一是蒸汽机的发明，二是电的使用，三是自动化。在制造者的世界中，所有的东西都成了手段，都是为了达到某种目的或结果，而这种链条可以是无限的。

在制造者的世界中，由于所有的东西都是手段，失去了内在的价值，人就成了最终的目的或目的本身。这在康德哲学中表现得最为典型：人类

①　HC, p. 7.
②　HC, p. 137.
③　HC, p. 139.
④　HC, p. 139.
⑤　HC, pp. 140 – 141.

中心主义①。如果人把所有的东西都看作为了自身的目的，只有人是外在于手段—目的的关系，那么，其结果就是，人从其经验中剔除了事物本身所具有的内在特征和价值，从而仅仅是作为服务于人的手段而呈现出来的。比如，风，不再作为自然力来理解其自身，而是仅仅从人对冷暖的需要等出发来考虑的，这样，风就不会作为某种客观被给予的东西来思考。整个世界从而也就失去了它的客观意义，就如所有的事物是满足劳动者的需求一样。这就如古希腊哲学家普罗泰戈拉斯（Protagoras）说的，"人是万物的尺度"。如果是这样的话，"人作为使用者和工具化者，而不是作为言说者和实践者或思想家，与世界联系在一起"②。人作为工具的使用者，在商品社会，会是什么样子呢？

在这种工具化的世界或工匠的世界之中，公共空间就是交换市场。"制造者（homo faber）完全有能力拥有一个自己的公共领域，尽管不是一个政治领域，准确地讲。他的公共领域是交换市场，在那里，他可以展示他亲手做的产品并得到应该拥有的尊敬"。这里不是公民聚会的地方③。在这里，生产者"可以发现他们与其他人的适当的关系仅仅是在把自己的产品与其他人的产品进行交换的时候，因为这些产品自身总是在分离的场合生产出来的"④。人在这种交换过程中，发生了异化，人是作为商品的生产者和拥有者，而不是作为人被看待的，这是对人的贬低⑤。在交换市场的公共空间，商品的生产者不是被作为人看待的，他因其商品而拥有自己的价值，使用价值。商品生产者也成了工具，具有交换价值和使用价值。他们互相之间把对方作为工具或手段来对待，而不是作为人来看。交换市场缺乏"与他人在一起的特别的政治形式，即一致行动和互相言说"⑥。为什么说，人作为人，是在行动和言说中呈现自身呢？关于这一点，我们在后面讨论。

这里，我们需要指出的是，阿伦特对劳动和工作概念的分析颠覆了西

---

① 参看 HC, pp. 155 – 157。

② HC, p. 158.

③ 参看 HC, p. 160。

④ HC, pp. 160 – 161.

⑤ HC, p. 162.

⑥ HC, p. 162.

方近代以来政治哲学的一个普遍的假设：经济决定或影响政治，或者经济或财富是政治的核心内容。在劳动中，人是孤独的，与其他动物没有区分。在工作中，人是作为商品的生产者和交换者出现的，人与人之间互为工具和手段。在交换市场，人与人之间的联系是偶然性的，没有必然的关系。阿伦特认为，在劳动和制造活动中，人没有作为人而显现出来。劳动把人的所有的活动都简约或抽象为"人的身体与自然的新陈代谢过程"，消费是其目的。而在交换市场，人们遇到的不是人（persons），而是产品生产者，在这里，他们呈现的不是他们自身，甚至不是他们的技艺和特征，而是他们的产品。驱动他们去交换市场的动力不是与其他人交往，而是产品交换①。在交换市场，"缺乏与他人的关联性"，"主要关注［的是］可交换商品"，从而排除了"人作为人"（men qua men）的本质活动②。

阿伦特对劳动（生命，生物学意义上的生命）和工作的悬置实际上与黑格尔在《精神现象学》对生命和劳动的观点是一样的：在认可与被认可的关系中，一个人与另外一个人发生了必然的内在的联系③。

二　政治空间:海德格尔与阿伦特

阿伦特说，"与多样性的人的情景相对应的是行动，唯一直接发生在人与人之间的行为，没有物作为中间项"。尽管人所有境况的方方面面都以某种方式与政治相关，但是，多样性（plurality）更是所有政治生活的条件④。阿伦特认为，政治就是在多样性的公众空间中发生的行动，这种行动是人与人直接的关系，与物质没有关系。用黑格尔的术语说，政治就是自我意识之间的关系，不需要物质或经济条件作为中介。为了更好地理解阿伦特关于行动与政治空间的关系，我们需要简单讨论一下海德格尔在

---

①　参看 HC, p. 209。

②　HC, p. 210. 关于这个"作为"（qua）的现象学含义，将在第四部分讨论。

③　参看 Merold Westphal, *History and Truth in Hegel's Phenomenology*, 3rd edition, Bloomington: Indiana University Press, 1998, pp. 130 – 137。

④　HC, p. 7.

《存在与时间》中关于共在的问题。

在《存在与时间》中，海德格尔认为，此在（Dasein）具有三个要素：理解（understanding, projection）、情绪、话语。因为此在从根本上就是共在，即与他人有着根本的联系，任何一个此在的三个要素都可以同时理解为：共理解、共情绪、共话语。与胡塞尔试图证明他者如何是与我一样的先验自我不同，海德格尔认为，胡塞尔的问题是假问题，因为此在就其根本而言是与他人分不开的①。我们可以说，这是此在的先验性存在结构，是在先被给予的。与话语相关的是倾听。作为与他者的共同在世，此在时刻通过倾听向他者敞开，这是与他者共在的生存性方式。"共在在互相倾听之中发展起来。"② 这里海德格尔举例说，我们听到的总是摩托声、军队训练声等，而不是首先听到纯粹的物理学上的声音。同样的，我们不是首先听到他人发出的物理声音，而是直接听到他人言语的含义和意义。这种直接的理解不是建立在物质基础上的。在沉默和默契中，在没有物质交流的情况下，我们更加互相理解。对海德格尔而言，人和人的这种共在关系可以表现为两种公共性或公共空间：非本真的和本真的关系或空间。

在非本真的状态下，共在就是日常生活状态，就是"他们"的公共空间。"他们"是通过闲谈、好奇心、模糊性而显现出来的。在这种状态中，此在就是沉沦。"'他们'规定了此在的情绪，并决定了此在'看'到什么和如何'看'。"③ "我们关于'日常性'这个表达式是指生存的一种确定性的'如何'。"④ 非本真状态是一种如何的存在方式，是关于此在如何显现自身的方式。在"他们"的公共空间，此在消失在人群之中，他的理解、情绪、话语都是被公众决定了的，他不再具有自身的个体性。

---

① 萨特在《存在与虚无》中批评海德格尔这种快刀斩乱麻的粗鲁的做法，把本来应该说明的东西当作前提接受下来。参看 Jean - Paul Sartre, *Being and Nothingness*: *An Essay on Phenomenological Ontology*, trans. Hazel Barnes, New York: the Philosophical Library, Inc. , 1993, p. 244。

② 参看 Martin Heidegger, Being and Time, trans. John Macquarrie& Edward Robinson, California: HarperOne, 1962, p. 206, 下面简称 BT。

③ BT, p. 213.

④ BT, p. 422.

"在日常性中每个事物都是同样不变的。"① "日常性是存在的一个方式。"② 人云亦云，随波逐流，被公众舆论所挟持。"它面对自身时逃离到'他们'之中"，此在的语言就是"他们"的语言③。

在向死而在的本真状态下，此在回到了属己的领域，在面临死亡下的"焦虑"（anxiety）的情绪中，此在在寡言少语的抉择之中，成为本质的自己，成为最个体化的自身④。由于此在的一个本质结构是共在，他的本质状态不可能仅仅指孤零零的此在自身，不是在此在的个人或私人空间中实现的。此在在本真状态中的理解（投向未来）、情绪、话语同时也是共在的方式。此在的个体性的显现离不开其他此在的个体性的显现。向死而在，这是在公共空间中实现的。这种"在此在的原初的生存论投向"⑤ 中的共在究竟是什么样的存在方式呢？是不是在于"选择一个英雄"来忠实地追随⑥？

对海德格尔来说，非本真状态和本真状态都是此在的存在方式，是此在如何显现自身的方式。对此在而言，公共空间都是因为此在的共在本质结构决定的，而且此在的理解、情绪、话语在时间的三个维度中呈现出来。准确来讲，只有在本真状态下，此在才真正以个体性的方式显现自身。非本真状态是对此在的一种遮蔽。阿伦特会说，交换市场就是人的非本真状态因为在其中不是人与人直接打交道而是商品与商品，人仅仅是作为商品生产者而出现的。还有，这种交换关系是偶然性的。

与海德格尔相似，阿伦特把人与人之间的内在关系作为她的理论前提。阿伦特说，"如果没有一个世界直接或间接地证实其他人的在场的话，作为人的生活是不可能的，即使对于在自然的狂野中的隐士的生活也是如此。人的所有行为（activities）都是基于人是生活在一起的这么一个事实，但是，只有对于行动（action）而言，甚至不可能想象它发生在人

---

① BT, p. 422.

② Ibid. .

③ BT, p. 368.

④ BT, p. 369.

⑤ BT, p. 379.

⑥ BT, p. 437. 这种状态有导致向希特勒与纳粹开放的可能性。参考 Dermot Moran, *Introduction to Phenomenology*, London and New York：Routledge，2000，p. 243。

类社会之外"①。劳动尽管是发生在社会之中的，但是，劳动不需要其他人参与；这样的话，人与动物无异。工作也可以在孤立状态下进行，但如此的工作就失去了人的特性，比如上帝的创世②。只有行动无法想象发生在社会或世界之外。

　　这个世界是什么样子的呢？这里我们明显看到阿伦特与海德格尔的世界概念的区分。阿伦特说，"如果世界包含一个公共空间，它不可能仅仅是为了一代人而竖立起来的，而且不可能仅仅是为了活着的人；它必须超越终有一死的人的寿命"③。她还说，"共同的世界就是我们出生时进入和死亡时离开的世界。它超越了我们的寿命，延伸到过去和未来；因此，它在我们出生之前就存在，将比我们在其中逗留的时间更长。它是我们不仅与我们一起生活的人的共同的东西，而且是与在我们之前生活以及在我们之后生活的人的共同的东西。但是，这个共同世界之所以能够在一代又一代人的来来去去中持续下来，就是因为它以公共的形式出现的。正是公共领域的公共性可以吸收人类想从时间的自然摧毁之中拯救出来并使之辉煌多少世纪的任何东西"④。公共空间的公共性就在于它不仅超越了每一代人的生命，同时也把所有时代的人联系起来：永远是现在的公共性使得即将成为过去的人类的东西滞留或保存下来，在其中，我们看到了人类的显现的客观性。在工作中产生的东西仅仅是相对的客观，具有相对的稳定性，但是，真正的客观性的东西只有在这个公共空间中获得其荣耀的地位才可以得到确保。人类其他的东西都瞬间即逝或从根本上不显现，只有在公共空间中呈现的东西才是永久的。我们将看到，对阿伦特而言，这就是政治空间的目的。在公共空间中，人的行动被看到和听到，并被记录下来，流芳百世。

　　如何具体界定这个公共空间？在《什么是权威？》一文中，阿伦特对亚里士多德的政治哲学的解读是，一个人在家庭是私人生活，而在城邦就是公共生活，即第二种存在。尽管两种情况下，人都是聚集在一起，但是，只有在家庭共同体中，人关心的是如何生存下去，不仅关系到个人生

---

① HC, p. 22. 关于这一点，我们下一个部分进行解释。

② Ibid..

③ HC, p. 55.

④ Ibid..

命，还与种族延续有关。只有当生活必需品解决以后，才有可能从事政治活动，而生活必需品的保障是依赖于主宰对象的①。这个对象既包含自然物也包括奴隶。"'好的生活'的自由建立在对于必需的对象的主宰基础上的。"② 阿伦特的意思不是说，人类的自由生活是由劳动活动决定的，而是说，只有解决了吃喝穿等问题之后，人才能够过真正的人的生活。真正的人的生活是不涉及生活必需品的满足问题的，是与物质生活没有关系的。依据阿伦特的观点，黑格尔所说的主奴关系是对家庭关系的描述，仍然不是政治生活。黑格尔的相互认可关系只能发生在政治空间，是脱离了物质生活的纯粹的人与人之间的精神生活。这里，我们看到阿伦特政治现象学与主流政治哲学的根本区别："在所有的纯粹为了生存的必需品得到保障之后，政治领域的自由才开始，因此，主宰与屈服，命令与服从，统治与被统治，是建立政治领域的前提条件，这正是因为它们不是它的内容。"③ 我们人类看到的政治制度都不是阿伦特所说的政治空间。以家庭为模板的政治制度由于其满足人类生存的需要必须是独裁的，不可能是平等关系。家庭与国家是两个根本不同的公共空间。黑格尔把家庭和国家看作相似的，阿伦特会认为这是基于一种根本误解。

阿伦特说，"拥有财产意味着对于自己生活所需的必需品的主宰，因此，潜在地成为自由的人，自由超越自己的生命并进入与所有其他人都共同的世界"④。这里的所有其他人包括过去和未来的人。因此，对阿伦特来说，国家不是为了保护私有财产或公平分配社会财富。这也是阿伦特认为自己的理论不是政治哲学的原因：政治只有在人类从被生存奴役状态下解放出来后才真正开始。私有财产和财富分配正义问题不是政治哲学应该有的内容。

公共空间中的人是互相平等的。阿伦特说，城邦与家庭的根本区分就是，在城邦中，人都是平等的，而在家庭中，不平等是其核心。自由意味着从家庭中解放出来，不再受生活的必需条件的束缚，不再受制于人，既不统治他人，也不被人统治。平等就是与同侪打交道。平等就是"自由

---

① WA, p. 117.

② WA, p. 117.

③ WA, p. 118.

④ HC, p. 65.

的真正本质"，而自由就是生活在一个既没有统治者也没有被统治者的领域①。

这个世界的另外一个根本特征就是不断有新生命的注入：出生（natality）是一个非常重要的现象。"不断有新来者作为陌生人进入这个世界"，"内在于出生中的新的开端在这个世界被感受到，仅仅是因为新来者拥有开启某种新事物的能力，即行动。"在行动和出生中，开创性内在于所有的人的行为。"由于行动是真正意义上的政治行为，出生，而不是有死性，可以成为政治性的核心范畴。"② 出生和行动给这个世界带来了开创性的因素。在《什么是权威？》中，阿伦特认为，对于马基雅维利来说，新奠基是核心政治行动，是建立公共—政治领域的一个伟大的举动，使得政治成为可能③。美国革命就是现代政治中"奠基"意义上的例子④。政治就是要开启新的次序⑤。

下面我们讨论阿伦特的行动和语言概念。

三　人在行动和语言中显现自身

公共空间的前提条件是人的多样性："多样性（plurality）是人的行动的条件，因为我们都是一样的，即，人是这样的，没有任何人与另外一个人——曾经活着的、现在活着的、将来活着的——是一样的。"⑥ 多样性指的就是平等的人在一起生活，在这里，"每一个人都不断地把自己与所有其他人区分开来，通过独特的行为或成就来表明自己是所有人中最棒的"。公共领域是为个体性保留的；它是人可以显现自己真实的自我以及不可替换的唯一的地方⑦。公共空间或政治空间的目的就是要使得每个人的独特的个体性显现出来。所谓政治的（the political）就是要使得个体

---

① HC, pp. 32 – 33.

② HC, p. 9.

③ WA, p. 139.

④ WA, p. 140.

⑤ WA, p. 141.

⑥ HC, p. 8.

⑦ HC, p. 41.

"获得人类存在的最高的可能性"①。政治在阿伦特那里就与黑格尔强调普遍性有根本的区分，也与近代以来的群众社会（mass society）不同。追求卓越（excellence）是人的根本目标，而政治空间为个体的追求提供了"适合的地方"②。

阿伦特认为，我们具有"行动和语言的能力"③使得我们可以"看到和听到其他人"以及"被其他人看见和听到"④。阿伦特认为，人作为人是在公共政治空间中通过行为和语言来显现自身（被看到和被听到）的，并在公共空间中确立自身的独特的个体性，这种个体性必须通过历史学家、诗人等的记载流传下来，从而获得长久的荣耀⑤。个人的主观感受和道德体验是无法在公共空间显现出来的，是不可见的，因而，不构成人的核心内容。因此，对阿伦特来说，人的行为和语言构成了政治的核心要素。

阿伦特认为，人只有在行动和语言中才能显现他们是谁，呈现他们独特的个人特征，从而在人类世界中使得自己显现出来。对于"谁"的显现与某人是什么形成了鲜明对比⑥。一个人可以隐藏自己的某个特性或天赋或缺点（这是什么的问题），但是在他所做的和所说的一切中都显现了他是谁的问题。很可能是这样的，这个人是谁，对他人而言是非常清楚的，但是却对他本人而言是隐蔽的⑦。一个罪犯必须隐藏自己，同样的，一个道德的人也必须无我和保持完全的匿名性。但是，在政治领域中，尽管一个人可能不知道他究竟在行动和语言中显示的自身究竟是谁，他也必须冒这个险⑧。在行动中，与行为一起展示的是行动者，行动需要瞩目的光线来使得自己完全呈现出来，这就是荣耀。这仅仅在公共领域才可能的⑨。

---

① HC, p. 64.

② HC, pp. 48 – 49.

③ HC, p. 49.

④ HC, p. 58.

⑤ 阿伦特说，"马基雅维利的政治行动标准是荣耀"。参看 HC, p. 77.

⑥ HC, p. 179.

⑦ Ibid..

⑧ HC, p. 180.

⑨ Ibid..

阿伦特认为，之所以人能够采取行动，这是因为"从他可以期待不可期待的，即他能够从事无限性的不可能者。而且，这一点之所以可能仅仅是因为每一个人都是独一无二的，因此，随着每一次出生，某种独特的新的东西来到这个世界"①。阿伦特的意思好像是说，因为每个人的出生都是独一无二的，由他的出生所带来的行动在他未出生的世界范围内是不可以预料的，甚至是不可能的。我们不可能从任何普遍性或概率中得出某人可能出生或必然出生。行动的概念是与出生紧密相关的，出生本身就是一个行动。从出生的角度看，每一个人都是独一无二的，都是平等的。人生而平等：这构成了公共空间的多样性的内容。

阿伦特认为，行动不是没有言说的行动，行动与言说相伴随。"没有言说的行动就不是行动。"② 没有言说行动就无法显示出来。没有言说的行动与机器人的行动无疑。人的行动的独特性就在于行动是与言说互相渗透的。这背后或许有海德格尔关于此在的理解（understanding, projection）和话语（discourse）的论述的影响：理解总是某种话语的理解，话语总是某种理解的话语。理解在此在就是投向未来的行为。海德格尔的观点有助于我们理解阿伦特的话：人作为行动者同时也是言说者③。行动和言说不是人的两个属性或抽象的能力，而是人本身。人在行动和言语中呈现自身。这与传统形而上学理论中把人理解为实体和属性的关系是不一样的。没有无行动的言说，同样，没有无言说的行动。

一个人的行动和言说使其显示出来，这种显示是相对于他人而言的。人是在被看和被听中揭示自身的，尽管这种揭示对本人而言可能是隐蔽的④。这一点正好说明，人在行动和言说中所呈现出来的卓越和荣耀是以他人的看和听为前提的。对每一个人而言，其他人的存在就构成了自己被看到和被听到的前提条件。因此，想象没有他人的行动和语言是根本不可能的。双方之间的互看互听是公共空间的最本质结构。上面我们已经提到，海德格尔明确说，"听"从来不是抽象的，是直接的理解，是此在之间的直接的关系，不需要任何物质的前提条件。

---

① HC, p. 178.
② Ibid..
③ HC, pp. 178 - 179.
④ HC., p. 179.

正是因为一个人"活生生的本质"就在于它"在行动和言说的洪流之中显示自身"，我们无法给予人的个体性和独特性任何定义。一旦给予任何定义，我们就从"谁"的问题滑向了"什么"的问题①。我们不可能用抽象和普遍的语言来描述活生生的行动和言说。阿伦特认为，只有戏剧可以在某种程度上重现行动和言说。"戏剧是典型的政治艺术。"② 这是因为只有在戏剧中，演员的表演以行动和言语模仿真实的人。其他艺术形式都无法达到这个效果。从活生生的行动和言说到艺术对它们的再现，决定了艺术仅仅是模仿。在艺术舞台上，行动者和言说者又重复呈现了一次，但是，这种呈现仅仅是模仿。

尽管每一个行动都是独特的，由于行动者进入的世界中的关系是错综复杂的，行动者不仅是使动者还是受动者，加上行动者在他者眼中如何显现对行动者本人而言常常是隐藏的，行动的意义是非常难以确定的。如果把行动和言说等同于个人，那么，一个人只有在死亡之后，他的行动的意义才有可能被揭示出来，也就是说，只有后人或历史学家才能够对一个人进行某种评价。行动不是向行动者展现的，而是向他人显示出来的，因此，只有讲故事的人才看得到你的行动和编制你的故事。其结果就是，"人呈现自己的自我却永远没有可能知道自己或能够预先设计出他展示什么"③。从时间的角度看，一个人或他的行动是投入到一个拥有无限的过去的世界，他的出现对同时代人的影响也不是他可以看得到的，更无法预知他死后将会是什么。因此，"某人是谁的本质"，"只有在生命离开时才出现，留下来的除了故事什么也没有"④。

如果说戏剧仅仅是模仿的话，而这种模仿作为艺术的再现试图复活的是已经消失的过去，那么，历史学家们的"故事"与真实的生命之流有什么样的相似性呢？一个必然的结论是，阿伦特不得不承认，人作为人，他的呈现在政治空间对行动者而言是一个谜，甚至没有任何人可以知道其他人的真实自我。公共空间的呈现不是言说而是语言，语言由于其不可避免的普遍性，是无法呈现个体的自我的。我们在公共空间得到的仅仅是"故事"而已。

---

① HC, p. 181.

② HC, p. 188.

③ HC, p. 192.

④ HC, p. 193.

难道政治空间作为人显现的领域，仅仅是以"故事"的方式呈现吗？这会不会导致虚无的结论？这是阿伦特政治现象学难以回答的问题。

四　"人作为人自身"（Men Qua Men）中的 "作为 Qua"的现象学意义

阿伦特强调她的政治理论就是研究"人作为人自身"（men qua men）的意义。她还认同亚里士多德关于"人是政治的动物"的命题。这里就有一个问题，阿伦特的哲学是不是某种形而上学理论呢？这里最关键是如何理解"作为"（qua）这个词的现象学含义。

亚里士多德把形而上学看作对作为存在的存在的研究（metaphysics is thestudy of being qua being）。在西方哲学史上，主流思想一直把形而上学作为第一哲学，因为它凸显的是存在的存在。这里有两种不同的表述：1. 形而上学是关于存在的学问（metaphysics is thestudy of being）；2. 形而上学是关于作为存在的存在的研究（metaphysics is the study of being qua being）。在内容上，好像两个命题是一样的，在效果上是不同的，区别就在于这个"作为"。正是这个"作为"使得"存在"（being）凸显出来了。用现象学的语言说，形而上学，对亚里士多德而言，就是让"存在"作为"存在"自身显现出来。如何使得对象以自身的方式显现出来，这是现象学的基本任务。

亚里士多德还有一个著名的命题：人是政治的动物。一般的理解是，人与动物有共同的特点，又有其他独特性，这就是政治性（the political）。正是政治使得人区分于动物。阿伦特的政治哲学理论就是围绕着这个定义展开的。人作为人（men qua men）的独特之处就是其政治性。阿伦特哲学的一个重要任务是如何悬置人与动物的共同特点（劳动）。然后再使得人作为人的政治性凸显出来。那么，什么是政治性？对阿伦特来说，政治性（the political）不是作为实体的人的一个属性（无论是本质属性还是偶然属性），而是人的存在本身①。这与亚里士多德的形而上学思想有本质区别。海德格尔在《存在与时间》中说，此在在焦虑（anxiety）的情绪

---

① "没有任何让我们假设人与其他物同样的意义上有一个特性或本质。"参看 HC，p. 10。

和良知中使得整个世界被悬置起来，在其中此在自身显现出来。阿伦特认为人作为人是在行动和言说中显现自身的，而且这种显现是在公共空间中的显现。

我们来看看列维纳斯如何把"形而上学"与现象学结合起来，或者说，如何使得形而上学词汇本身包含的现象学含义变得明显。列维纳斯明确说，伦理学是第一哲学。他的意思是说，我与他者的伦理关系，"我对于他者的欢迎，是最终的事实，而且，在这种关系中，物不是作为人构筑的东西，而是作为人给予的东西"①。《整体与无限》这本书的第一部分 A 的标题是"形而上学与超越性"（Metaphysics and Transcendence）②。这一部分论述的就是形而上学是关于如何让超越性显现自身的问题，是如何脱离认知主体的视域和束缚的问题。正是在这个意义上，列维纳斯把伦理学看作形而上学，因为形而上学是第一哲学。他把传统意义上的形而上学称为本体论（ontology）。第一部分 B 的第 6 节的标题是"形而上学和人"（The Metaphysical and the Human）③，其含义是：社会关系是形而上学的内容，他者的面孔就是形而上学的含义。如何理解人的问题，对列维纳斯来说，就是第一哲学的问题。他说，"作为面孔的面孔的显现打开了人性（the epiphany of the face qua face opens humanity）"④：正是面孔自身的显现打开了人的维度，人在面孔自身显现之中成就了人的意义。列维纳斯的现象学就是如何使得面孔作为面孔呈现出来或凸显出来。这里的 face qua face 就是面向事物自身，就是现象学的根本原则。

阿伦特对古希腊哲学（特别是柏拉图和亚里士多德）和中世纪哲学的解读就是建立在这个思维框架下的。如何凸显政治性（how to make the political manifest）成了政治哲学的中心问题。这使得阿伦特的政治理论与传统的西方政治哲学根本区分开了。因此，阿伦特不认为自己的政治理论是政治哲学。西方近代以来的政治哲学把政治理解为如何保护私有财产，如何公平分配社会财富，以及解决与这两点紧密相关的其他问题。阿伦特

①　Emmanuel Levinas, *Totality and Infinity*: *An Essay on Exteriority*, trans. Alphonso Lingis, Pittsburgh, PA: Duquesne University Press, 1969, p. 77.

②　Ibid., p. 33.

③　Ibid., p. 77.

④　Ibid., p. 213.

认为，这种政治哲学完全误解了政治的含义，其原因是对什么是政治性（the political）的理解是肤浅的，没有触及其本质。对阿伦特来说，什么是政治的问题与什么是人的问题是同一个问题。由于人的问题是哲学的根本的问题，因此，如何理解政治性就是第一哲学的问题。

结　语

阿伦特认为人作为人是在行动和言说中显现自身的，而且这种显现是在公共空间中的显现。她的核心论题与政治现象学三个基本问题有紧密关系：第一，在公共空间中，我与他人的不可分割的政治关系的基础是什么？第二，在政治现象中，他者是以什么样的方式呈现出来的？第三，因为他者的出现，我又是如何在这种政治经验中被构成的？从我们上面的论述看，阿伦特认为人的多样性（Plurality）是政治空间的基础。它是超越经济领域的。在这一点上，阿伦特的观点与主流的西方政治哲学发生了根本分歧。针对第二个问题，阿伦特认为，政治空间就是平等者之间的关系，他人与我是平等的同侪（peers）；真正的政治关系不是统治与被统治、教育者与被教育者的关系。阿伦特对第三个问题的回答就是，与出生紧密相关的是行动的独特性。政治人是在行动和言语中显现自身的。而这种显现是相对于他人而言的，这里，他人包括同时代人和后人。我是谁的问题对我而言永远是一个谜，因为我不可能看到我是如何在别人眼中如何行动和如何言说的。用萨特的话说，"他人掌握了我是谁的秘密"①。

---

①　萨特说，"他者看着我，以这样的方式，他掌握了我的存在的秘密，他知道我是什么"。参看 Jean‑Paul Sartre, *Being and Nothingness: An Essay on Phenomenological Ontology*, trans. Hazel Barnes, New York: the Philosophical Library, Inc., 1993, p. 363。在政治现象学问题上，萨特与阿伦特会是一对儿非常有趣的对话者。

译名对照表

A

Aristotle	亚里士多德
Arendt，Hannah	汉娜·阿伦特
Anaximenes	阿那克西美尼
Augustinus，Saint Aurelius	圣·奥勒留·奥古斯丁

B

Barbour，Ian G.	伊恩·G. 巴布拉
Barth，Karl	卡尔·巴特
Bentham，J.	边沁
Birch，Charles	查理斯·伯奇
Buber，Martin	马丁·布伯

C

Clark，Kelly	凯利·克拉克
Collins，Francis	法兰西斯·考林斯
Cobb，John	约翰·考伯
Crick，Francis	弗朗西斯·克里克

D

Derrida，Jacques	雅克·德里达
Dawkins，Richard	理查德·道肯斯
Descartes	笛卡儿
Dyson，Freeman	弗雷曼·戴森

作者后记

岁月流逝，不知不觉，与哲学打交道已经三十余年。过去零零星星发表过一些文章，当初写作的缘由已经消失，留下的文字记载了作者的一些思考，代表了作者追求哲学的轨迹。虽然文章一旦发表之后，有其自身的独立生命，不受作者的意向支配，但是，作为作者，看到过去写的一些文字，不免引起一些思绪。我对文章发表的渠道历来不是很在意，通过这次结集把部分文章再次出版，似乎是一个小小的家庭聚会，这是读者所体会不到的。

在过去的读书、教学、科研过程中，我一直试图理解在人的几个主要不同维度关系中，它们所揭示的内容是什么。任何一个维度都不是孤立的，都是在一个整体关系中显示其具体的内涵，但是，在思考的时候，不能不关注某一个问题。从这个角度看，把不同时间写的文章结集出版也有其必要性，通过对照，使得它们之间有一种在孤零零的状态下所没有的含义。

哲学一直被理解为爱智慧，而智慧又被一步一步狭隘化，理解为理性、理智、知识。在这种狭隘的哲学思考中，哲学发现自己越来越没有必要存在，愈来愈对自身存在的意义感到迷惑。哲学研究因此也成为科学的附属品，试图通过为自然科学打零工来寻找存在感。哲学因此也失去了它的目标和主题。"爱智慧"这个词中，重心和中心不在"智慧"而在于"爱"，智慧起源于爱，爱是其源泉和动力，也是其目标。哲学作为爱智慧就是爱寻求理解，爱在理解中使得其自身的丰富含义被揭示出来。即使在当代人类把知识进一步理解为信息的迷途中，背后也隐藏着某种情感和激情，而这种情感就是爱的一种表现。人总是通过与之打交道的对象来理解自身，在"人与自然""人与人"以及"人与超自然"（超出人类世界）的关系中，近代哲学以来犯了一个根本的错误，那就是，把"人与自然"的关系作为理解"人与人"和"人与超自然"两种关系的基础和出发点，从而使得人的道德和宗教的维度成为可有可无的东西，人也被首先作为一个自然物来理解，变得越来越抽象，以至于今天把人理解为与人工智能可以比较的东西。机器人不是人制造出来的东西，是人的一种自我投射和自我理解，是人的自我的对象化。本论文集的文章有一个共同点，就是把"人与超自然"的关系作为理解"人与人"以及"人与自然"关系的根基，在先后顺序上也颠倒了过来。而这种所谓超自然的东西不是外在于人，而是比我们所理解的任何东西都与人更近，是人最内在的存在，是人的生命，是爱。这种爱不能在自然主义的态度和视野下来理解；爱使得人的存在获得了最终的意义，并在爱中——哲学获得它的最终的含义，追求真理。

哲学就是爱真理，在爱之中寻求真理，在真理之中发现爱的意义。这种追求真理的过程，是哲学的道路，也是真理之路，更是爱的体现。没有爱和真理，哲学活动就是漫游，就会迷失方向。正是爱和对真理追求的激情，使得我们在这个世界上找到勇气，使得我们在任何情况下不随波逐流，敢于面对寒冷的考验。

郝长墀

2019 年 4 月 23 日